지혜롭고 행복한 집 한옥

지혜롭고 행복한 집

한옥의 과학과 미학

임석재 글·사진

한옥

인물과
사상사

서문

한옥은 어떤 집일까

한옥은 어떤 집일까. 두 가지로 답할 수 있다. 하나는 조선시대 양반 가옥이다. 하나는 가장 한국다운 집이다. 첫 번째 답은 사전적이고 기술적인 정의다. 좁은 범위의 정의이기도 하다. 두 번째는 감성적인 정의이며 범위도 넓다.

   첫 번째 답부터 살펴보자. 조선시대 양반 가옥이라는 말에는 다시 여러 뜻이 담겨 있다. 최소한 왕조시대, 양반 계급, 유교, 남녀유별, 농업, 수공업 등의 여섯 가지 뜻을 담고 있다. 왕이 다스리던 계급 사회에서 상류 지배계층이었던 양반의 가옥이었다. 유교가 국시이자 종교이던 시대에 남녀가 유별한 문화의 산물이었다. 농업을 국가 기간산업으로 삼아 모든 것을 손으로 만들어낸 수공업, 즉 수제手製 작품이었다.

이런 여섯 가지 뜻만으로도 한옥의 기본 성격을 훌륭하게 정의할 수 있다. 여섯 단어는 깊이 들어가면 모두 하나의 학문 주제이자 분야까지도 될 수 있지만 한국 사람이라면 일상생활에서 자주 사용하면서 기본적인 뜻을 쉽게 알 수 있는 것들이기도 하다. 따라서 여섯 단어만 조합해도 한옥의 특징을 그려낼 수 있다.

이렇게 정의되는 첫 번째 의미의 한옥은 지금 우리가 사는 현대사회의 집과 매우 다르다. 한국 현대사회는 온 국민이 평등한 주인인 민주주의 사회다. 종교나 사상에서도 다원주의를 띠며, 남녀 차별은 거의 없어졌고, 역차별 현상도 많다. 반공을 제외하면 시장의 원리에 입각한 자본주의가 민주주의와 함께 양대 국시를 이룬다. 일상생활에서는 기계의 절대적인 지배를 받는다. 수제품은 아주 귀해져서 잘해야 일부 비싼 공예품이나 수타 짜장 혹은 수제 피자 정도에 머문다.

한국 현대사회의 집도 그만큼 한옥과 거리가 멀다. 아예 완전히 다른 집, 심하게 말하면 남의 나라 집이라고 해도 될 정도다. 자본에 따라 새로운 계급이 생겨나긴 하지만 조선시대 한옥과 초가의 차이에 비교할 때 요즘의 집은 많이 평등해진 것이 사실이다. 그런 집의 주인은 거의가 '안주인'이며 '바깥양반'은 집에 대해서 목소리를 내지 못한다. 집이나 건물에서 손맛이 사라진 지 오래이며 집은 거의 기계가 지어준다고 해도 과언이 아니다.

이처럼 다른 집인데도 요즘 한국사회에 한옥 바람이 불고 있다. 이제 한옥에 대한 관심은 전통 문화와 건축 두 분야를 아우르며 하나의 흐름으로 어느 정도 정착했다. 이런 흐름 가운데 일정 부분은 아예 한옥을 직접 지어 살겠다는 움직임으로까지 커졌다. 물론 현대의 생활방식과 비교하면 차이가 크기 때문에 쉽지는 않은 일이다. 일정 수가 실제 살아본 결과도 비슷하게 나타나고 있다. 그렇지만 여전히 한옥에 대해서 궁금해하거나 한옥을 지어 살겠다는 꿈을 키우며 준비하고 있는 사람들도 제법 된다. 이들이 조선시대 생활방식으로 완전히 돌아가겠다는 것도 아닌데 말이다.

이런 현상을 어떻게 봐야 할 것인가. 그 해답은 두 번째 정의에 있다. 즉, '한옥은 어떤 집일까'라는 질문에 대한 답이 앞에서 말한 여섯 단어로 조합된 '조선시대 양반 가옥'만으로는 충분하지 않다는 것이다. 이 답이 틀린 것은 아니고 상당부분 맞는 것이 사실이지만 전부는 아니며 또 다른 중요한 답이 하나 더 있다는 뜻이다. 한옥을 '조선시대 양반 가옥'만으로 정의할 수 있다면 지금 부는 한옥 열풍은 설명이 안 된다. 한국 현대사회가 조선시대나 유교 문화와 단절된 정도를 보면 쉽게 알 수 있다. 단절 정도가 아니라 극복이나 증오의 대상 같은 부정적 느낌까지 형성되어 있는 것도 부정할 수 없는 사실이다.

그런데 유독 한옥만이 그 틈에서 사랑과 관심을 받고 있다. 나는 그 이유를 한옥이 오늘의 시대와 이어질 수 있는 공통의 끈을 가지고 있기 때문이라고 본다. 바로 두 번째 정의인 '가장 한국다운 집'이라는 뜻이다. 한옥이 단순히 조선시대 유물에 머물지 않고 그것을 뛰어넘어 근원적인 내용을 가지고 있다는 뜻이 된다. 시대를 초월해서 하나로 엮어주는 근원성인데, 나는 그것을 '가장 한국다운 집'이라고 정의한다. 시대가 변하고 국민성마저 변했지만 밑바탕에 변하지 않고 계속 남아 있는 '한국다움'이라는 근원적 특징을 가장 종합적으로 구현한 건물이자 주거라는 말이다.

한옥은 한국 사람들의 집이다. 한옥에는 한국인의 세계관과 자연관, 국민성과 가치관이 그대로 녹아 있다. 식민지 시대와 급격한 근대화를 겪으면서 국민성도 바뀌고 집도 바뀌었지만 저 바닥 깊은 곳에 여전히 변하지 않는 한국인의 기본적인 국민성이 있다. 크게 보면 경험주의, 상대주의, 현실주의이며 여기에서 다양한 세부 특징이 갈라져 나타난다. 이 책은 이런 내용을 추적하고 해석해서 소개한다.

사람들이 한옥을 그리워하는 이유는 이런 본성에 가장 잘 맞는 집이기 때문이다. 이런 본성은 한옥에서 지혜로 다듬어지고 행복으로 승화된다. 한옥 열풍은 지금 한국사회에서 삶이 피곤하고 힘들기 때문에 이런 지혜와 행복을 그리워하면서 나타난 현상일지도 모른다. 남의 나라에서 수입한 지혜와 행복이 아니고 우리의 국민성에서 발현되고 승화된 지혜와 행복이기 때문에 그만큼 우리에게 잘 맞게 되며 그렇기 때문에 그리운 것이다. 지금 한국사회가 겪는 불행과 불안 증상은 서구화라는 남의 문화를 억지로 이식한 탓에 생겨난 현상이다. 그런데 그 해답 역시 서양의 학문과 종교에서 찾다 보니까 많은 사람이 그로 인한 피로 증세를 추가로 겪고 있다. 이런 상황에서 우리의 국민성과 정서에 기초한 대안이 있으니 그쪽으로 관심과 사랑이 쏠리는 것이다.

한민족의 전통과 함께한 한옥

한옥은 말 그대로 '한국의 가옥'이다. 한옥은 보통 조선시대 양반 가옥으로 알고 있지만 뿌리를 따지면 이보다는 오래되었고 그 범위도 넓다. 오랜 기간 한반도에 사람들이 살면서 자연 환경, 문화, 사상, 국민성, 세계관 등이 종합적으로 작용한 결과 공통적 주거 형식이 만들어졌고 이것이 조선시대에 와서 정형화된 형식으로 자리 잡게 된 것이다. 따라서 한옥의 뿌리는 고려를 거쳐 삼국시대, 심지어 그 이전까지도 거슬러 올라갈 수 있다. 현재 조선 이전의 주거 유구는 거의 남아 있는 것이 없긴 하나, 고려 후기에 오면 지금 우리가 알고 있는 한옥의 전형인 조선시대 형식에 근접하게 된다.

계급을 기준으로 보더라도 반드시 양반들만의 가옥일 필요는 없다. 흔히 민가라고 하는 중하층의 주거에도 한옥 요소들이 일부이기는 하나 공통적으로 들어 있다. 이 모든 것이 결국 한민족의 가옥을 구성한 것이니 한옥은 이것들을 통칭하는 말이다. 최근 한옥 열풍의 추세로 보아 그 규모와 형식 면에서 '고가의 부잣집'으로 잡혀가고 있지만, 반드시 그럴 필요는 없다. 작은 규모라도 얼마든지 훌륭한 한옥이 될 수 있다. 이럴 경우 민가를 모델로 삼아도 전혀 문제될 것이 없다.

집 한 채가 통째로 한옥일 필요도 없다. 여유와 형편에 따라 개인집에 부분적으로 한옥 구성을 섞을 수도 있다. 어떤 면에서는 이것이 한옥의 장점을 누리는 데 더 좋을 수도 있다. 한옥의 장점을 살리려면 생활방식 전체가 바뀌어야 되는데 이것은 말처럼 쉽지 않다. 반면 부분적으로 한옥 구성을 섞으면 그 부분을 사용할 때에만 잠시 전통 생활방식으로 돌아가면 된다. 이를테면 이것저것을 섞는 칵테일 요법의 장점을 빌리자는 것이다.

한옥의 완성은 조선시대에 있었지만 '한민족의 역사와 함께했다'라고 해도 문제될 것이 없다. 또한 조선시대 당시 상위 몇 퍼센트 안에 드는 상류층의 주거이기는 했지만 '가장 한국다운 집'이라 불러도 무방하다. 집의 규모나 치장과는 별도로 한옥이 갖는 특징은 대부분의 한국 사람들에게서 공통적으로 찾을 수 있는 것들이기 때문이다. 숫자 면에서 압도적으로 많은 초가삼간이나 민가도 좁혀보면 한옥과 같은 특징을 공유하고 있다. 초가삼간을 씨앗으로 삼아 키우고 증식하면 한옥이 되는 것이다.

한옥은 정말 불편한 집일까

최근에 한옥 열풍이 불고 있다. 3~4년 전이 절정이었고 그 이후에는 많이 잦아들고 있다. 한국사회 특유의 일시적 바람 같은 측면도 있긴 하지만 거품이 빠진 뒤에 진짜 애호가가 일정 수 남아서 하나의 흐름을 형성할 정도는 되었다. 나 역시 여전히 가끔씩 이메일로 한옥과 관련한 질문을 받고 있으며 한옥에 대한 강연 요청도 받고 있다.

한옥 열풍은 두 방향이다. 하나는 전통 문화나 전통 건축에 대한 관심의 일부분이며 주로 지식이나 답사와 연계된다. 또 하나는 실제로 한옥을 지어 살려는 움직임으로 한옥 짓기 열풍이라 부를 수 있다. 그런데 이런 열풍을 가로막는 중요한 걸림돌이 하나 있다. 바로 한옥이 불편하다는 인식이다. 특히 여자들 사이에 한옥은 '여자를 죽이는 집'이라는 다소 과격한 말을 써가며 한옥을 미워하는 기류가 강하게 형성되어 있다. '우리 할머니가 직접 한옥에서 살아봤다는데'라며 실제 경험을 증거로 내세우기도 한다. 일부에서 한옥 열풍이 불고 있지만 여전히 다수는 한옥을 불편한 집으로 생각하고 있으며 이런 인식은 한옥 사랑이 외연을 넓히는 데 걸림돌이 되고 있다. 따라서 이 문제를 해결하는 일은 반드시 선행되어야 한다. 그 방향은 크게 여섯 가지로 생각해볼 수 있다.

첫째, 현대 주거 생활, 특히 아파트를 기준으로 하면 한옥은 불편한 것이 사실이다. 한옥은 절대 선도 아니고 완벽한 만능의 집이 아니다. 하지만 이른바 개량 한옥, 혹은 현대 한옥은 이 문제를 상당부분 해결하고 있다. 보온이 잘 되는 우수한 창호를 쓰고 바닥에는 전기 보일러가 들어오며 최신식 싱크대와 수세식 변소를 갖추고 있다. 동선이 길거나 복잡해지면 불편하다고 생각하기 때문에 평면도 동선 효율 중심으로 짠다. 건물이 작은 채 여럿으로 쪼개지면 공사비도 많이 들고 공간 쓰는 데에도 불리하며 무엇보다도 열 손실이 많아지고 사후 관리가 불편하다고 생각하기 때문에 큰 채 하나에 다 집어넣는다. 많은 사람이 이렇게 바뀐 한옥을 '개량 한옥'이라고 부르며 전통 한옥의 불편한 점을 해소한 아주 좋은 집으로 생각한다. 이런 방향은 기술적인 것이어서 이 책의 범위를 벗어나므로 이상의 언급은 피하겠다.

둘째, 더 중요한 것은 불편한 점을 이렇게 현대 기계문명의 도움으로 해소하는 것이 능사인지에 대한 판단 능력이다. 욕심 같아서야 한옥의 장점만 취하고 불편한 점은 기계의 도움으로 없애면 최고의 집이 될 것 같지만 건축이란 것이, 더 근원적으로 사람의 일이란 것이 그렇게 일직선으로 되는 법이 아니다. 안타깝게도 내가 아는 한 한옥의 불편한 점은 한옥의 장점과 동전의 앞뒷면처럼 붙어 있다. 둘을 분리해서 기계론적으로 개선시킬 대상이 아니라는 점이다.

셋째, 따라서 한옥의 장점을 누리기 위해서는 불편한 점을 어느 정도는 감수해야 된다는 뜻이다. 이 말은 기계적으로 불편한 점을 없앤 한옥은 장점도 따라서 없앤 것이라는 것과 같은 말이다. 불편한 점은 없어졌더라도 장점도 함께 없어졌기 때문에 진정한 의미에서 한옥에 사는 것이라고 할 수 없게 된다. '껍질만 한옥의 모양을 한 통나무집'에 사는 것과 다를 바 없다. 앞서 첫 번째에서 말한 현대 한옥의 장점들은 사실은 진짜 한옥 자체의 장점을 죽인 것이 된다.

넷째, 이렇게 보았을 때 한옥의 장점을 누리기 위해서는 반드시 지켜야 할 것들이 있다. 이것은 곧 한옥이 갖는 장점의 요체인 동시에 한옥에 살아야 하는 이유가 된다(이 내용은 곧 이 책의 내용이기도 하다). 여름에는 바람을, 겨울에는 햇빛을 즐기고 감상하며 그것에서 열 환경과 관계된 이로움을 얻을 수 있어야 된다. 이를 위해서는 기계식 냉난방을 자제해야 한다. 특히 여름에 냉방은 하지 말아야 한다. 좌식 생활을 체성감각과 연계시켜 온몸의 감각으로 즐겨야 한다. 반투명 한지인 창호지의 미학을 충분히 이해하고 이를 감성적으로 즐길 줄 알아야 된다. 다양하고 복잡한 동선을 활용하고 즐길 줄 알아야 한다. 마당을 방의 연장으로 받아들여 사용할 줄 알아야 한다. 다양한 형태의 여러 창문이 어울리며 크고 작은 채들이 어울리는 것을 즐기고 그것에서 가족의 화목을 이끌어낼 줄 알아야 한다.

이상이 한옥에 살기 위해서 반드시 갖추고 알아야 될 기본 사항들이다. '한옥 매뉴얼'쯤으로 부를 수 있는데 매우 낯설어 보일지 모르나 어려운 것은 아니다. 전통 한옥에 살던 사람들이 모두 어려움 없이 일상생활에서 살던 방식이다. 지금은 세상이 너무 바뀌었기 때문에 약간의 학습과 훈련이 필요하긴 하다. 굳이 비유하자면 클래식 감상법 같은 것이라고나 할까. 이런 장점을 못 누린다면 굳이 한옥에 살 이유가 없다. 그런데 이런 내용들은 현대 한옥이 모두 죽인 것들이다. 따라서 현대 한옥은 엄밀한 의미에서 한옥이라 할 수 없으며 그저 '한옥의 모양을 한 통나무집'에 불과하다.

다섯째, 더 근본적으로 이야기하면 지금 우리가 한옥의 불편한 점이라고 생각하는 것들이 정말로 불편한 것인지에 대해서도 곰곰이 따져보아야 한다. 이것은 기계주의와 물질주의의 노예가 된 비정상적인 현재의 관점에서 보았을 때에만 불편한 것이다. 우리가 불편하다고 치부하는 한옥의 특징들 가운데 상당수는 우리보다 먼저 기계문명과 자본주의를 일군 서양 선진국의 현대 주거에 그대로 남아 있다. 서양 선진국 사람들이 지금 이 순간의 일상생활을 살면서 불편하지 않다고 생각하는 것들을 유독 우리만 불편하다고 불평하고 있는 것이다.

여섯째, 백번 양보해서 일부 불편한 것이 있다고 치자. 그렇더라도 여전히 한옥의 장점을 누리기 위해서는 이것을 감수해야 한다. 이때 감수해야 되는 범위와 정도를 판단할 능력이 절대적으로 필요하다. 그렇지 않고 오로지 편한 것만을 찾아서 한옥의 불편한 점을 많이 제거할수록 한옥의 장점도 함께 사라져간다. 한때 크게 불었던 한옥 열풍이 시들어가는 중요한 이유이기도 하다. 실제 지어서 살다 보니까 기대했던 것만큼 좋지가 않다는 사람이 많아지고 있다. 이는 한옥의 불편한 점을 기계론적으로 제거만 하면 모든 것이 좋아질 것이라는 일차원적인 사고에서 나올 수밖에 없는 필연적 맹점이다.

정말 이기적인 발상이다. 한옥의 장점에 대해서 충분히 이해하지 못했으며 더욱이 장점을 누리기 위해 포기해야 할 것들과 받아들여야 할 것들에 대한 인식이 전혀 안 되어 있기 때문이다. 한옥의 장점을 취하기 위해서는 나부터 변해야 된다. 일상생활에 대한 나의 인식과 집에 대한 나의 가치관이 변해야 된다. 완전히 조선시대 생활로 돌아갈 수는 없겠지만 기계에 찌들고 중독된 현대의 주거 방식 가운데 일정 부분을 포기해야 한옥의 진짜 장점을 얻을 수 있다. 이런 변화의 노력 없이 기계에 의존해서 좋은 것만 취하려는 발상으로는 한옥의 장점을 얻을 수 없다.

이 책은 한옥의 불편함과 관련하여 잘못된 편견이 갖는 문제와 그 배경을 설명한다. 한옥이 결코 불편한 집이 아니며, 설사 일부 불편하더라도 그것이 더 큰 장점을 얻기 위한 것이라는 사실을 자세하게 설명하고 있다. 일부러 불편한 집을 짓고 사는 사람이 어디 있겠는가. 다만 인간사의 이치라는 것이 원하는 것 하나를 얻기 위해서는 그만한 수고를 해야 되는 것인데, 한옥의 불편함이란 것도 이런 순한 상식의 범위 내에 들어온다. 그렇다고 이 책이 한옥의 불편함에 대한 변명으로 일관하는 것은 절대 아니다. 진짜 목적은 한옥의 참뜻과 진짜 장점을 소개하는 책이다.

한옥이 왜 어떤 점에서 좋은가

한옥 열풍에 힘입어 최근 몇 년 사이에 한옥에 관한 책도 많이 출판되었다. 그 방향은 크게 다섯 가지가 주를 이룬다. 첫째, 실증적 기록을 소개하는 것으로 한옥의 연대, 유구 보존, 실측 등이 주요 내용이다. 이런 방향은 주로 문화재 관련 종사자들이 쓰고 있다. 둘째, 한옥의 주인인 양반 가문 혹은 명문 가문에 관한 소개로 주로 한국사 전공자들이 쓰고 있다. 셋째, 한옥 짓기에 관한 것으로 주로 실무 종사자들이 쓰고 있다. 넷째, 풍수지리나 양택론 등 전통 문화와 관계된 배경을 소개하는 것으로 주로 한국학 전공자들이 쓰고 있다. 다섯째, 답사를 염두에 두고 사이트 별로 소개하는 백과사전 안내서다. 이 경향의 저자는 특별히 한정하기가 어렵고 매우 다양한 분들이 쓴다.

모두 좋은 내용들이며 한옥을 이해하기 위해서 꼭 필요한 것들이다. 한옥에 대한 수요가 늘었기 때문에 출판 경향이 이렇게 다양해진 것 또한 반갑고 좋은 일이다. 그런데 이것만으로는 절대적으로 부족하다. 꼭 필요한, 어떤 면에서는 가장 기본적이고 중요한 세 가지 내용이 빠져 있다.

첫째, 한옥이 왜 좋은지에 대한 설명과 해석이다. 이는 곧 한옥의 특징과 장점에 대한 설명과 해석이다. 한옥이 좋다고들 하는데 막상 구체적으로 어떤 점이 좋은지 설명할 수 있는 사람은 거의 없다. 놀랍게도 한옥 연구자들도 마찬가지다. 이들의 연구 방향이 이런 쪽이 아니기 때문이다. 흔히 한옥의 특징이자 장점을 말할 때 친자연적이라는 점을 들지만 어떤 점이 친자연적인지를 구체적으로 알고 있거나 설명할 수 있는 사람은 정말로 드물다. 한옥을 측량하고 복원하며 양반가를 찾아서 인터뷰하는 일과 한옥의 어떤 점이 친자연적인지를 아는 것은 전혀 별개의 문제이기 때문이다. 더욱이 친자연적인 것 말고 또 다른 한옥의 특징과 정점이 무엇인지로 넘어가면 이것을 설명할 수 있는 사람은 거의 전무하다고 해도 과언이 아니다.

둘째, 이런 한옥의 장점이 어떤 배경에서 나왔는지에 대한 설명이다. 집은 한 나라와 민족, 사회와 시대의 가치관을 종합한 건물이다. 교회, 왕궁, 박물관 등 다른 어떤 대형 고급 공공건물보다 한 나라와 시대의 가치관을 종합적으로 담고 있다. 이런 대형 공공건물들은 일정 수의 사람만 간여하기 때문에 연계 폭이 한정된다. 반면 집은 모든 사람이 연계되기 때문에 모든 가치관이 담기게 되어 있다. 가치관은 철학이자 국민성이며 현실을 바라보는 시각을 생활상으로 표현한 것이다. 집은 이 가치관의 집약판이다. 이것에 대해 알지 못하면 한옥에 대해 제대로 알았다고 할 수 없다.

셋째, 한옥의 장점과 특징을 현대적 시각에서 지금 우리가 사는 조형 환경, 그리고 우리가 쓰는 말과 지식으로 설명하는 일이다. 이는 한옥이 현대 주택과 어떻게 다르고 어떤 점이 좋은지를 해석하고 설명하는 것이며 이를 통해 현재 주거 문화의 문제점에 대한 대안을 제시하자는 것이다. 이런 해석에는 앞의 두 번째 내용이 중요하다. 결국 한국의 국민성을 공통 매개로 한옥의 장점을 현대 주택에 이어받아 적용하는 것이 가능해지기 때문이다. 많은 사람이 한옥을 불편하다고 인식하지만, 그렇지 않다고 이야기할 수 있는 것은 한국의 국민성에 기인해서 만들어진 집이기 때문이다. 많은 사람이 한옥에 살고 싶어 하는 이유도 한옥이 이런 국민성과 잘 맞기 때문일 것이다.

이 책은 이런 세 가지 내용을 소개하고 해석한다. 한옥 열풍을 일으키는 데 작은 배경을 제공했던 나로서 그 열풍이 식어가는 현상도 옆에서 함께 지켜보았다. 어느 정도 예상은 했지만 안타까움도 컸다. 물론 가장 좋은 방향은 실제로 한옥을 짓고 사는 사람이 많아져서 현대 한옥이 한국 현대주택에서 일정한 비율을 차지하며 하나의 주거 유형으로 당당히 정착하는 것이다. 하지만 안타깝게도 한옥 열풍이 시작된 지 불과 3~4년 사이에 여기저기서 실제로 한옥을 짓고 사는 것은 여러 면에서 부담이 되고 힘들다는 이야기가 들리고 있다. 실제 살아보니 기대했던 것만큼 좋지 않다는 이야기도 들린다. 개인이나 지자체가 한옥 타운을 개발했지만 대부분 분양 실적이 저조하다.

이런 현상은 모두 한옥의 장점을 제대로 이해하지 못했기 때문에 나타나는 것이다. 도대체 내가 왜 한옥에 살려고 하는 것인지, 한옥에 살면 아주 구체적으로 어떤 점이 좋은지, 그런 좋은 점을 얻고 누리기 위해서 내가 해야 할 일은 무엇이고 나의 생활방식이 어떻게 바뀌어야 하는지 등을 한 번도 묻지 않았으며 설사 물었다 하더라도 충분한 답을 얻지 못했기 때문이다.

좀더 근본적으로 이야기하자면, 반드시 한옥을 통째로 짓고 사는 것만이 능사는 아니다. 한옥의 지혜와 교훈을 즐기고 감상하는 것만으로도 아주 훌륭한 문화-여가 활동이 될 수 있다. 나아가 이것을 실생활에 잘 적용하면 심한 정신적 불안증에 시달리는 현대 생활에 큰 도움을 얻을 수도 있다. 하지만 지금까지 나온 한옥 서적들은 이러한 목적을 만족시키는 데 근본적인 한계가 있다. 1차적인 정보 중심이기 때문이다. 한옥의 연대나 실측, 그 집에 살던 양반 가문, 한옥을 짓는 데 필요한 실용 가이드 같은 것들은 가장 일차적인 정보로 소중한 것들이긴 하지만 한옥을 감상하고 즐기는 데 도움이 되지 않는다. 풍수지리나 양택론도 또 다른 종류의 정보일 뿐이지 감상이나 즐김의 대상은 아니며 현대 생활에 적용하는 것은 더 무리다. 종합 답사의 책은 여행 정보에는 유용하겠지만 역시 감상이나 즐김을 기대하기는 어렵다.

한옥의 다섯 가지 지혜

이상의 배경이 내가 이 책을 쓰게 된 이유다. 나는 이 책에서 한옥의 장점과 특징을 지금 우리의 말과 생각을 사용해서 아주 구체적으로 설명했다. 그리고 그런 장점과 특징을 감상하고 즐기는 시각과 방법, 나아가 이것을 현대사회에 대한 지혜와 교훈으로 삼을 수 있는 가능성에 대해서 밝혔다.

그렇다면 한옥의 구체적 특징과 장점에는 어떤 것들이 있을까. 여러 가지인데, 크게 다섯 가지로 요약할 수 있다. '과학적인 집', '신기한 집', '감각적인 집', '포근한 집', '화목한 집'이다. 이 다섯 가지 큰 주제에서 세부적인 특징들이 파생된다. 과학적인 집은 겨울에 햇빛이 잘 들고 여름에 바람이 시원하게 통하게 해주는 집이다. 신기한 집은 방은 작은데 이상하게 집이 좁지 않게 느껴지며 놀이터처럼 재미있는 집이다. 감각적인 집은 햇빛과 그림자를 즐기며 건강한 관음증을 유발하는 집이다. 포근한 집은 어머니 품이나 자궁 속 같은 느낌을 주는 집이다. 화목한 집은 어울림의 미학이 살아서 가족 간의 화목을 부르는 집이다.

이것들을 다 합하면 아마도 전 세계를 통틀어 주택이 줄 수 있는 거의 모든 지혜를 다 모아놓은 것이 될 것이다. '지혜로운 집, 한옥'이 되는 것이며 이런 지혜는 바로 한국의 전통문화 전반에 퍼져 있던 그것과 다르지 않다. 이 때문에 '지혜로운 집'은 곧 '가장 한국다운 집'이 되는 것이다. 합하면 '한국다운 지혜를 모아놓은 집'이 바로 한옥인 것이다.

한옥의 다섯 가지 지혜는 모두 요즘 시대의 지혜와는 거리가 먼 것들이다. 과학은 이 시대에도 중요한 지혜이긴 하지만 한옥의 지혜와는 중요한 차이가 있다. 한옥의 과학은 기계를 하나도 사용하지 않고 얻어내는 것이기에 기계 중독을 전제로 한 이 시대의 과학과는 완전히 다른 것이다. 나머지 넷은 더 말할 필요도 없다. 요즘 시대에 사람들이 철저히 잊고 살거나 잃어버린 것들이다. 요즘의 지혜는 남과의 경쟁에서 이겨서(그것도 가능하면 수단과 방법을 가리지 않고) 더 많은 돈을 손에 넣는 능력으로 귀결된다. 그 과정에서 신기함, 감각, 포근함, 화목을 잃는다. 하지만 이런 것들은 사람에게 꼭 필요한 근본적인 것들이다. 사람이 육체적으로는 물론이려니와 정서적으로도 건강하게 살기 위해서 꼭 필요한 것들이다. 이것들을 잃어버리거나 잊다 보니 많은 사람이 더 많은 부를 손에 쥐었지만 끝없는 불안 증세에 시달리며 불행한 삶을 살아간다.

이 책에서 소개하는 다섯 가지 지혜는 현재의 이런 한국 현실에 대해 훌륭한 치유와 대안이 될 수 있다. 한옥의 지혜는 우리가 흔히 말하는 '재래적'인 것들이다. 한동안 불편하고 곰팡내 난다며 우리 손으로 지우려고 애썼던, 좀 심하게 말하면 부끄러워하기까지 했던 옛날 것들이다. '재래적'인 것들을 지운 자리를 현대적인 서양 것으로 채웠다. 겉은 번지르르하게 빛났고 이제 우리도 잘 살게 되었나 싶었다. 하지만 이상하게 사람들은 시름시름 앓기 시작했고 거칠어졌다. 모든 사람이 마음속에 분노를 가득 담고 여차하면 폭발하기 일보직전의 상태로 하루 종일 괴로워하며 일상을 살아간다. 나는 그 해답을 한옥의 '재래적'

특징에서 찾고자 한다. 바로 한옥의 다섯 가지 지혜다.

행복한 집, 한옥

이런 다섯 가지 지혜는 결국 행복을 목적으로 삼는다. 집을 짓고 사는 일차적인 이유는 행복하기 위해서다. 재산 증식은 그다음이다. 좋은 학군도 그다음이다. 돈 자랑도 그다음이다. 집에서 사는 것이 행복이 되는 일은 의외로 쉬울 수도 있지만 동시에 매우 어렵고 불가능할 수도 있다. 행복이 되기 위해서는 근본을 지켜야 된다. 집의 존재 이유, 사람들이 집을 짓고 사는 목적, 집의 의미와 가치, 집의 기능과 역할 등에 대해서 근본만 지키면 집에서 사는 것이 행복이 된다. 반면 이것을 지키지 못하고 집을 재산 증식의 수단으로 보고 집 자체보다 학군부터 따지고 집으로 돈 자랑을 하려 들면 고통만이 뒤따른다. 지금 한국 사회가 딱 이 꼴이다. 집은 고통의 근원이 되고 있다.

 한옥은 전형적인 행복한 집이다. 집의 존재 이유, 사람들이 집을 짓고 사는 목적, 집의 의미와 가치, 집의 기능과 역할 등에 대해서 근본을 지켰기 때문이다. 따라서 한옥의 가치와 장점, 한옥의 미학과 참뜻을 알기 위해서는 이런 근본에 대해 잘 알아야 한다. 그렇다면 그런 행복의 근본은 무엇일까. 한옥의 행복은 어디에서 나오는 것일까. 한옥은 왜 행복한 집일까. 바로 이 책의 내용인 다섯 가지 지혜가 녹아 있기 때문이다. 이것들이 모두 그대로 행복의 원천이자 근원이 된다. 물론 그렇기 위해서는 행복의 조건을 알고 그에 맞게 살아야 한다.

한옥의 미학과 건축적 장점은 무궁무진하다. 이것이 지혜가 되고 행복이 되기 위해서는 지식이나 정보 차원을 넘어서 경험을 하고 감상을 하고 즐겨야 된다. 가장 좋은 방법은 직접 한옥에서 살아보는 것이다. 실제 나의 주거를 한옥으로 짓는 일이 어렵다면 단 며칠만이라도 직접 체험을 해보라고 권하고 싶다.

반드시 한옥에서 숙박을 하고 하루를 보내는 것이 힘들다면 감정이입과 동일화를 통한 간접체험이 좋은 감상법일 수 있다. 답사를 갔을 때 한옥에서 떨어져서 지식이나 정보만 훑고 오지 말고 반드시 대청에 오르고 방에 들어가서 내 손으로 문을 조작해보아야 한다. 집이 다양하게 변하는 것을 느끼며 마당과 연계해서 동선과 공간의 미학을 즐겨야 한다. 해가 좋은 날이면 창호지의 미학을 감상해야 한다.

상대성이라는 것도 있다. 옛날 선조들이 특별히 의식하거나 목적하지 않고 그저 당시의 가치관과 생활방식에 따라 자연스럽게 지은 것인데 지금 관점에서 보니 우리에게 결여된 것이라 좋은 장점으로 부각되는 것일 수도 있다. 한옥의 특징, 혹은 장점에는 이런 비의도적인 것이 많다. 겉으로 확연히 드러나지 않고 한 가지 형식으로 구체화되지 않으면서 생각지도 못했던 곳에서 의도하지 않은 상태로 특징과 장점을 발견하게 된다. 시시각각 변하는 모습으로 의외의 특징과 장점을 드러낸다. 어떤 때는 몇백 년 후 지금 우리의 상태를 예견이라도 한 듯, "너희 이런 거 없지? 이런 게 간절하지? 여기 있단다" 하며 준비해두었다 주는 것이 아닐까 하는 생각까지 든다. 한옥이 행복한 집이 될 수 있는 근거다.

전통 건축 시리즈와
집 이야기 시리즈를 시작하며

이 책은 개인적으로는 두 가지 시리즈에 공통적으로 속한다. 하나는 전통 건축 시리즈다. 나는 이미 지금까지 전통 건축 책을 7권 출간했다. 이후 한동안 서울의 건축과 서양건축 등에 전념하다가 이번 책을 계기로 다시 전통 건축으로 돌아왔다. 이 책 다음 주제로 궁궐에 관한 책을 집필 중이며 그다음에는 사찰과 서원 등을 다룰 계획이다.

전통 건축은 내 연구의 두 축 가운데 한 축을 차지하는 큰 주제다. 전통 건축은 곧 우리의 문화이기 때문에 넓은 독자층을 갖고 있는 주제다. 서양 건축에 비해 연구자도 훨씬 많은 편이며 개인적으로도 강연이나 원고 청탁의 횟수, 언론사의 자문이나 인터뷰 요청 등을 서양 건축보다 많이 받고 있다. 우리의 문화에 관심이 많다는 것은 반가운 일이라 느끼면서도 한편으로는 '우리나라가 민족주의 성향이 강하구나' 라는 생각이 들기도 한다. 어쨌든 이런 요구에 부응해서 앞으로 전통 건축에 대한 연구와 저술을 늘려나가고자 한다.

전통 건축에는 여러 훌륭한 분들이 연구와 저술을 하고 있지만 나도 거기에 작으나마 한 부분을 차지하고 있다. 지금까지 내가 출간한 저서 숫자로 보면 전통 건축은 서양 건축에 비해 적지만 앞으로 좀더 전통 건축 분야에 관심을 쏟을 계획이다. 연대기, 실측, 사전 정보 등 실증적 경향이 주를 이루는 전통 건축 연구와 출판 흐름 속에서 나는 미학 감상과 사상 해석이라는 독특한 경지를 일구었다는 평가를 받고 있다. 앞으로 이런 방향을 견지하면서 부족한 부분을 채워나가며 좋은 소재와 내용으로 전통 건축에 관심이 많은 독자를 만날 계획이다. 아울러 전통 건축을 현대와 연계시켜 다양하게 해석하는 작업도 계획하고 있다.

또 하나는 '집 이야기' 시리즈다. 집은 설명이 필요 없을 정도로 건축에서 범위가 가장 넓은 주제다. 연계 분야도 가장 많을 것이다. 건물만 보면 건축에 속하는 것 같지만 그 속에 들어가는 '가정'이나 '가족'이라는 콘텐츠를 생각하면 사회학, 주거학, 인류학, 여성학, 철학 등에 속하는 주제이기도 하다. 거꾸로 집을 다 모아놓으면 하나의 도시가 되고 한 나라의 국가 정책이 되기 때문에 도시공학, 지역학, 행정학, 경제학 등에도 속한다.

건축에 국한시켜 보더라도 집에 관한 책은 그동안 많이 출간되었다. 하지만 이번에도 실제 집을 짓는 데 필요한 실용 정보를 소개하는 실용서나 혹은 멋진 집을 소개하는 사진집 수준의 책들이 주를 이루고 있다. 정작 집의 의미와 가치가 무엇인지, 집이 우리에게 정서적으로나 정신적으로 어떤 영향을 끼치는지, 집을 어떻게 해석하고 집에서 어떻게 살아야 하는지 기본적이고 근본적인 문제에 대해서 해석하고 소개하는 책은 거의 없는 실정이다. 특히 집이 최근 한국사회에 위기를 불러온 주범 가운데 하나가 되면서 이런 근본적인 문제를 다룬 책을 기다리는 수

요가 생겨나고 있지만 최근의 출판 흐름은 이에 따르지 못하고 있다.

이런 배경 아래 나는 건축을 기반으로 앞에 열거한 다양한 다른 분야를 연계시켜 집과 관련된 근본적인 문제에 대해 고민하는 시리즈를 시작했다. 어떤 면에서 몇 해 전에 출간한 『나는 한옥에서 풍경놀이를 즐긴다』라는 책이 그 출발점이었다. 이 책 역시 한옥을 소재로 그 속에서 벌어지는 풍경놀이를 추적함으로써 집이 우리에게 정서적으로나 감성적으로 얼마나 다양하고 즐거운 놀이거리를 제공할 수 있는지를 해석하고 소개했다. 또한 이런 기조를 유지하면서 좀더 다양한 시각과 주제를 종합적으로 담으려 노력했다. 이외에도 몇 달 후면 『유럽 주택사』(가제)가 출간된다. 이 책은 유럽의 주택을 소재로 주택에 사회문화적 배경이 스며들어 반영되는 과정을 추적하고 해석할 것이다. 이외에도 앞으로 집과 관련된 다양한 이야기를 지속적으로 저술할 계획을 가지고 있다.

어머니를 그리며

나는 지난 2월 하순, 봄의 문턱에서 어머니를 하늘나라로 떠나보냈다. 어머니 이야기를 짧게 하면서 서문을 마치고자 한다. 혼자서 울기도 참 많이 울었고 슬픔이 커서 한동안 아무 일도 할 수 없었지만 이것이 어머니가 바라는 모습은 아니라고 생각하고 다시 마음을 잡아 이번 책을 끝낼 수 있었다. 이번 책에 어머니에 관한 이야기가 많이 나오는 것도 이 때문이다. 물론 한옥의 참맛 자체가 어머니의 미학에 뿌리를 둔다. 책 제목으로 잡은 지혜와 행복이라는 두 단어 역시 한국의 어머니들에게서 찾을 수 있는 것들이다. 묘하게 돌아가신 어머니를 그리워하는 때와 한옥에서 어머니의 미학을 추적하는 책을 쓰는 때가 겹치게 되었고, 그래서 이번 책에는 돌아가신 어머니를 그리는 이야기가 많이 나온다.

어머니는 매우 학구적인 분이셨고 나에게는 강한 절제력과 인내심을 키워주셨다. 나의 분석력도 어머니에게서 물려받은 것이다. 어머니는 나를 매우 엄하게 키우셨다. 그만큼 어머니 자신에게도 엄격하신 분이셨다. 조금의 흐트러짐도 없이 평생을 사셨으며 마지막에도 자식에게 폐를 안 끼치려고 스스로 일찍 가셨다는 생각을 지울 수가 없다. 어머니의 따뜻한 품이 그리운 적도 많았지만 언제부터인가 엄하게 키우신 것도 사랑의 한 형태라는 것을 깨닫기 시작했다. 어머니는 자식을 엄격하게 키우는 것이 가장 좋은 교육이라고 판단하셨던 것이다. 사랑하는 자식에게는 가장 좋다고 생각하는 것을 주는 것이 당연한 것이다.

아마도 내가 공부하는 직업을 택해서 책을 열심히 쓰게 된 데에는 어머니의 학구적인 모습과 엄한 교육 덕이 클 것이다. 감성이 매우 예민했던 내가 어머니에게서 절제력을 교육받지 않았다면 지금쯤 이렇게 책을 쓰고 있지는 않을 것이다. 아마도 어머니께서는 나의 이런 예민한 감성을 보셨을 것이고 저것을 잡지 않으면 내 아들놈이 크면서 어려움에 처하게 될 것이라고 판단하셨을 것이다. 그래서 나를 엄하게 키우셨고 그 덕에 오늘의 내가 있게 된 것이다.

어머니는 살아생전에 내가 어린 시절 어머니의 따뜻한 품이 그리웠다고 말하는 것을 가장 마음 아파하셨다. 반대로 어머니의 엄한 교육 덕분에 내가 지금 이 정도 되었다고 말하면 가장 기뻐하셨다. 막내딸이 주민등록증을 만들며 미성년자를 졸업하게 된 이즈음, 나 역시 부모의 마음이 되어 어머니의 이런 두 가지 반응이 무슨 의미인지를 가슴 절절히 깨닫게 된다. 어느 부모가 자식에게 나쁜 것을 주랴. 부모 마음은 그게 아닌데 자식이 그것을 몰라주고 원망을 하면 부모 마음은 찢어진다. 반대로 자식이 부모 덕에 잘되었다고 하면 부모에게는 이보다 기쁜 일은 없다.

부모는 가장 중요하다고 생각하는 것을 자식에게 준다. 받는 자식이 욕심이 커서 기대와 다른 것이 되면 가슴에 결핍의 상처를 키운다. 그러다 나중에 자식 키우고 부모님이 돌아가시면 그때서야 부모님의 마음을 헤아리게 된다. 결국 부모의 무덤으로 달려가 풀을 뜯으며 엎드려 운다. 흔한 이야기인데, 나 역시 이 궤적을 똑같이 밟게 되었다. 이번 책은 하늘나라에 계신 어머니에게 바친다. 아울러 졸고를 출간해주신 인물과사상사와 사랑하는 두 딸과 애들 엄마에게도 진심으로 사랑과 감사의 마음을 전한다.

2013년 9월 23일 심재헌에서

임석재

차
례

서문 • 4

1장
과학적인 집
햇빛과 바람의 과학

해가 잘 드는 집
기후 요소와 한옥의 과학 • 33
햇빛의 과학 (1) 지붕 처마의 돌출 • 40
햇빛의 과학 (2) 창과 방의 크기 • 49
의외로 따뜻한 한옥 흙벽, 창호지, 이중창 • 57
온돌과 우수한 난방 과학 • 62

바람이 잘 통하는 집
'통'의 원리 (1) 거시 기후에 맞춰 바람길을 내다 • 66
'통'의 원리 (2) 마당을 비워 찬 공기 주머니를 만들다 • 73
'통'의 원리 (3) 사선 축을 더하다 • 81
선비들의 집 이상과 자연의 이치 • 91

2장 신기한 집
공간의 미학

가변성과 놀이 기능
- 한민족과 놀이 본능 • 97
- 신기한 집 – 놀이 기능과 숨바꼭질 • 104
- 도시의 도로망 같은 한옥의 동선 • 112
- '호모 루덴스'와 한옥의 놀이 기능 • 122

무상, 원통, 불이
- 무상과 한옥 공간의 다양성 • 126
- 둥글어 통해 '원통'한 한옥 공간 • 137
- 소통, 돌아가기, 질러 가기 • 145
- 불이 – 공간의 안팎을 딱 자르지 않은 한옥 • 148
- 대청 – 자연과 하나 되는 신기한 공간 • 152

3장 감각적인 집
촉각과 시각의 미학

좌식 문화와 온돌방
- 살갗, 촉각, 접촉 문화 • 163
- 좌식 문화와 체성감각 • 167
- 체성감각을 살리는 한옥 • 171
- 좌식 문화와 가변 공간 방바닥에 철퍽 앉다 • 177
- 온돌과 접촉 문화 방바닥과 등바닥 • 185
- 온돌 – 한국만의 완전한 좌식 문화 • 190

햇빛, 창호지, 관음
- 햇빛과 감성의 미학 • 195

겨울 대청과 햇빛의 미학 • 200
창호지와 리얼리즘 • 205
광목이 펄럭이는 것 같은 창호지 • 210
관음 – 감성작용과 스토리 창출 • 216
꺾임이 많은 한옥 구조와 관음 작용 • 222

빛, 그림자, 문양
빛과 그림자 • 232
그림자의 미학 문양과 절제의 미덕 • 237
그림자와 여운의 미학 • 244

4장 포근한 집
창호지와 휴먼 스케일

창호지의 미학
창호지와 방의 분위기 • 259
한국 문학 속 창호지 (1) 낙화와 어릴 때 기억 정서 • 268
한국 문학 속 창호지 (2) 포근한 어머니 품 • 271
방의 농담을 조절하는 창호지 • 275
창호지와 창살 문양 (1) 모태의 바탕과 '세살' • 281
창호지와 창살 문양 (2) 기하주의 • 288

휴먼 스케일 – 내 몸에 맞춰 짜다
휴먼 스케일의 중요성 • 300
휴먼 스케일과 포근함의 미학 • 305
휴먼 스케일이 넘쳐나는 한옥 • 309
스케일의 미학 대청 천장은 높고 방 천장은 낮다 • 314
선비의 덕목과 휴먼 스케일 (1) 포근한 마당 • 319
선비의 덕목과 휴먼 스케일 (2) 아담한 문 • 324

5장
화목한 집
어울림의 미학

화목한 가족을 표현하는 한옥의 창
창과 어울림의 미학 • 333
어울림의 미학 가족 사이의 관계를 표현하다 • 338
리얼리즘의 미학 살림살이 이야기를 전해주는 한옥의 창 • 350
엄격하지만 친근한 한옥의 입면 구상적 추상 • 356
유교 형식미 인과 예 • 360

채의 어울림과 화목함의 미학
예별이 채 구성을 통해 계급 질서를 표현하다 • 364
부부의 화목 사랑채와 안채의 관계 • 375
예보다 인이 우선 행랑채의 조형 구성 • 384
한옥의 전경 행랑채가 집의 주인 • 388
나눈 뒤 재조합하는 한국인의 조형 의식 • 394
유교의 인과 한국의 정 • 399

도판 목록 • 405

1장

과학적인 집

햇빛과 바람의 과학

기후 요소와 한옥의 과학

한옥의 특징은 매우 다양하다. 그 가운데 하나는 의외로 과학다움이다. 옛날 집에 무슨 과학이냐 싶겠지만 그렇지 않다. 한옥은 보통 불편한 집으로 알려져 있기 때문에 더욱 그렇다. 하지만 한옥은 매우 과학적인 집이다. 요즘처럼 과학을 기술이나 기계로 해석해서는 안 된다. 오히려 그 반대다. 한옥은 기술이나 기계를 하나도 사용하지 않고 햇빛과 바람이라는 자연 환경, 즉 기후 요소를 적절히 활용한다는 점에서 매우 과학적이다.

사실 한반도의 기후 조건은 보기에 따라서는 좋은 것만은 아니다. 물론 적도 근처의 열대-아열대 기후나 극지방의 한대 기후보다는 말할 수 없이 좋은 조건이다. 사계절이 뚜렷한 것만 해도 흔히 하는 말로

복 받았다 할 만하다. 우리의 찬란하고 다양한 전통 문화는 분명 사계절의 산물이다. 계절이 하나만 있었다면 나올 수 없는 것들이다. 사계절이 있다 보니 이용할 수 있는 자연 조건이 풍부하고 다양해진다. 사람들의 감성도 풍부해진다. 계절 따라 바뀌는 다양한 풍경을 즐기다 보면 모두가 시 한 수쯤 쓰게 되거나 그림 한 장쯤 그리게 된다.

하지만 그 반대일 수도 있다. 열 환경의 관점에서 보면 불리한 점도 많다. 무엇보다 여름에 덥고 겨울에 춥다. 바람이 필요한 여름에는 바람이 잘 불지 않으며 습하기까지 하다. 여름이면 일기예보에서 '고온 다습한 북태평양 고기압'이란 단어를 지겹게 듣는다. 겨울은 반대다. 시베리아 벌판과 몽골 고원에서 불어대는 겨울의 건조한 삭풍은 또 어떤가. 이처럼 연교차가 크기 때문에 어느 한쪽에만 맞추기가 힘들어진다. 의식주 모두에서 그렇다. 양 극단의 두 조건을 동시에 만족시켜야 된다. 하지만 우리 조상은 이런 어려운 조건에 굴복하지 않았다. 그렇다고 서양처럼 기계에 의존해서 자연을 제압하려 들지도 않았다.

여름과 겨울의 혹독한 조건이란 것도 알고 보면 결국 모두 자연의 일이다. 자연에 순응하고 잘 활용하는 지혜만 있으면 앉아 죽으란 법은 없는 것이 또한 자연의 일이다. 더욱이 한반도에는 지진이나 토네이도 같은 대형 재앙은 없었으니 자연에 의존해서 계절의 혹독함을 이겨내는 데 결정적인 어려움은 없었다고 할 수 있다. 그렇기 때문에 우리 조상들은 지금 봐도 만만치 않은 여름과 겨울의 양 극단적 기후 요소에 순응하고 그것을 활용해서 살아갈 지혜를 짜낼 수 있었을 것이다.

우리의 훌륭한 음식 문화도 어떤 면에서는 이런 지혜의 산물일 수 있다. 제철 재료의 사용이 뛰어난 점, 계절 따라 다양하다 못해 극단적이라 할 만한 다양한 음식을 발명한 점, 같은 재료라도 계절 따라 요리하는 법이 다른 점, 발효 식품이 많은 점 등 셀 수 없이 많은 장점이 모두 양 극단의 기후 요소에 순응하여 살아가는 과정에서 나타난 현상들이다. 인위적으로 만들어낸 것이 아니라 자연에 맞춰서 먹다 보니 나타난 자연스러운 현상이라는 뜻이다.

한옥도 마찬가지다. 집은 음식보다 직접적으로 기후 요소와 맞닥트린다. 여름의 더위와 겨울의 추위를 온몸으로 고스란히 받아야 하는 것이 바로 집이다. 따라서 집은 의식주 가운데 파급 효과가 가장 크다. 이 말은 곧 자연에 순응하고 자연을 활용하는 지혜가 가장 많이 요구된다는 뜻이다. 한옥은 이런 상황에 대한 모범답안이다. 여름과 겨울의 기후 요소를 동시에 만족시켜야 된다는 어려운 조건을 오히려 두 요소를 모두 활용하는 지혜로 뒤집어놓았다. 두 요소를 동시에 만족시킬 수 있는 공통집합은 바늘구멍 같은 정말로 작은 틈새일 뿐이다. 이것을 집에 적용하는 것은 불가능하다. 그러나 두 요소를 모두 활용하는 쪽으로 방향을 잡으면 이용 가능한 조건은 크게 늘어난다.

한옥이 그렇다. 한옥은 알면 알수록 정말로 과학적인 집이다. 한옥의 과학다움은 기계에 의존하는 서양의 근대 과학과는 비교도 되지 않을 정도로 뛰어나다. 여름과 겨울의 기후 요소를 동시에 만족시키는 방법으로 가장 먼저 생각할 수 있는 것은 기계를 사용하는 것이다. 당장 결과를 내놓으니 우수한 것으로 보인다. 이런 기계 문명이 본격적인 문제점을 낳기 이전인 1990년대 이전까지만 해도 한옥을 재래적이고 불편한 집으로 매도해서 우리 스스로 열심히 지웠던 것도 이 때문이었다. 그러나 환경 위기가 본격적으로 시작되면서 한옥의 위치는 정반대가 되었다. 사람들은 한옥의 과학에서 배우겠다며 난리다.

그렇다면 한옥은 어떤 점에서 과학적일까. 방향과 원리는 간단하다. 햇빛과 바람이 정답이다. 인간의 삶과 관련된 기후 요소는 결국 햇빛과 바람 두 가지로 귀결된다. 둘은 여름과 겨울에 각각 반대 상황에 놓인다. 여름에 더우면 따가운 햇빛은 피해야 하며 시원한 바람이 해답이다. 겨울에 추우면 살벌한 바람은 피해야 하며 따스한 햇빛이 해답이다. 한옥은 이런 해답을 가능하게 해주는 구조를 가졌다.

아산 맹씨 행단과 관가정 사랑채를 보자.*1-1,1-2 언뜻 눈에 띄지 않지만 잘 찾으면 대부분 한옥에서 관찰할 수 있는 장면들이다. 한옥은 햇빛이 잘 들고 바람이 잘 통하는 집이다. 여름에 바람이 잘 통하면 겨울에 해도 잘 들게 되어 있다. 여름의 통풍과 겨울의 채광을 동시에 만족시켜주는 구조다. 여름에 햇빛을 피하면서 바람을 집 안 가득 들이는 구조다. 겨울에는 반대로 바람을 피하면서 햇빛을 가득 들인다. 정말로 과학적이다 못해 오묘하기까지 하다.

그렇다고 집이 특별히 이상하게 생긴 것도 아니다. 인간에게 많은 수고를 요구하는 것도 아니다. 여름과 겨울의 모양이 다른 것도 아니다. 계절이 바뀌면 집을 고쳐 짓거나 모양을 바꿔야 되는 것도 아니다. 달라지는 것은 하나도 없다. 똑같은 집을 가지고 이런 엄청난 일을 가능하게 한다. 지붕과 창과 방이라는 집의 기본적인 구성 요소를 공통적으로 사용해서 여름과 겨울에 이렇게 정반대되는 상황이 벌어지게 만드는 것이다.

한옥은 정말로 햇빛이 잘 들고 바람이 잘 통하는 집이다. 햇빛의 각도를 조절하고 바람길을 낸다. 한옥의 참맛은 한겨울 따뜻한 햇빛을 만끽하며 삭풍이 두렵지 않을 때 비로소 알 수 있다. 또한 한여름 폭염을 저 멀리 하늘에 붙들어두고 허파까지 시원하게 흩어내는 통統 바람과 통通 바람을 즐길 때 비로소 알 수 있다. 햇빛과 바람은 결국 같이 작동

1-1 아산 맹씨 행단. 한옥은 햇빛이 잘 들고 바람이 잘 통하는 집이다. 여름에 바람이 잘 통하면 겨울에 해도 잘 들게 되어 있다.

1-2 관가정 사랑채. 여름의 통풍과 겨울의 채광을 동시에 만족시켜주는 구조다.

한다. 한옥은 이 둘 모두와 가장 잘 어울리는 집이다. 겨울에는 햇빛을, 여름에는 바람을 붙잡아 끌어들이기에 가장 적합한 구조를 갖고 있다. 그만큼 기후 요소의 작동 원리를 잘 알고 있었으며 여기에 순응하며 살았다는 뜻이다.

한옥을 탄생시킨 세 가지 배경 가운데 하나가 바로 '한반도의 기후 요소'다. 이를 기준으로 하면 한옥은 '한반도의 기후 요소'에 맞춘 주거 형식이다. 삼국시대부터 시작해서 최소한 천 년 이상 오랜 기간 경험하고 깨달은 것들을 모아서 종합한 것이다. 자연에 순응하고 자연을 활용하겠다는 큰 방향을 정한 뒤 한반도의 기후 요소를 구체적 조건으로 삼아 여기에 적응한 것이 한옥이다.

이런 점에서 한옥의 과학다움은 친자연을 지향한다. 자연에 의존하는 점에서 친자연적이다. 한옥의 과학다움은 또한 경험적이다. 자연을 활용하는 데 경험에 의존한다. 이 둘은 함께 움직인다. 철저하게 인간을 돕고자 한다. 인간을 최우선에 두고 인간에게 해가 되는 것부터 거부한다. 인간에게 무해한 것만 챙겨서 과학을 한다.

과학다움에는 두 가지가 있다. 하나는 기술적 과학다움이다. 이런 과학다움은 항상 기계와 공학의 힘에 의존하며 첨단을 지향하고 경쟁한다. 자연을 수단으로 삼아 정복하고 개발한다. 인간을 위한다고는 하지만 과학과 기술이 먼저이고 인간은 그다음에 끼워 맞춘다. 자연은 파괴되며 인간은 기계에 중독되고 종속된다. 무엇이 인간을 위한다는 것인지 알 길이 없다. 그 뒤에 자본이 숨어 있다. 아니, 요즘은 숫제 숨지도 않고 전면에 나서서 과학과 기술을 진두지휘하며 이끈다. 자본이 주도하는 기술이나 과학에서 사람은 돈벌이 대상일 뿐이다. 사람은 기계의 노예가 되고 자본의 노예가 된다.

또 하나는 인간 중심적이고 경험적인 과학다움이다. 인간의 경험에서 지혜를 찾아 인간을 위해 작동하는 과학다움이다. 이것을 위해서 기계는 피한다. 기계는 결코 인간을 위하지 않으며 기계를 들이는 순간 인간은 중심 자리를 기계에 내놓아야 하기 때문이다. 기계가 없는 자리를 자연의 원리가 대신한다. 공학이 아닌 사람의 지혜에 의존한다. 한옥의 과학다움이 바로 이렇다. 대표적인 것이 햇빛과 바람을 활용하는 지혜다. 이것이 한옥의 다섯 가지 지혜 가운데 첫 번째 것이다.

햇빛의 과학 (1)

■**지붕 처마의 돌출**   한옥은 햇빛이 잘 드는 집이다. 햇빛이 절실한 겨울에는 신기하게도 대청과 방 안 깊숙이 파고들어 집 안 가득 넘쳐난다. 반대로 여름에는 해를 피해간다. '거부'라는 말이 너무 심하다면 '피해간다'고 할 만하다. 햇빛이 귀찮은 여름에는 고맙게도 대청과 방 안 끄트머리까지만 해가 들고 그 안쪽은 시원한 그늘이 진다. 둘을 합하면 해에 대해서 '불가근불가원不可近不可遠, 가까이하지도 멀리하지도 않음'의 원칙을 잘 지킨다.

지구 위 인간의 삶과 문명은 해에 대해서 양 극단을 오간다. 겨울에는 해가 죽도록 그립고 여름에는 지긋지긋해서 멀리하고 싶다. 한 개인을 기준으로 해도 햇빛은 비타민 D의 보고이며 인간의 정서 순화에도 꼭 필요하다. 해를 멀리하면 인간은 몸과 마음이 모두 비실비실 앓게 된다. 그러나 너무 많이 쬐면 피부와 눈에 여러 부작용도 많이 일어난다. 결국 중간선에서 적절한 균형이 필요하다. 일 년을 통째로 보면 '불가근불가원'의 원칙이 정답인데 한옥이 바로 그렇다.

그 원리는 이렇다. 지구는 23.5도 기울어져 있기 때문에 북반구에서 해는 여름에 높이 뜨고 겨울에 낮게 뜬다. 이른바 자전축이라는 것 때문에 발생하는 현상이다. 해가 다니는 길은 여름과 겨울이 다르다. 여름 해는 반구의 지름선 근처에서 떠서 반구의 가장 높은 곳까지 올라간 뒤 반대편 지름선 쪽으로 진다. 겨울 해는 반대다. 반구에서 멀리 떨어진 곳에서 떠서 반구 높이의 중간 정도까지만 오른 뒤 반대 방향으로 넘어간다. 여름 해가 길고 겨울 해가 짧은 이유다.

위도에 따른 하지와 동지의 태양 각도를 찾는 공식은 이렇다. β(태양 각도) = 90도 $-L$(위도) $+\delta$(태양 경사도 = 동지는 -19.9도, 하지는 23.5도)이다. 북위 34도에서 44도 사이에 걸쳐 있는 한반도에서 태양의 각도는 하지에는 약 70~80도, 동지에는 26~36도 사이가 된다. 좀더 구체적으로 38도선 지역에서는 하지 때 태양 각도가 75.5도이고 동지 때에는 32.1도다.[1-3] 이것을 땅 위에 서 있는 집을 기준으로 바꿔 이야기하면, 여름에는 햇빛이 수직에 가깝게 내리꽂히고 겨울에는 낮은 각도로 완만하게 비친다.

이런 조건은 지상에서 햇빛을 받아들이는 데에 불리할 수도 있고 유리할 수도 있다. 도시 속에서는 대체적으로 불리하다. 여름 해는 수직으로 내리꽂히기 때문에 빌딩이 그늘을 만들어내기가 어렵다. 한여름 도심의 빌딩숲 속에서 그늘을 찾기가 어려운 이유다. 이리저리 헤매도 작렬하는 햇빛에 노출되기 십상이다. 건물 뒤에 숨어도 그늘 폭은 야박하게 짧다. 반대로 겨울에는 햇빛이 완만한 각도로 내리쬐기 때문에 빌딩 뒤쪽으로 온통 그늘이 넘쳐난다. 한겨울 도심의 빌딩숲 속에서 양지바른 곳을 찾기가 어려운 이유다. 조금만 발길을 바꿔 빌딩을 돌아서면 금세 살을 에는 그늘이 도처에 깔려 있다.[1-4]

하지만 조금만 지혜를 발휘하면 유리한 조건으로 뒤집을 수 있다. 태양의 여름 각도와 겨울 각도가 다른 점을 활용하는 것이다. 두 각도

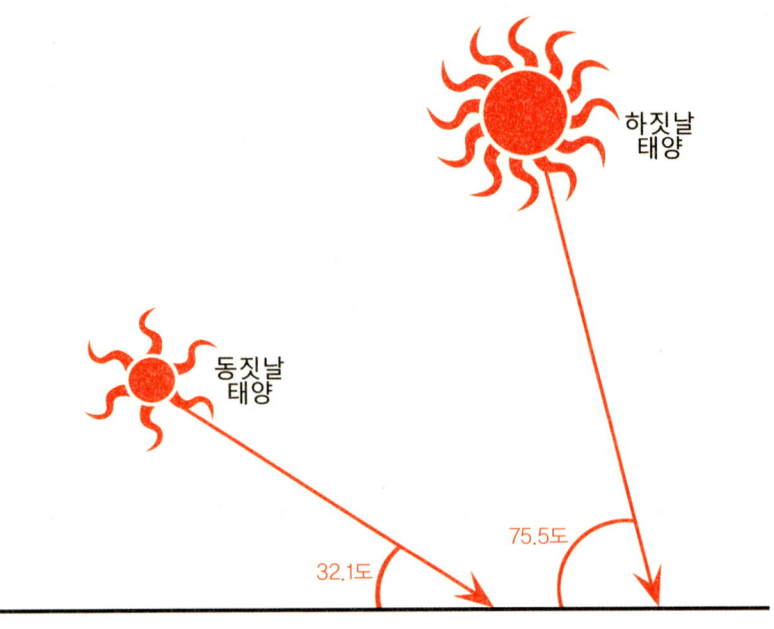

1-3 북위 38도선 지역에서 하짓날과 동짓날 햇빛 각도. 각각 32.1도와 75.5도로 큰 차이를 보여주는데 이 차이를 이용하는 것이 한옥의 첫 번째 지혜인 과학다움이다.

가 다른 것은 참으로 고마운 자연의 선물이다. 지구가 직립해서 여름과 겨울의 태양 각도가 같았다면 지금과 같은 인류 문명은 탄생하지 않았을 수도 있다. 일부 종교에서도 지구가 발딱 서서 자전축이 직각으로 바뀌는 순간을 심판의 날로 삼기도 한다. 이런 각도 차이를 이용하면 해에 대한 인간의 바람, 즉 여름 해는 피하고 겨울 해는 받아들이는 것이 가능하다.

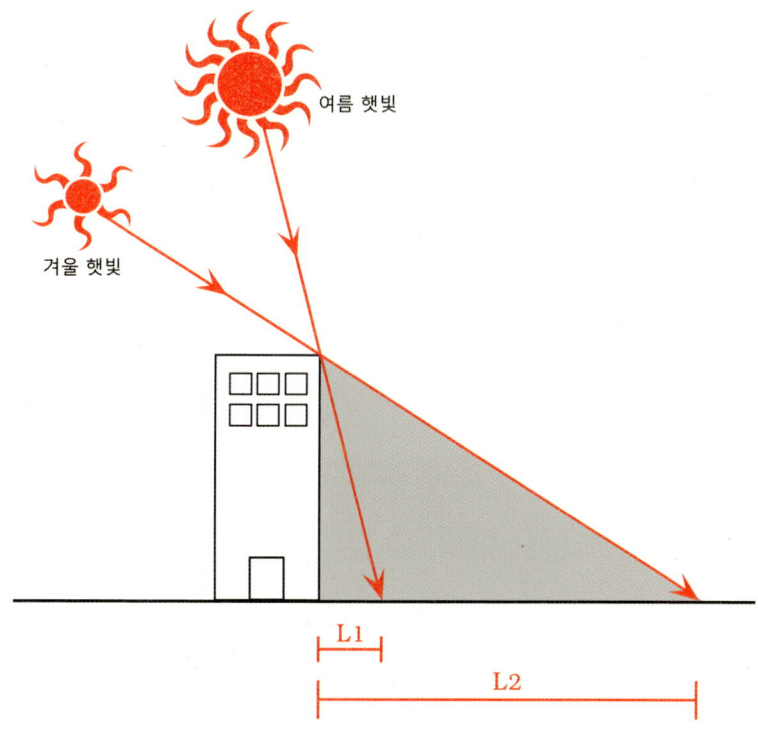

1-4 여름과 겨울의 빌딩 그림자 길이. 여름 그림자 L1은 아쉽게 짧고 겨울 그림자 L2는 너무 길어서 춥다. 도심에서 여름에 그늘을 찾기 어렵고, 겨울에는 반대로 양지바른 곳을 찾기 어려운 이유다.

창과 지붕과 방의 크기와 위치를 활용하면 된다. 이 셋은 집을 구성하는 가장 기본적인 요소다. 집을 짓다 보면 당연히 있어야 하는 것들인데 이것들의 크기와 위치만 잘 조절하면 햇빛을 활용하는 최고의 과학을 행할 수 있게 되는 것이다. 해답은 의외로 간단하다. 높이 솟는 여름 해와 낮게 깔리는 겨울 해 사이에 창을 내면 된다. 두 각도 사이에 창을 내면 여름에 귀찮은 햇빛을 물리칠 수 있고 겨울에 고마운 햇빛을 끌어들일 수 있다. 햇빛을 받아들이는 직접 통로인 창을 이용해서 햇빛을 조절하는 과학이다. 방법은 두 가지다.

첫째, 지붕의 돌출 길이를 이용하는 것이다. 지붕 처마를 여름 태양과 겨울 태양의 각도 사이에 위치하게 돌출시키면 된다. 이렇게 하면 여름 햇빛을 막아 튕겨내고 겨울 햇빛은 통과시켜 들어오게 할 수 있다. 예를 들어 38도선 지역에서는 앞에서 찾은 하지와 동지의 태양 각도인 75.5도와 32.1도 사이에 지붕 처마가 위치하게 돌출시키면 햇빛을 조절할 수 있게 된다.[1-5] 한옥의 처마 길이는 한여름 해를 물리치고 한겨울 해를 방 안 깊숙이 받아들일 수 있도록 정해진다. 봄과 가을에는 둘 사이에서 계절과 기온에 맞게 해 길이가 자동적으로 조절된다. 겨울에는 대청 깊은 곳 끝까지 해가 든다.[1-6] 여름에는 방 안에는 들어오지도 못한 채 툇 끄트머리에 살짝 걸치다 돌아간다.[1-7]

두 각도 사이에 지붕을 낼 경우 비교적 많이 돌출하게 되는데 한옥, 나아가 한국 전통 건축의 지붕이 긴 이유다. '고래등 같은 기와집'이란 말도 여기에서 나온 것이다. 길게 돌출한 지붕은 한국 전통 건축의 특징을 결정짓는 첫 번째 요소다.[1-8] 그 배경에는 기능적 이유, 조형적 이유, 사상적 이유의 세 가지가 있는데 기능적 이유가 바로 여름 해를 물리치고 겨울 해를 들이기 위한 것이다.

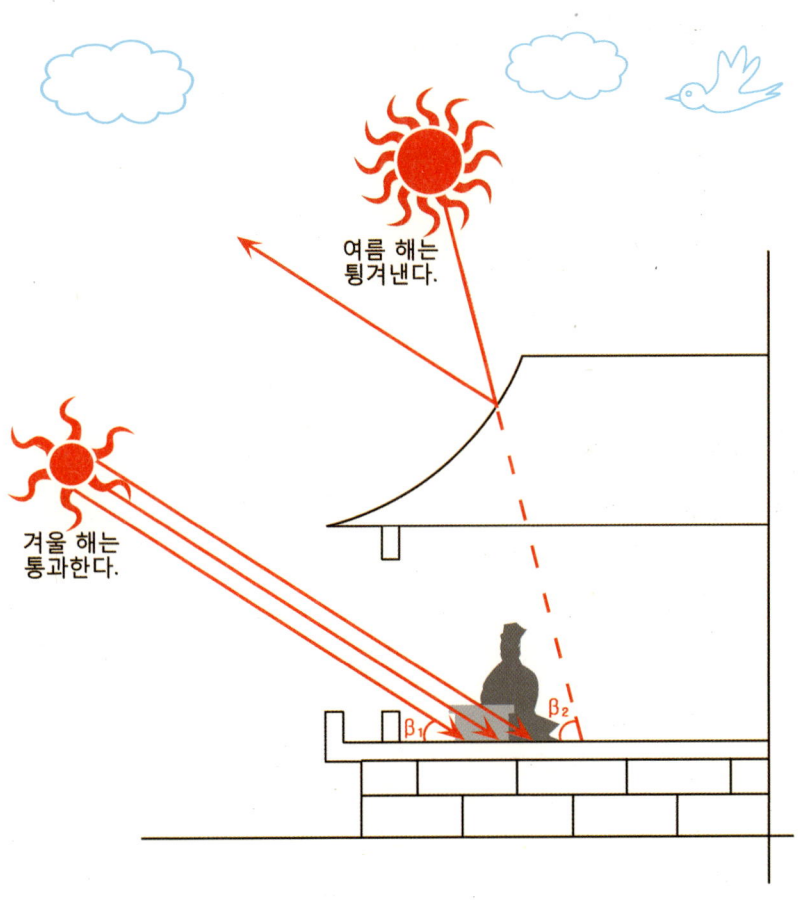

1-5 지붕 처마의 돌출. 지붕 처마를 하짓날 햇빛 각도와 동짓날 햇빛 각도 사이에 위치시킨다.

1-6 관가정 안채. 겨울 햇빛은 지붕 처마를 피해 대청 안쪽 끝까지 기분 좋게 들어온다.

1-7 정여창 고택 안채. 여름 햇빛은 지붕 처마에 걸려 퇴의 끄트머리에 잠시 머물다 돌아간다.

1-8 운현궁 노안당. 한옥의 지붕은 길고 깊은데 햇빛에 대응하기 위한 이유도 크다.

햇빛의 과학 (2)

■ **창과 방의 크기**   둘째, 창과 방의 크기를 이용하는 것이다. 지금까지 설명한 내용은 해를 상대하는 가장 기본적이고 일차적인 방법이다. 매우 쉽고 상식적인 것이기도 하다. 여름에 모자나 파라솔을 써서 햇빛을 가리고 겨울에는 벗어서 햇빛을 쬐는 이치를 건물에 적용한 것이다. 물론 이것도 쉽긴 하지만 엄연한 하나의 과학이다. 건축에서도 대지 계획이나 환경 계획 등 원론적 학문의 첫 페이지에 나오는 내용들이다. 한옥은 이것을 적절히 적용한 점에서 충분히 과학적이라 할 만하다.

하지만 이것으로 끝이 아니다. 한옥에는 이렇게 받아들인 겨울 햇빛을 몇 배 증폭시키는 절묘한 장치들이 추가로 있다. 이런 점에서 한옥은 진정으로 과학적이라 할 수 있다. 바로 창을 내는 두 번째 방법으로. 창의 크기와 위치, 방의 깊이와 천장 높이 등을 적절히 활용하는 것이다. 겨울 햇빛이 처마를 통과한다고 다 된 것이 아니다. 방 안에 들어오는 햇빛의 정도를 조절해야 되는데 이것을 해주는 것이 창과 방의 크기다.

창의 크기부터 살펴보자. 겨울을 기준으로 하면 창은 가능한 한 해를 많이 받아들이는 것이 좋다. 이를 위해서는 창이 클수록 좋다. 흔히 말하는 '전면 창'이 가장 좋다. 하지만 이것은 문제가 있다. 여름에 불필요한 햇빛을 불러들일 수 있기 때문이다. 물론 여름 해는 일차적으로 지붕이 튕겨낸다. 하지만 천공에 퍼져 있는 빛, 기단 바닥과 벽에서 반사되는 간접 광 등이 있기 때문에 창이 무작정 크면 여전히 방 안에 여름 햇빛이 들어올 수 있다.

한옥의 벽을 흰 회반죽으로 마감한 것은 이런 간접 반사광을 튕겨내기 위한 목적도 크다. 흰 회벽은 집이 사치스러워지는 것을 막고 검소를 실천하기 위한 사회적 목적이 컸지만 여기에 더해 여름 해를 튕겨내기 위한 목적도 중요했다. 물론 겨울을 생각하면 햇빛을 잘 빨아들이는 검은색이 유리하겠지만 겨울에는 창을 통해 해가 직접 들어오기 때문에 여름의 해를 튕겨내는 쪽을 택한 것이다.

창이 무작정 크면 겨울에도 불리하다. 찬바람이 들어오고 실내 열을 빼앗기기 때문이다. '외풍'이란 것도 있다. 이외에 창이 너무 크면 창을 열었을 때 방 안이 모두 노출되기 때문에 프라이버시 차원에서도 좋지 않다. 이런 여러 이유 때문에 한옥에서는 창의 크기를 중간 상태로 적절하게 유지한다. 위치도 중요한데 바닥까지 내리거나 지붕 선까지 바짝 올리지 않고 역시 중간쯤에 낸다. 겨울 해를 최대한 받아들이기 위한 것이 상한선이고 여름 해를 튕겨내면서 겨울에 단열을 하기 위한 것이 하한선이다. 창의 크기와 위치는 이 중간에서 결정된다. 창이 문을 겸하는 경우에는 물론 사람이 드나들어야 하기 때문에 바닥까지 내려야 한다. 하지만 이 경우에도 문지방을 높이는 경우가 종종 있는데 이것은 창문이 너무 커지는 것을 꺼리는 앞의 조건에 따른 것이다.

다음으로는 방의 크기가 중요하다. 지붕의 돌출 길이와 창의 크기가 주로 햇빛을 직접 받아들이는 통로에 관한 것이었다면 방의 크기는 이렇게 받아들인 햇빛을 실내에서 어떻게 활용할 것인지에 관한 것이다. 방의 크기에서는 방의 깊이와 천장 높이가 관건이다. 방이 너무 깊으면 겨울에 해가 들어오다 만다. 앞쪽만 해가 들고 안쪽은 그늘이 진다. 방이 너무 얕으면 사용하는 데 불편하다. 사람이 먹고 자며 일상생활을 하는 데 필요한 치수에 못 미친다.

한옥에서 방의 깊이는 이 중간 상태에서 결정된다. 방을 사용하는 데 무리가 없는 것이 최소 깊이의 하한선이 된다. 겨울에 햇빛이 가능한 한 방 안 깊숙이 들어오게 해주는 것이 최대 깊이를 한정하는 조건이다. 동짓날 지붕 처마 끝에 걸린 햇빛을 연장해서 바닥에 닿는 곳까

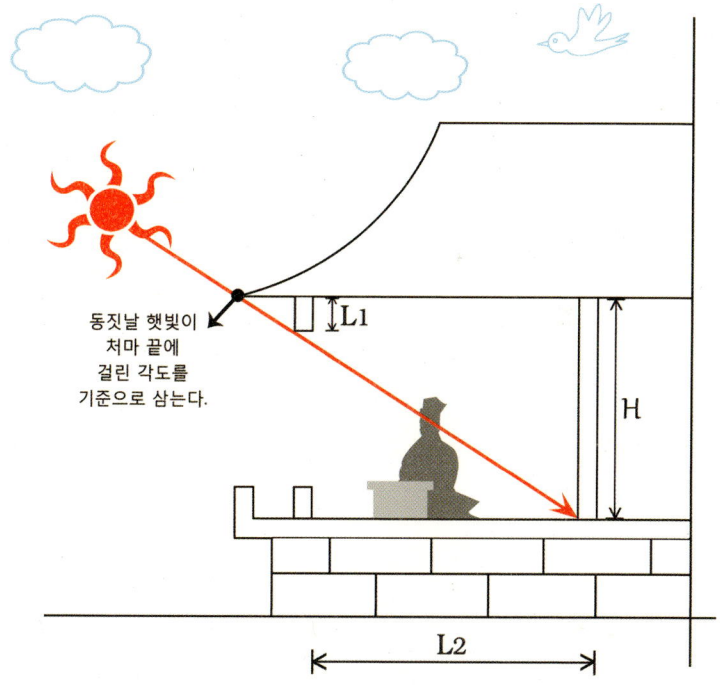

1-9 **창의 위치와 방의 깊이.** 동짓날 햇빛이 처마 끝에 걸린 각도를 기준으로 삼는다. L1은 창의 위 (벽체의 크기)를, L2는 방의 깊이를, H는 방의 높이를 각각 결정한다.

지가 최대 깊이의 상한선이 된다."1-9 요즘 집을 기준으로 하면 한옥의 방들은 깊이가 얕아 보일 수 있는데 바로 이런 이유 때문이다. 물론 한옥의 방 깊이가 얕은 데에는 이외에도 마당을 적극적으로 활용하기 위한 목적도 큰데 이 내용은 2장에서 살펴볼 것이다.

한옥의 방들은 대부분 깊이가 깊지 않아서 햇빛이 방 끝까지 기분 좋게 들어온다. 대청도 마찬가지다. 겨울 햇빛은 아침 9시쯤 방과 대청의 마당 쪽 끄트머리부터 조금씩 기어들어오기 시작해서 정오에서 오

1-10

1-10 충효당 사랑채. 한겨울 오후 1시쯤에는 햇빛이 대청 가장 깊은 곳까지 든다.

1-11 남평 문씨 본리세거지. 대청 가득 몰려와 오후 내내 머물던 해가 물러가기 시작했다. 해는 대청 중간쯤까지 물러갔다.

1-12 한규설 대감댁. 겨울 늦은 오후의 마지막 햇빛을 보여준다. 겨울에 대청 볕이 이 정도로 짧아지면 저녁밥을 준비할 때다.

후 2시 사이에 대청 안쪽 끝에 닿는다. 그리고 조금씩 짧아지면서 오후 4~5시쯤 물러나간다. 햇빛이 귀한 한겨울에도 해는 무려 6시간 정도 방과 대청 속을 골고루 비추며 머물다 돌아간다. 햇빛이라는 무형의 자연 요소를 오래 머물도록 붙잡아두는 지혜다. °1-10,1-11,1-12.

방의 깊이가 수평 방향의 조건이라면 천장 높이는 수직 방향의 조건이다. 한옥의 방은 천장이 낮은데 여기에는 크게 두 가지 이유가 있다. 하나는 좌식 생활에 맞춘 것이다. 또 하나는 겨울 햇빛과 연관이 있

1-13

다. 천장이 높으면 햇빛이 못 미치는 음영이 위쪽으로 크게 형성되기 때문이다. 이는 실내를 어둡게 만들기도 하려니와 무엇보다 춥고 찬 공간으로 남게 된다. 온돌의 대류-복사 방식에도 불리하다.

 천장 높이는 창과 지붕과도 연관이 깊다. 첫째, 창에서는 앞에서 말한 창의 크기와 위치와 연관된다. 천장이 높아지면 창도 따라 커진다. 위치도 위쪽으로 쏠린다. 방 안의 위쪽이 어둡고 습하게 남는 것을 막기 위해서다. 이것은 앞에서 말한 대로 문제점을 유발하는데 한옥은 이것을 피했다. 한옥의 창이 사람 키와 견주며 아담한 휴먼 스케일을 유지하는 이유다. 이런 사실은 입면을 보면 잘 알 수 있다. 지붕 서까래의

54

1-13 용흥궁 사랑채. 한겨울 한낮의 햇빛 각도다. 처마 그림자는 상인방을 겨우 붙들지만 해는 방 안 깊숙이 든다.

1-14 용흥궁 사랑채. 1-13에서 문을 열면 이렇게 된다. 볕이 절실한 한겨울에 해는 방 안 깊숙이 차고 넘친다.

그림자가 아담한 창을 오르내리며 햇빛을 조절한다.

용흥궁 사랑채를 보자. **1-13** 한겨울 한낮의 햇빛 각도다. 햇빛은 서까래 끝을 스치듯 통과하고 처마 그림자는 상인방을 겨우 붙든다. 하지만 해는 창문 전면을 따뜻하게 비춰준다. 삭풍이 부는 한겨울에도 해를 듬뿍 받으며 느낄 수 있는 포근함이다. 이 장면에서 문을 열면 1-14가 된다. 볕이 절실한 한겨울에 해는 방 안 깊숙이 들어 뒷벽 중간까지 타고 올랐다. 서까래 그림자를 실내에까지 밀어넣으면서 해는 차고 넘친다.

나상열 가옥 사랑채를 보자. 6월의 햇빛 각도를 보여준다. **1-15** 정면에서 보면 높은 여름 햇빛이 처마에 걸려 방 끝에 조금 들다 만 모습이

1-15 나상열 가옥 사랑채. 여름에 햇빛이 처마에 걸려 방 끝에 조금 들다 만 모습이다. 이마저도 튕겨낼 수 있지만 여름에 햇빛의 살균 작용이 필요해서 이 정도를 들였다.

1-16 나상열 가옥 사랑채. 1-15를 방 안에서 보면 이렇다.

다. 처마를 조금만 더 길게 빼면 이마저도 튕겨낼 수 있지만 여름에 햇빛의 살균 작용이 필요해서 이 정도를 들였다. 공기가 습해지기 시작하는 때라서 햇빛에 말릴 물건이 나오면 창가에 늘어놓으면 된다. 이 장면을 실내에서 보면 1-16이 된다. 한여름 따가운 햇빛을 방 안에 들이지 않고 입구에서 물렀다. 입구에 살짝 발을 들인 햇빛은 살균 작용만 하고 돌아간다.

둘째, 천장 높이는 지붕 높이와도 연관이 깊다. 건물 높이에서 천장 높이를 빼면 지붕 높이가 되기 때문이다. 한옥에서 지붕이 크고 높은 데에는 여러 이유가 있다. 조형적 목적, 사상적 배경, 열 환경의 목적 등이 대표적인 것들이다. 열 환경의 목적은 다시 둘로 나뉜다. 하나는 앞에 설명한 것과 같이 여름 햇빛을 튕겨내고 겨울 햇빛을 받아들이기 위해서 처마를 길게 냈기 때문이다. 하나는 지붕 속을 크게 만들기 위해서다. 한옥은 건물 높이에 비해서 방의 천장이 낮은데 이는 방 위 지붕속이 크다는 뜻이다. 한옥에서는 보통 그 속을 흙으로 채우거나 일부를 공기층으로 두기도 한다. 흙과 공기층은 모두 단열 효과가 매우 뛰어나서 한옥은 여름에 시원하고 겨울에 따뜻하다.

의외로 따뜻한 한옥

■**흙벽, 창호지, 이중창** 이상과 같은 한옥의 과학을 요즘 말로 하면 수동 태양열 방식 혹은 패시브 솔라 시스템passive solar system의 교과서적인 예에 해당된다. 기계를 하나도 사용하지 않고 오로지 태양

만을 이용하는 단순 방식을 말하는데 한옥은 그 모범적 예라 할 수 있다. 이것만으로도 한옥을 과학적이라 할 만하지만 이것이 끝이 아니다. 한옥은 이외에도 겨울 추위에 대비한 우수한 난방 과학을 여럿 가지고 있다. 이것들이 종합적으로 작용할 경우 한옥은 겨울에 의외로 따뜻한 집이 된다. 보통 한옥은 겨울에 추운 집으로 알려져 있고 이는 사람들이 한옥을 불편한 집으로 인식하는 데 큰 부분을 차지한다. '외풍'이나 '위풍'이 세다는 말도 많이들 한다. 창문 재료가 창호지이기 때문에 단열에서 불리하다. 하지만 곰곰이 따져보면 반드시 그렇지만도 않다. 반대로 겨울 열 환경에서 유리한 점도 많다. 크게 세 가지다.

첫째, 창호지를 제외한 벽체는 흙이 주재료이기 때문에 단열에서 크게 불리하지 않다. 물론 요즘처럼 화학 단열재를 두껍게 넣은 콘크리트 구조보다는 단열 효과가 못하겠지만 흙벽 자체만 보면 생각보다는 단열 효과가 높다. 흙벽은 보통 여름에는 시원해서 효율적이지만 겨울에는 불리한 것으로 알려져 있다. 관건은 흙 속에 담긴 습기. 습기가 마르는 과정에 기화열을 소모하면 냉방 효과가 있고 나아가 흙이 잘 마르면 단열 효과가 뛰어나다. 이 때문에 흙벽은 여름에는 시원하다. 뜨거운 햇빛이 흙 속의 습기를 증발시켜주기 때문이다.

문제는 겨울이다. 방 안의 열기 때문에 기화열이 발생하면서 추위를 가속시킨다. 반면 방 안의 열기만으로는 흙을 충분히 말리기 어렵다. 실내외의 기온 차이 때문에 습기가 추가로 발생하기도 한다. 우리 조상은 이것을 막을 지혜를 발휘했는데 벽 바깥쪽에 흰 회를 칠한 반면 방 안에는 한지를 바르고 찹쌀 풀을 입힌 점이 그것이다. 이렇게 해서 벽의 안팎 모두에서 기화열을 막는 마감을 한 것인데 이럴 경우 흙벽은 단열 효과가 뛰어난 재료에 속한다.

나무를 섞어 쓴 점도 겨울에 흙벽의 난방 효과를 올려주는 요인이다. 요즘 흙집은 나무를 거의 사용하지 않고 흙벽돌만으로 짓기 때문에 흙의 한계가 곧 집의 한계가 된다. 그러나 한옥에는 나무를 많이 섞어 썼다. 벽체에만도 나무 기둥이 보통 6자, 즉 1.8미터 간격으로 들어서며 흙벽은 이 중간을 흙으로 막은 것이다. 흙벽 자체도 각목 같은 것으로 얼개를 짰으며 속에 짚을 섞기도 했다. 나무는 단열 효과가 뛰어난 재료이기 때문에 이 정도면 흙벽의 단열 작용에 적지 않은 도움을 줄 만하다.

둘째, 단열에서 불리한 창문은 이중으로 하면 불리함을 상당 부분 극복할 수 있다. 문이 두 겹인 경우가 보통인데 미닫이문과 여닫이문을 섞기 때문에 둘을 꽁꽁 닫으면 창틀 사이에 꺾임과 막힘이 일어나서 외풍이 드나들지 못한다. 운강 고택 안채를 보자.^{*1-17} 대부분의 한옥에서 관찰할 수 있는 아름다운 창살 문양이다. 창호지 두 겹이 겹치기 때문에 창문의 개폐를 적당히 조절하면 햇빛의 농도 차이가 일어난다. 하지만 이 장면의 핵심은 미닫이문과 여닫이문의 이중창이 만들어내는 단열 효과다. 일부 한옥에서는 삼중창까지도 둔다. 외풍이 발생하는 부분이 보통 벽과 창이 만나는 틈새이기 때문에 이중창이나 삼중창은 이 문제를 상당 부분 해소해준다. 잘 지은 전통 한옥은 의외로 외풍이 없다. 창이 이중이나 삼중이 되면 벽도 따라 두꺼워져서 단열 효과는 배가된다.

또한 최근의 실험에 의하면 창호지는 유리보다 단열 효과가 우수한 것으로 나타나고 있다. 이중창은 창 사이에 공기층을 갖기 때문에 요즘

1-17 운강 고택 안채. 여닫이문과 미닫이문을 겹쳐서 이중창으로 하면 외풍을 막을 수 있다.

의 이중유리pair glass, 페어글라스보다 우수할 수 있다. 삼중창이면 더 말할 필요도 없다. 한옥이 외풍이 세다는 인식은 20세기 도시형 한옥으로 오면서 천장이 높아진 데에도 원인이 있다. 혹은 도시형 한옥 다음 단계인 현대식 초창기 개인 주택의 기억을 한옥에 오버랩시킨 측면도 많다. 두 주택 모두 천장이 높아진 반면, 창호는 전통 한옥만큼 꼼꼼히 짓지 않게 되면서 외풍이 세진 것이다.

창호지의 과학다움은 또 있다. 반투명 재료이기 때문에 겨울 해를 받아들이는 데 불리한 것처럼 보일 수 있다. 그러나 겨울 맑은 날에 창호지를 통과한 햇빛의 강도와 양은 물론 유리보다 적긴 하지만 크게 뒤지지 않는다. 선교장 활래정을 보자.[1-18] 창호지가 밝은 햇빛을 은은하게 투과시키며 방 안에 신비로운 분위기를 만들어주는데 사실 이 장면의 핵심은 이런 감성적 분위기보다는 창호지가 갖는 과학다움이다.

자외선과 적외선과 관련해서는 오히려 유리보다 창호지가 뛰어나다. 창호지는 우리 몸에 해로운 자외선은 차단하고 이로운 적외선을 통

1-18 선교장 활래정. 창호지의 단열 효과는 유리보다 뛰어나며 자외선을 차단하는 효과까지 추가로 갖는다.

과시킨다. 유리창에서 자외선을 차단하기 위해서는 커튼이나 블라인드로 완전히 가려야 되는데 창호지는 햇빛을 통과시키면서도 자외선은 걸러주는 구실을 한다. 반면 적외선은 소독 작용을 하고 동식물의 성장을 촉진하고 성인병을 예방하며 식품의 신선도를 유지해주는 등 인체에 매우 필요한 요소인데 이것은 통과시킨다. 적외선 치료기는 병원의 여러 과에서 사용할 정도인데 창호지는 이에 버금간다 할 만하다. 간혹 햇빛을 직접 받아들이기 위해 창호지 문을 열다 보면 저절로 환기도 하게 된다. 겨울에 늘 환기가 부족해서 실내 공기가 탁해지기 쉬운데 이것을 자연스럽게 방지하게 되는 것이다.

온돌과 우수한 난방 과학

셋째, 온돌이라는 세계적으로 우수한 난방이 있었다. 온돌은 열 보존과 열 전도 모두에서 매우 뛰어난 난방 방식이다. 복사와 대류의 원리를 잘 파악한 데에 그 비밀이 있다. 무엇보다도 온돌은 바닥에 깐 돌이 열기를 오래 붙잡아두기 때문에 열 보존에서 우수하다. 돌은 열 보존이 우수한 재료다. 온돌의 순 우리말인 '구들'이 '구운 돌'에서 온 데에서도 알 수 있다.

우리 조상은 돌 가운데에서도 열 보존에 특히 뛰어난 운모雲母를 사용했다. 운모는 화강암의 한 종류인 규산암 광물로 화성암과 변성암에서 흔히 발견된다. 운모의 여러 종류 가운데 백운모가 특히 뛰어난 절연체인데 이것을 온돌의 재료로 사용했다. 이외에도 구들장 안쪽에 진

흙을 발라서 열기를 오래 보존하도록 했다. 이 때문에 한 번 불을 잘 지피고 나면 불을 끄더라도 열기가 오래 보존된다. 한 실험에서는 봄이나 가을 정도의 외기 온도에서 온돌의 열기가 10일이나 계속되었다는 기록도 있을 정도다.

또한 더운 공기는 위로 올라가기 때문에 열원이 방 안에서 가능한 한 낮은 곳에 있을수록 유리하다. 더워진 공기가 바닥에서 시작하면서 방 안 전체를 거쳐 천장까지 올라가기 때문에 가장 먼 거리를 이동한다. 이것은 공기 회전을 촉진해서 열 전도율의 효율을 최대로 높여준다. 온돌이 바로 이런 방식이다. 널리 알려진 바와 같이 이는 물리학에서 '베르누이의 정리Bernoulli's theorem'에 해당된다. 온돌의 우수한 난방 효율은 이외에도 많은데 모두 현대 과학의 관점에서 그 우수함이 증명되어 세상을 놀라게 하고 있다. 현대화된 아파트에서도 난방만은 온돌 방식을 사용하는 것도 이 때문이다.

방의 천장 높이가 낮은 것도 온돌의 난방 효율을 높여준다. 더운 공기가 사람 주변에 머물게 해주기 때문이다. 천장이 높으면 더워진 공기가 사람 머리 위로 올라가버려서 애써 공기를 데워도 실제로 온기를 느끼기 어렵다. 천장이 낮으면 이것을 피할 수 있다. 앞에서 낮은 천장은 햇빛을 받아들이는 데에 유리하다고 했는데 여기에 더해서 온돌에도 유리하다. 한옥의 방들은 사람 키보다 조금 높아서 요즘을 기준으로 하면 매우 낮다. 이는 좌식 생활에 맞춘 스케일이기도 하지만 겨울에 온돌의 난방 효과를 살리기 위한 목적도 컸다.

온돌의 우수함은 천장이 높고 난로를 사용하는 서양의 전통 주택과 비교하면 확실해진다. 방 중간에 난로를 둘 경우 난로 아래쪽에는 더운 공기가 가지 않아 차게 남는다. 더운 공기는 난로에서 나와 그 위쪽으로만 올라가기 때문이다. 이때 천장이 높으면 더운 공기는 사람 키를 훌쩍 넘어 위로 올라가버리는데 이는 열기를 허공에 버리는 것과 같기 때문이다. 이런 방식은 열 효율에서 불리할 뿐만 아니라 사람의 건강에도 좋지 않다. 더운 공기가 머리 위로 몰리고 허리 아래쪽은 찬 공기로 채워지기 때문이다. 이 때문에 머리는 더워지고 발은 차지는데 이는 한의학에서 권장하는 것과 반대의 상태가 된다.

따라서 난방에 가장 불리한 방은 천장이 높으면서 난로를 사용하는 경우다. 산업혁명 이후에 서양에서 나온 라디에이터와 요즘 들어 나온 온풍기도 결국 난로를 현대화한 것에 불과하기 때문에 앞의 문제점은 그대로 남아 있다. 모두 공기를 직접 데우는 방식이다. 최근의 온풍기는 이런 단점을 고스란히 가지면서 공기까지 건조하게 만들어서 최악의 난방 방식인데도 사무실에서는 모두 이 방식을 사용하고 있다.

한옥은 이와 반대다. 한옥은 높은 천장을 잘라서 상당 부분을 지붕 속으로 편입시켜 흙을 채우거나 공기층으로 활용해서 단열 효과를 높였다. 이는 '웃풍'을 막아주는 데 단연 최고다. 열원이 아래쪽에 있기 때문에 발 주위에는 항상 더운 공기가 머물고 머리 쪽은 시원하니 건강에도 좋다. 공기를 직접 데우는 방식이 아니기 때문에 건조해지지 않아서 기관지에도 해롭지 않다. 아파트의 난방 방식이 1980년대까지만 해도 서양의 라디에이터 방식을 주로 사용하다가 1990년대부터 온돌 방식으로 바뀐 이유이기도 하다.

이상의 난방 과학은 더 말할 필요도 없이 이 자체만으로도 우수한 것이다. 이상은 주로 건물의 구조에 관한 것으로 기술적 우수함이라 할 수 있다. 요즘 같은 기계 방식이 아닌 전통 기술인데도 이렇게 우수한 것이다. 하지만 아직도 끝이 아니다. 한옥이 우수한 진짜 이유는 이런 기술적 우수함이 앞에서 설명한 햇빛을 활용하는 지혜와 하나로 합해져 복합적으로 작동하는 데에 있다. 지붕의 돌출 길이, 창의 크기와 위치, 방의 깊이와 천장 높이, 지붕의 높이 등과 하나로 작동한다는 뜻이다.

이럴 경우 난방 효과는 상상 이상으로 증폭된다. 한옥이 한겨울에도 의외로 따뜻한 비밀이다. "옛날 사람들은 그 추운 겨울에 도대체 어떻게 살았을까" 하는 걱정은 요즘을 기준으로 한 우리의 주제 넘는 편견이다. 옛날 선조가 지금 우리가 사는 방식을 보았다면 오히려 이렇게 많은 문제와 위기를 불러일으키는 '요즘 기계 방식'의 무지함을 크게 나무랐을 것이다. "요즘 사람들은 어떻게 그런 집에서 사느냐? 더욱이 앞으로 어떻게 살려고 그러느냐?"라며 거꾸로 우리를 걱정했을 것이다.

한옥의 난방 과학은 사실 어려운 것은 하나도 없다. 햇빛이 다니는 길을 잘 알아서 거기에 맞춰서 집을 지을 뿐이다. 공기의 성질을 잘 파악해서 역시 거기에 맞춰 집을 지을 뿐이다. 집 크기나 방 크기에 욕심을 부리지 않고 햇빛과 공기의 지혜에 맞춰 집을 짓다 보니 겨울에 따뜻하게 된 것이다. 이것이 바로 한옥이 갖는 '친환경'의 비밀이며, 이것을 알고 거기에 순응해서 이로움을 얻는 것이 한옥의 지혜인 것이다.

바람이 잘 통하는 집

'통'의 원리 (1)

■ **거시 기후에 맞춰 바람길을 내다**   요즘 창문이 안 열리는 초고층 주상복합의 불편함이 화제다. 자연 환기가 봉쇄된 것인데, 사람에 비유하자면 일 년 내내 두꺼운 옷을 잔뜩 끼어 입고 여름에는 그 속에 에어컨을 집어넣은 격이다. 옷을 벗으면 될 텐데 말이다. 여름에는 얇은 반팔 옷 하나만 입고 겨울에는 두꺼운 옷 여러 개를 입는 것이 상식이고 이치다. 집도 이래야 된다. 여름에는 창문을 활짝 열어젖히고 사방에서 바람을 시원하게 받으면서 열을 식힐 수 있어야 한다. 여름에는 한마디로 바람과 친해야 하며 이를 위해서는 바람에 대해 잘 알아야 한다.

바람을 알기 위해서는 초등학교 교과서에 실린 국민상식에서 시작해야 한다. 한반도에는 여름에 남동풍이, 겨울에 북서풍이 분다. 거시 기후라는 것이다. 거시 기후는 계절 같은 큰 시간 단위를 기준으로 한반도 전체에 걸쳐서 나타나는 기후 현상을 말한다. 한옥은 이런 작은 상식 하나만 가지고 바람과 친해지고 바람을 활용하는 여러 과학적 방식을 창안해서 집 안 가득 바람을 맞아들인다. 이를 한마디로 '통通'의 원리라 부를 수 있다. '통'은 어려운 개념이 아니다. 통풍, 환기, 순환 등과 같은 말이다.

사람을 비롯한 자연 생명체에게는 생존의 첫째 조건이다. 피가 돌고 숨이 돌아야 생명이 유지되고 건강할 수 있다. 한의학에서는 기와 혈의 흐름이라는 말을 사용한다. 따라서 '통'의 원리는 곧 자연의 원리다. 생명체의 몸만이 아니다. 집도 마찬가지다. 집에도 건강한 집과 건강하지 못한 집이 있다. 관건은 '통'의 원리다. 이것을 잘 지키면 건강한 집이 되고 그렇지 못하면 집도 병든다. 건강한 집에 살면 사람도 건강해지고 병든 집에 살면 사람도 병든다.

한옥은 '통'의 원리를 잘 지키는 건강한 집이다. 자연의 원리를 잘 지키는 것이니 곧 친환경적이다. 한옥에서 '통'의 원리를 지키며 좇는 방식은 세 가지다. 첫 번째는 거시 기후에 맞춰 집 안에 '바람길'을 내는 것이다. 한옥에서는 바람이 절실히 필요한 여름에 바람이 부는 방위에 맞춰 길을 냈다. 바람이 드나드는 '바람길'이다. 바람길은 시원하고 통 크게 나 있다. 인색함도 머뭇거림도 없다. 집의 이쪽 끝에서 저쪽 끝까지 일직선으로 뚫려 있다. 바람더러 돌아가라거나, 쉬어가라거나, 꺾어가라거나 하는 실례를 범하는 법이 없다.

그렇다면 '바람길'이란 무엇인가. 사람이나 자동차가 다니는 길이 있듯이 바람도 다니는 길이 있다. 이 길에 맞춰 집 안에 막힘 없는 구멍을 뚫어놓은 것이 '바람길'이다. 방위를 기준으로 하면 거시 기후에서는 남동풍이 부는 남동향이 된다. 한옥이 남향인 또 다른 중요한 이유다. 남향은 일차적으로는 햇빛을 잘 받기 위한 것이지만 한반도의 거시 기후에서는 여름에 시원한 바람을 불러들이는 데에도 유리하다. 물론 남향과 남동향이 완전히 일치하지는 않는데 거꾸로 한옥이라고 모두가 완전 남향인 것은 아니다. 남향에서 약간 틀어지는 것이 보통인데 이때 가능하면 남서향보다는 남동향을 선호한다.

한옥에서는 이런 남동풍에 맞춰 바람길을 냈다. 가장 대표적인 곳이 안채로, 남향으로 난 중문(혹은 안대문)에서 시작해서 안마당과 대청을 거쳐 뒷산으로 빠져나가는 길이다.▪1-19 관가정 안채는 이런 구성의 교과서다.▪2-13 중문에서 안마당을 통해 대청 뒷문으로 불어나가는 길은 여름 동남풍이 지나가는 주요 바람길이다. 대부분의 안채는 이런 바람

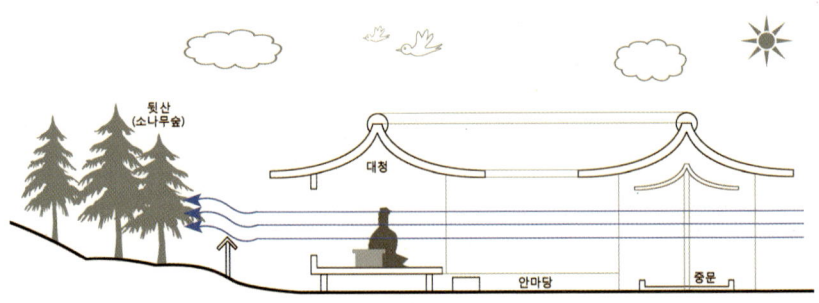

1-19 거시 기후(여름 남동풍)에 맞춘 바람길. 남향으로 난 중문(안대문)을 통해 들어온 남동풍이 대청 뒷창으로 나가는 바람길이다.

길을 갖추고 있다. 안채의 중심축과도 일치해서 사람이 가장 많이 다니는 길이기도 한데 중간에 막히는 곳 없이 뻥 뚫려 있다. 안채는 보통 'ㅁ' 자형, 혹은 중정 형 구성을 하고 있어서 겨울에는 비교적 아늑하지만 여름에는 답답할 수 있는데 바람길을 내서 이것을 극복한 것이다.

사랑채는 대부분 방을 홑겹으로 배치한 개방적 구조이기 때문에 바람길을 내기가 쉽다. 창이 보통 방의 앞뒷면에 서로 마주 보고 있어서 이것만 다 열면 바람은 숭숭 잘 통한다. 안채는 훨씬 폐쇄적이어서 좀더 세밀한 처리가 필요한데 바람길이라는 모범 답을 만들어냈다. 안채는 가운데 안마당을 중심으로 남쪽에 중문이 나 있고 북쪽에 대청이 있다. 대청 뒷면은 창호지가 아닌 나무창으로 처리했으며 그 뒤쪽은 소나무숲인 경우가 많다. 겨울에 나무창을 닫으면 대청 뒷면은 완전히 막혀서 추운 북서풍을 막아준다. 소나무도 바람을 막아주는 구실에 도움을 준다. 중문까지 닫으면 열기가 빠져나가는 것을 많이 막을 수 있다.

여름에는 반대다. 중문과 나무창을 모두 열면 단번에 바람길이 만들어진다. 바람은 중문을 통과해서 마당을 가로질러 대청을 올라 옆의 방문을 두드린다. 대청과 방 안을 휘감싸고 대청 뒷문을 거쳐 뒷동산으로 사라진다. 정여창 고택 안대문 앞에 서 보자.[1-20] 내가 안대문으로 들어온 바람이 된 것 같다. 나는 안마당을 지나 대청을 타고 올라 뒷창으로 빠져나가는 바람여행을 한다. 이처럼 바람길 한가운데 있으면 자연의 고마움 속에 여름 더위를 참아낼 수 있다. 활짝 열어젖힐수록 바람길은 신작로 나듯 명쾌하게 뚫린다. 이 길을 따라 한반도의 여름 대표 바람 남동풍이 집을 관통해서 그 속을 시원하게 훑고 지나간다. 앞에

1-20 정여창 고택 안대문에서 바라본 안채 모습. 1-19의 바람길을 안대문 앞에서 바라본 모습이다. 중문에서 안마당을 통해 대청 뒷문으로 불어나가는 길은 여름 동남풍이 지나가는 주요 바람길이다.

나왔던 관가정 안채도 마찬가지다. [2-13] 바람은 대문에서 중문을 지나 마당을 관통한 뒤 대청을 타고 올라 뒷산으로 빠져나간다. 이는 곧 한반도에서 여름에 남동풍이 지나는 자연 경로를 집으로 축약해 놓은 것이다. 남동풍은 바다에서 반도로 들어가는 관문을 통과해서 땅과 강을 지나고 산을 올랐다가 만주 방향으로 빠져나간다.

통풍, 즉 '통'의 원리라는 것이다. 맞바람을 칠 수 있게 건물 앞뒤로 구멍을 뚫은 것이다. 너무 간단해서 너무 위대한 상식이다. 이것만 잘 지켜도 여름철 집 안에 제법 시원한 바람이 분다. 바람길은 이런 '통'의 원리를 실현하는 구체적인 방법이자 지혜다. 이것이 얼마나 위대한 상식인지는 요즘 한국 상황을 보면 잘 알 수 있다. 전력이 부족해지고 블랙아웃의 공포에 시달리면서 강제 절전을 시행하게 되었다. 그제야 사람들은 자연 환기를 찾게 되었고 자신들이 사는 건물과 아파트가 통풍이 안 되게 지어졌다는 사실을 뒤늦게 깨닫게 되었다. 강제 절전 시행 이후 내가 가장 많이 들은 말이 '맞바람', '통풍', '자연 환기' 같은 것들이었다. 한마디로 '우리 집이 맞바람이 안 치게 생겨먹었다'는 것이다.

아파트는 뒤쪽 면이 거의 막혀 있어서 애초에 통풍은 불가능하게 지었다. 바람이 들어오는 길만 있고 나가는 길이 없다. 전면 유리로 지은 오피스 빌딩은 구조적으로는 통풍이 가능하지만 유리창이 안 열려서 역시 통풍이 불가능하다. 초고층의 상층부는 풍압 때문에 창이 안 열리게 할 수도 있지만 요즘은 동네에 들어서는 4~5층짜리 상가 건물까지도 오피스 빌딩을 흉내내서 전면 유리로 짓고 창이 안 열리게 만들어버렸다. 전면 유리이니 여름철 자동차 안 온도가 50도까지 올라가는 것처럼 실내 온도도 45도 정도까지 올라간다. 이것을 에어컨만으로 해결하려 드니 블랙아웃이 발생하는 것이다.

최악의 사례는 공공 건물이다. 높지도 않은 구청 건물까지 이런 상가 건물과 똑같이 지어버렸다. 전력 위기 때에 공공 기관이 절전의 모범을 보여야 하니 실내 온도는 30도를 훌쩍 넘는다. 창만 열 수 있도록 지으면 해결될 일인데 창이 안 열리게 해놓고 그 속에서 선풍기를 틀고 부채질을 하면서 비지땀을 비질비질 흘리며 생고생을 한다. 이 무슨 코미디인가. 모두가 '통'의 원리, '통'의 위대함을 잊었기 때문에 나타나는 현상들이다. 아니, 잊은 정도가 아니라 아예 재래적이고 촌스러운 것으로 치부해버린다. 창을 열고 자연 통풍이 되는 건물 안에서 일하는 장면은 이제 과거를 상징하는 촌스러운 것이 되어버렸다.

그 자리를 에어컨이 차지하고 있지만 에어컨을 사용할 경우에는 한여름에 오히려 창을 닫아야 하는 모순이 생긴다. '통'의 원리를 아예 끊어놓고 온도라는 지극히 기계론적 방식으로 여름 더위에 대처하려 든다. 건물을 이렇게 지어놓은 상황에서 에어컨을 못 켜게 하니 점점 여름철 나기가 고역이 되고 있다. 어떤 과격한 사람은 '도끼로 유리창을 빠개고 싶다'라고까지 한다. 맞는 말이다. 이 말은 곧 "'통'의 원리를 되살리고 싶다"라는 뜻이다. 도끼로 유리창을 빠개면 바로 바람길이 만들어진다. 도끼로 유리창을 빠개서 바람길을 내고 바람을 흠뻑 들인 집이 바로 한옥이다.

'통'의 원리 (2)

■**마당을 비워 찬 공기 주머니를 만들다**　　두 번째는 미시 기후를 활용해서 마당에 찬 공기 주머니를 만드는 것이다. 미시 기후란 숲과 산세, 지세와 물길 등 각 집의 주변을 둘러싼 개별적 상황에 따라 나타나는 구체적인 기후 현상이다. 도시에서는 도로나 빌딩 같은 것도 미시 기후를 결정하는 중요한 요소다. 농촌에서는 풍수지리에서 이야기하는 배산임수가 대표적인 예다. 뒷동산에서 불어온 바람이 집 앞 개울가로 흘러나가는 길목에 구멍을 내면 바람은 집을 피하지 않고 뚫고 지나간다. 이번에도 '통'의 원리를 지켜야 한다. 구멍은 막히거나 꺾이면 안 되고 한길로 통해야 한다.

　　거시 기후에 순응해서 낸 바람길은 매우 단순해서 위대한 상식이다. 이것만으로도 한옥은 충분히 과학적이며 지혜로 넘쳐난다. 하지만 여기서 끝나지 않는다. 한옥은 통풍 효과를 몇 배 배가시켜주는 기막힌 지혜를 추가로 갖는다. 미시 기후를 활용하는 것인데, 구체적인 방법은 마당을 비워서 복사와 대류의 원리를 작동하게 만들어 안마당에 찬 공기 주머니를 만드는 것이다. '통'의 원리를 구현하는 두 번째 지혜다. 마당을 비울 생각을 했다는 점, 이로부터 복사와 대류의 원리를 이용했다는 점, 마지막으로 그 결과 마당에 찬 공기 주머니를 만들었다는 점이 지혜의 핵심이다.

　　그 원리는 이렇다. 마당의 공기가 열을 받아 더워지면 위로 올라가서 그 자리에 진공 상태가 만들어진다. 복사열의 원리다. 그러면 진공을 채우기 위해서 바람이 불어온다. [1-21] 대류의 원리다. 이때 바람은 중문으로 들어오는 것과 대청 뒤에서 불어오는 것 두 가지가 있을 수 있는데 이 가운데 찬 것이 들어오게 된다. 둘 가운데 찬 것은 대청 뒤에서 부는 바람이다. 소나무숲에서 나오는 바람이기 때문이다. 한옥을 숲 앞에 짓는 이유인데 보통 소나무숲을 선호한다. 배산임수의 원리이기도 하다.

관가정 안채와 청풍 도화리 고가는 이런 원리를 잘 보여준다. [1-22, 1-23] 모두 대청 뒷문 밖에서 안을 들여다본 장면이다. 1-21을 왼쪽에서 본 장면이기도 하다. 뒷산 소나무숲의 시원한 여름바람을 대청으로 받아 마당으로 넘겨주는 통로를 한눈에 보여준다. 이 바람은 한편으로 저 너머 중문을 통해 빠져나가면서 통풍을 일으키기도 하지만 일부는 앞에 이야기한 복사와 대류의 원리에 따라 찬 공기 주머니를 만든다.

안채의 대청은 숲을 직접 면하기도 하지만 보통은 담을 두르고 그

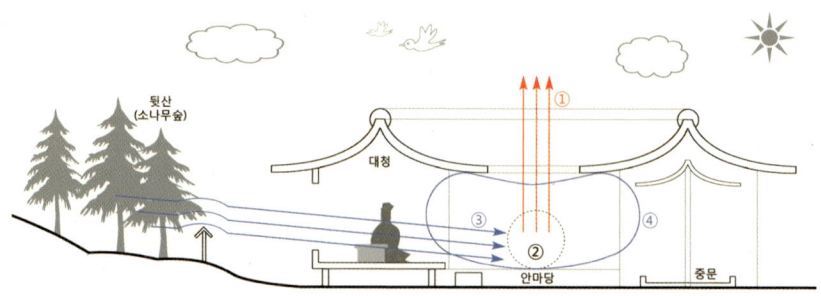

1-21 미시 기후를 활용해서 만들어지는 안마당의 찬 공기 주머니. ①더워진 공기는 하늘로 올라간다. ②그 자리에 빈 진공 상태가 만들어진다. ③이 진공을 채우기 위해 대청 뒤 숲에서 찬바람이 불어온다. ④지붕 처마가 많이 돌출해서 찬바람은 공기 주머니가 되어 오래 머문다.

1-22 관가정 안채

1-23 청풍 도화리 고가. 1-21의 바람길을 대청에서 바라본 모습이다. 대청 뒷면의 나무창은 시원한 숲 속 바람이 집 안으로 들어가는 중요한 통로다. 창 속으로 바람이 지나는 '대청-안마당-중문'이 보인다.

밖에 숲이 있다. 담 안쪽에 나무를 심기도 하지만 이 역시 흔하지는 않다. 집 주변에는 나무를 심지 말라는 것이 조선시대 선비들이 집 지을 때 지켜야 할 불문율 같은 것이었다. 대청에 너무 가깝게 나무가 있으면 바람이 흘러드는 것을 막기 때문이다. 이를 피하기 위해 대청과 담 사이를 비워서 바람길을 냈다. 그 대신 담을 낮게 했다. 담이 높으면 이 역시 바람의 흐름을 방해하기 때문이다.

숲에서 나오는 바람은 시원할 뿐 아니라 맑은 산소와 음이온, 피톤치드 같은 온갖 좋은 물질을 가득 담고 있다. 똑같이 시원하더라도 프레온가스라는 화학물질을 통과해 나오는 야비한 에어컨 바람과는 비교할 수 없는 건강한 바람이다. 에어컨 바람과 비교하는 것 자체가 모욕이다. 에어컨 바람 때문에 냉방병이나 여름 감기로 고생하는 사람은 많이 보았어도 대청 뒤 소나무숲에서 부는 시원한 바람 때문에 병났다는 이야기는 들어본 적이 없다. 화학 물질을 이용해서 바람의 온도만 낮추면 여름 더위를 피할 수 있다는 생각은 극단적인 기계론이다. 바람의 원리는 이런 기계론을 훌쩍 뛰어넘는다. 바람의 원리는 '통'이다. 바람에 기계론을 들이대는 것은 무식하다 못해 불경스러운 것이다.

대청 뒤에서 부는 바람은 북서풍이다. 한여름에도 복사와 대류의 원리에 따라 북서풍이 부는 것인데 미시 기후를 활용한 지혜라 할 수 있다. 이 바람은 진공이 된 마당으로 들어와 머물다가 더워지면 하늘로 올라간다. 여기에 한반도의 여름철 거시 기후인 남동풍이 가세하면 집 안에는 항상 시원한 바람이 불게 된다. 마당이 진공이 되면 중문으로 들어오는 남동풍이 먼저 불다가 점차 대청 뒤에서 부는 차가운 숲 바람으로 대체된다. 그다음에는 다시 앞에 설명한 복사와 대류 작용이 반복해서 일어난다.

그렇다면 마당에 찬 공기 주머니가 만들어진다는 것은 무슨 말일까. 이것은 지붕의 처마에 비밀이 있다. 안채 안마당은 폭에 비해 지붕 처마가 많이 돌출했기 때문에 공기가 위로 올라가는 것을 막아서 찬 공기 주머니가 마당에 만들어지게 하는 것이다.[1-24] 대청 뒤에서 부는 찬바람을 오래 머물게 하는 작용을 한다. 바로 장력의 원리다. 장력은 보통 컵에 물을 가득 담았을 때 물이 넘칠 것 같은 표면에서 일어나는 현상으로 알고 있는데 공기에서도 발생하는 것이다. 찬 공기는 밑으로 가라앉는다는 원리다. 한옥, 특히 안채에 들어가면 여름에 서늘한 이유다.

이번에도 돌출한 지붕 처마에 비밀이 숨어 있다. 지붕 처마는 여름 해를 튕겨내고 겨울 해를 들여오는 지혜로운 장치인데 여기에 머물지 않고 여름에 찬 공기 주머니를 만들어내는 작용까지 하는 것이다. 겨울에는 공간을 아늑하게 만들어 반대로 열기를 붙잡아두는 구실을 한다. 한 가지 장치로 여름과 겨울에 모두 도움이 되니 일거양득이다. 기후 조건이 정반대인 양극 계절에 모두 큰 도움을 주니 이 얼마나 과학적이고 지혜로운 집인가.

이렇게 찬 공기 주머니를 마당에 만들어내는 단계가 '통'의 원리를 구현한 두 번째 단계다. 바람길을 내는 것만으로도 충분히 과학적일 수 있다. 이런 바람길이 없는 집과 비교하면 하늘과 땅 차이다. 하지만 동시에 너무 단편적일 수 있다. 맞바람만 칠 수 있게 창을 마주보고 내면 되기 때문이다. 이것은 '통'의 일차적 원리, 즉 가장 기본적인 형식이

1-24 관가정 안채. 안채 안마당은 조이는 듯한 스케일을 가지며 다시 그 위로 지붕 처마가 길게 돌출되는데 이런 비율은 안마당으로 흘러들어온 찬 바람을 공기 주머니로 만들어 오래 붙잡아두는 역할을 한다.

다. 한옥의 지혜는 이것보다는 크고 복합적이다. 이번에도 복사와 대류를 이용했다. 앞에서 말한 온돌의 과학과 같다. 둘을 합하면 우리 조상은 자연의 원리에 상당히 능통했던 것 같다.

겨울에 고마운 햇빛을 받아들이는 지혜가 여러 층에 걸쳐 복합적이었던 것과 같은 이치다. 지붕 처마의 돌출을 조절하는 것이 해가 다니는 길을 이용하는 일차적 원리였다면 여기에 머물지 않고 창과 방의 크기를 조절하고 흙벽과 이중창과 온돌 같은 구조를 더해서 훨씬 적극적으로 겨울 추위에 대비했다. 여름에 고마운 바람을 받아들이는 것도 마찬가지다. 바람길에 해당되는 창과 문을 내는 것이 거시 기후에 순응한 일차적 원리였다면 여기에 머물지 않고 복사와 대류의 원리를 파악하고 안마당의 크기와 지붕 처마의 돌출 길이를 조절해서 찬 공기 주머니를 만들어내는 등 훨씬 적극적으로 여름 더위에 대비한 것이다.

이상은 한옥에서 마당을 비운 이유이기도 하다. 한옥의 마당은 흙바닥으로 그냥 놔둔다. 욕심 같아서야 파란 잔디라도 깔고 싶고 울긋불긋 꽃도 심고 나무도 심고 싶다. 하지만 이럴 경우 앞에 설명한 복사와 대류 작용을 방해한다. 잔디를 심으면 잔디가 열과 습기를 머금고 있어서 복사와 대류를 가장 심하게 방해한다. 게다가 습해지기까지 한다. 꽃나무는 더워진 바람이 위로 올라가는 것을 방해한다. 바람길에도 방해가 된다.

많은 사람이 한옥의 마당이 흙바닥인 것을 보고 삭막하다고 싫어한다. 아마도 잔디를 입히고 꽃나무를 심은 전원주택을 상상해서 그럴 것이다. 한옥이 친자연적인 주택이라고 하는데 왜 마당을 풀 한 포기

1장 과학적인 집

없이 흙바닥으로 비워두느냐며 의아해한다. 하지만 마당을 비워둔 것은 이처럼 복사와 대류의 원리를 활용해서 통풍이 잘 되도록 하며, 나아가 마당 가득 찬 공기 주머니를 만들기 위해서였다. 마당에 잔디를 깔고 나무를 심으면 복사 작용과 바람의 흐름을 방해해서 대기의 순환이 일어나지 않기 때문이다.

한옥에서 친자연은 잔디를 깔고 꽃나무를 심어서 시각적으로 즐기는 것이 아니라 자연의 순환 원리를 활용해서 여름에 집 안 가득 시원한 바람이 불고 찬 공기가 머물게 하는 지혜인 것이다. 자연에 대해서 시각적 탐(耽 혹은 貪)과 대기의 순환 가운데 선택의 기로에 섰던 것이고 후자를 택한 것이다. 이것이 한옥이 갖는 진정한 친자연의 의미다.

이러한 친자연에 대한 사상적 배경도 탄탄하다. 바로 도가에서 가르치는 '비움'의 교훈이다. 무엇인가를 얻기 위해서는 비워야 된다는 것이다. 우리는 보통 무엇을 얻는 것을 많이 갖는 것이나 가득 채우는 것으로 이해한다. 하지만 도가는 이런 생각이 갖는 위험성을 통렬하게 비판하며 진정으로 갖기 위해서는 비우라고 가르친다. 많이 갖기만 하거나 가득 채우기만 하면 분명 탈이 나게 되어 있다.

이것이 흔히 말하는 '비움'의 미학으로, 도가 사상의 꽃이기도 하다. 보통 인간의 탐욕을 경계하기 위한 가르침인데 한옥에도 적용을 해보니 절묘하게 맞았다. 마당을 비우면 처음에는 무엇인가 부족하고 심심해 보이지만 여름에 시원한 바람과 찬 공기 주머니라는 선물을 얻게 되었다. 비웠더니 더 큰 선물이 돌아오는 것이다. 여기서 더 중요한 것은 그 선물이 물질적인 것이 아니라 인간의 건강에 도움이 되는 것이라는 점이다. 한옥이 얼마나 지혜로운 집인지를 보여주는 좋은 대목이다. 시원한 바람을 고맙고 소중하게 받아들일 마음의 준비가 안 된 사람에게는 말장난처럼 들릴 수도 있는 지혜다. 선물을 돈이나 물질로만 여기는 사람도 마찬가지다. 하지만 현대 기계문명이 앓고 있는 무거운 병에 대한 유일한 해답이다.

'통'의 원리(3)

■**사선 축을 더하다** 세 번째는 사선 방향의 바람길, 즉 사선 축을 더한 것이다. 바람길은 하나가 아니다. 이쪽에도 바람길, 저쪽에도 바람길이다. 'x-y축'의 십자 구도를 기본으로 삼아 여러 개의 사선 축이 교차한다. 앞에 이야기한 바람길이 집의 중심축에 놓이는 1차축이라면 여기에 사선 방향의 2차축이 더해진다. 한옥에서 창문을 열고 닫으며 이리저리 조작하다 보면 신기한 사실을 발견할 수 있다. 사선 방향으로도 중간에 막히는 곳이 없는 일자축이 만들어진다는 사실이다.■1-25, 1-26 예를 들어 '앞쪽 방의 앞문➡앞쪽 방의 뒷문➡대청➡뒤쪽 방의 앞문➡뒤쪽 방의 뒷문'을 관통하는 축인데 이때 앞쪽 방과 대청과 뒤쪽 방이 조금 비스듬하게 있으면 사선 축이 된다. 보통 'ㄱ'자나 'ㄷ'자처럼 꺾인 집에서 많이 나타난다.

개수도 하나가 아니다. 집에 따라 차이가 있지만 보통 두 개 이상이다. 집의 중심축에 놓이는 바람길이 눈에 띄는 확연한 것이라면 2차축은 좀더 은밀하게 숨어 있는 쪽에 가깝다. 주로 꺾인 집에서 만들어지

1-25 김동수 고택 사랑채. 창은 사선으로도 어긋나거나 막히는 법이 없다. 바람길은 사선으로도 난다.

1-26 관가정 사랑채의 사선 방향 바람길. 사선으로도 한길로 통하는 구멍이 나게 마련인데 이 또한 중요한 2차 바람길이다.

기 때문에 중간에 문을 하나만 닫거나 비스듬히만 열어도 중간에 쉽게 끊겨버려서 눈에 들어오지 않는다. 오로지 그 집에 살면서 바람을 불러들여 여름 더위를 견디는 주인만 알 수 있는 비밀의 길, 바람의 실크로드 같은 것이다.

반드시 사선 방향일 필요도 없다. 안채의 중문에서 대청 뒤로 나가는 1차축 이외의 바람길을 통칭해서 2차축의 바람길, 혹은 2차 바람길이라 부를 수 있다. 이런 바람길은 실로 여럿이다. 안채의 부엌과 광도 좋은 곳이다. 1차축에 직각 방향으로 부엌과 광을 관통하는 바람길이다. 김동수 고택 안채를 보자. 광과 부엌 모두 여름에 곰팡이가 피고 음식이 상하기 쉬운 곳인데 잊지 않고 바람길을 냈다.[1-27] '∩' 자형 안채에서 양팔 끝에 있는 광과 부엌 사이에도 '통'의 원리가 잘 지켜진다. '광의 바깥문➜광의 안문➜마당➜부엌의 안문➜부엌의 바깥문'으로 '통'하는 바람길이다.

이외에도 안채와 사랑채의 방들 사이에는 규칙화하기 힘든 다양한 2차 바람길이 나 있다. 아무리 여러 개의 방이 일렬로 늘어서도 창문을 다 열면 어김없이 일직선의 바람길이 난다. 창덕궁 연경당 안채를 보자.[1-28] 방이 네 개나 겹쳐져 있다. 한옥에서 가끔 관찰할 수 있는 매우 격동적인 장면이다. 하지만 이 경우에도 창은 어긋나지 않고 이 길을 따라 바람이 다닌다. 창문의 크기가 다르더라도 구멍은 반드시 일직선을 형성하며 일치한다. 아산 맹씨 행단을 보자.[1-29] 이렇게 큰 문과 저렇게 작은 문도 구멍의 중심을 한 줄에 맞추었다. 문 셋이 꼬챙이에 꿰듯 바람길을 만든다.

1-27 김동수 고택 안채. 'ㄇ'자형 안채에서 양팔 끝에 있는 광과 부엌 사이에도 '통'의 원리가 잘 지켜진다. '광의 바깥문➡광의 안문➡마당➡부엌의 안문➡부엌의 바깥문'으로 '통'하는 바람길이다.

1-28 창덕궁 연경당 안채. 방이 네 개나 겹쳐도 창은 어긋나지 않고, 바람길은 어김없이 난다. 창을 다 열면 일직선 바람길이 뚫린다.

1-29 아산 맹씨 행단. 이렇게 큰 문과 저렇게 작은 문도 구멍의 중심을 한 줄에 맞추었다. 문 셋이 꼬챙이에 꿰듯 바람길을 만든다.

이것을 가능하게 해주는 것은 창과 문이다. 한옥의 창문은 아무렇게나 난 것 같지만 그렇지 않다. 중간에 방들이 복잡하게 교차하지만 창끼리의 위치는 자세히 보면 크게 어긋나지 않는다. 조금씩 어긋날 수는 있지만 꼬챙이로 끼우면 산적처럼 한 줄로 늘어선다. 창의 위치가 일직선으로 일치하기 때문이다. 사선 방향으로 여러 개의 문이 겹치지만 문을 모두 열면 그 중간을 관통하는 축이 만들어져서 바람을 가로막지 않는다. 한가운데 바람길을 내는 것을 잊지 않는다.

사선으로 나는 바람길은 방위를 생각할 때 한옥의 통풍에서 중요한 보강 기능을 갖는다. 한옥의 향은 정남향인 경우가 대부분인데 여름의 바람길은 남동풍이어서 45도 가량 어긋나는데 이런 남동풍에 맞춰서 낸 것이 사선 방향의 바람길이다. 대청 뒷산에서 내려오는 바람만으로 부족할 경우 옆방으로 난 사선 방향의 바람길이 도와서 한옥의 순환구조는 비로소 완성된다. 바람이라는 자연의 순환 원리를 무려 세 단계에 걸쳐 활용해서 완벽한 통풍 구조를 만든 것이다. 셋을 합하면 사방팔방 온 천지에서 바람이 불어오게 된다. 바람이 불 수 있는 모든 곳에 구멍을 뚫어 바람길을 낸 것이다.

이처럼 한옥에서는 바람을 순환구조로 이해했고 이것을 집의 구조에 적용했다. 집의 순환구조는 사선 축이 더해질 때 비로소 완성된다. 중심축 하나만 있으면 부족하다. 십자 축도 아직 약하다. 한반도는 여름에 바람이 많이 부는 편이 아니기 때문에 중문으로 들어오는 남동풍 하나만으로는 부족하다. 저쪽 마당에서 들어와 방 안을 통과한 뒤 이쪽 마당으로 나가는 2차축들이 더해져야 비로소 충분해진다. 2차축은 집

안 곳곳에 사선 방향으로 여러 개가 만들어진다. 모두 바람이 다니는 길이다.

순환이란 바로 '통'의 원리다. 바람을 단순한 온도 문제로만 파악을 해서 프레온가스를 거쳐서 차게만 만들면 된다고 생각한 서양 기계문명과의 결정적인 차이다. 에어컨을 사용하는 집에서는 오히려 창을 닫아야 한다. 이 무슨 바보스러운 모순인가. 6월 어느 날, 더위가 막 시작되는 때다. 시내버스에 앉아 창문을 열고 시원하게 달리고 있는데 운전사의 목소리가 들린다. "에어컨 켰으니까 창문들 닫으세요!" 야비한 에어컨 바람보다는 창을 '통'해 들어오는 자연바람이 훨씬 좋은데 말이다. 서양의 기계식 바람에서는 순환을 차단한다.

한옥은 반대다. 집 자체가 거대한 순환 덩어리다. 비밀은 간단하다. 막히지 않게 뚫어주는 '통'이 답이다. 창을 다 열면 구멍 숭숭 뚫린 치즈 덩어리처럼 온통 구멍 천지가 된다.[1-30] 이 구멍은 모두 바람길이 된다. 바람이 다닐 수 있는 곳에는 모두 길을 낸 셈이다. 바람은 단 한 군데 막힘 없이 온 집을 헤집고 다닌다. 이제 바람의 방향을 논하는 것은 부질없어졌다. 집 안에는 온통 바람뿐이다. 방 안 가득, 집 안 가득 시원한 바람이 차 있고 그것을 피부 전체로 느낄 때의 쾌감은 한옥에서 느낄 수 있는 가장 큰 즐거움이다. 큰 바람뭉치 속에 들어와 있는 느낌이다.

한옥의 환경 조절 기능, 즉 친환경성은 분명 여름에 제일 뛰어나다. 아무리 햇볕을 잘 받아들여 보존하고 크나큰 인내심을 발휘한다고 해도 한옥의 겨울을 난방 없이 나는 것은 불가능하다. 여름에는 에어컨 없이 충분히 보낼 수 있다. 한옥의 장점은 여러 가지인데, 한여름에 대

1-30 김동수 고택 사랑채. 창문을 다 열면 집은 치즈 덩어리처럼 온 군데에 구멍이 숭숭 뚫린다. 이 구멍은 모두 바람길이다.

청에서 시원한 바람을 맞는 일은 분명 으뜸을 다툴 만하다. 추가로 필요한 것이라곤, 다리 사이에 낄 죽부인과 속옷 바람으로 누워 뒹굴거릴 능청스러움, 그리고 찬 수박 두 쪽 정도다. 한여름에 죽부인 끼고 대청에 속옷 바람으로 뒹굴거리며, 수박 까먹으며, 시원한 바람을 느낄 때 비로소 한옥의 참맛을 알게 된다.

선비들의 집

■ 이상과 자연의 이치   이상과 같이 우리 조상은 기계의 도움을 하나도 받지 않고도 겨울에 따뜻하고 여름에 시원한 집을 지어 살았다. 한반도의 기후 조건에서는 더는 기대하기 힘든 쾌적한 집이다. 모두 뛰어난 지혜의 산물이다. 그 지혜란 다름 아닌 자연의 이치를 이해하고 그것에 순응하며 그것을 활용하는 것이다. 전통 시대 때 이것은 곧 과학이었고 철학이었다. 삶의 지혜인 동시에 문명의 가치관이었다.

이런 지혜의 출처는 어디일까. 일차적으로는 집 짓는 일을 직접 담당했던 장인들일 것이다. 오랜 기간 수많은 집을 지으면서 경험이 축적되어 얻은 지혜다. 여기에 더해 조선시대 선비들이 더 중요한 역할을 했을 수도 있다. 선비들은 집을 짓는 일을 단순히 일상생활을 영위하는 건물을 세우는 것으로 보지 않았다. 자신들의 유교 이상을 구현하고 실천하는 중요한 통로이자 증거로 보았다.

집에는 유교의 정신적 가치와 선비의 학문적 이상이 반영되어야 했다. 자연의 원리를 깨닫고 자연의 이치를 따르는 것이 그 가운데 핵심적 위치를 차지했다. 이것을 유교에서는 '승리勝理'라는 말로 정의하면서 매우 중요한 덕목으로 가르쳤다. 우리가 보통 사용하는 '싸움에서 이긴다'거나 '물질적 이익을 취한다'는 뜻의 '승리勝利'가 아니고 '자연의 이치를 깨달아 취한다'는 뜻으로서 '승리'인 것이다. 진정한 선비는 함부로 집을 짓지 않았다. 조심스럽고 경건한 마음으로 공부하듯 지었다.

선비들이 공부를 지식의 취득이 아니라 개인의 인격 수양으로 보았듯이 집을 짓는 일 또한 면적을 확보하거나 재산을 형성하는 것으로 보지 않고 자연의 이치를 구현하는 기회로 보았다. 선비들이 전국의 경치 좋은 곳을 찾아다니며 자연을 벗 삼아 공부를 했듯이 집 또한 주변의 자연과 어울리게 지었다. 자연을 벗 삼아 공부하면 깨달음이 빠르고 수양에도 도움이 되듯이 집 또한 자연과 어울리면 인간에게 여러 가지 이로움을 준다고 믿었다.

겨울에 따뜻하고 여름에 시원한 한옥의 장점이 대표적인 예다. 선비들은 이런 장점을 단순히 물리적 현상으로 보지 않았으며 따라서 기계론적 효율의 대상으로 보지 않았다. 그보다는 공부와 수양이 집에 반영되어 얻어지는 품격의 경지로 보았다. 자연의 이치와 순리를 따르며 사는 사람이 마음의 평안을 얻어 인격이 수양되듯이 집 또한 그리하면 인간에게 도움이 되는 품격이 얻어지는데 한반도의 혹독한 기후 조건을 이겨낸 지혜가 바로 그것이었다.

이런 이유 때문에 조선 선비들은 유교의 가르침을 집 짓는 데에 적용하는 가르침을 전수했다. 우선 큰 방향에서는 "집을 지으려면 먼저 지상을 관찰하고 방위를 확정한 후에 설계한다. 터가 좋으면 채소가 무성함과 같고 가택이 길하며 사람에게도 영운이 따른다"라고 했다. 대표적인 것이 "남쪽이 낮고 북쪽이 높은 것은 천지자연의 이치로서 기운이 번성한다"라는 것과 "택지는 양광陽光을 받도록 조성해야 한다"라는 것과 "집 남쪽에 공지가 있고 집 북쪽에 산이 있으면 가문에 영화가 있다"라는 것이었다. 이것은 거시 기후와 미시 기후를 잘 살펴 좇아 남향과 배산임수를 취하라는 것과 같은 말이다.

다음으로 조선 선비들도 경험적으로 마당에 대해 비움의 미학을 가르치고 있다. 나무를 너무 많이 심으면 집의 기운이 쇠하게 된다는 가르침을 여러 곳에 남기고 있다. "문 앞에 오래 묵은 나무가 있으면 가족 중에 병자가 많다"거나 "문 앞에 큰 나무가 있으면 화를 초래한다"거나 "집 둘레에 나무가 있으면 질병이 생겨나고 재물의 손해를 본다"거나 "큰 나무 밑에 집을 지으면 멸망한다"라는 것 등이 대표적인 내용이다.

선비들은 나무를 사랑했을 것 같은데 의외다. 이것은 나무 자체를 경계한 것이 아니라 집을 지을 때만은 나무를 피하라는 경고였다. 그 이유는 간단하다. 모두 나무가 바람길을 막는 것을 경계한 것이었다. 바람길을 막는 것은 곧 '통'의 원리를 막는 것이고 이것은 결국 자연의 이치와 순환의 원리를 깨뜨리고 어기는 것이기 때문에 그 위험성을 누구보다도 잘 알고 경계했던 것이다. 이럴 경우 "집 안에 병이 생기고 재물의 손해를 보고 집이 멸망한다"라고까지 경고하고 있다.

앞에서 "집 북쪽에 산이 있으면 가문에 영화가 있다"라고 한 데에서도 나무 자체를 피한 것이 아님을 알 수 있다. 집과 관련해서 나무는 있어야 할 곳과 있어서는 안 되는 곳이 있음을 구분하라는 가르침이다. 집 뒤에 있어서 여름에 시원한 바람을 안마당으로 불어넣어 찬 공기 주머니를 만드는 데에 활용하면 가문에 영화가 있다고 했다. 문 앞에 나무를 심는 것을 경계한 것과 좋은 대비를 이룬다. 문은 여름에 바람이 다니는 바람길이기 때문에 그 앞에 큰 나무를 심으면 여름에 집 안에 바람이 통하지 않아 습하고 덥게 된다. 냉장고가 없던 시절이기 때문에 음식이 빨리 상하게 되어 집안에 병자가 생기게 된다. 모두 앞에서 설명한 '통'의 원리에 해당되는 내용들이다.

　조선 선비들이 집을 지을 때 나무를 심으면 '통'의 원리를 해칠까봐 걱정했던 내용은 과일나무를 특히 경계한 데에서 한 번 더 확인된다. 택목宅木의 선택과 관련해서 "과일나무가 무성하여 지붕을 덮으면 주인이 앓는다"거나 "나뭇가지가 대문을 막으면 재운이 없어진다"라고 했는데 이는 과일나무의 무성한 잎을 경계한 것이다. 잎이 무성하면 바람 길을 그만큼 많이 막을 것이기 때문이다. "지붕 위에 죽은 나뭇가지가 뻗어 있으면 잡귀가 모여들어 가운이 기운다"라고도 했는데 나뭇가지가 지붕을 가로막으면 마당에서 하늘로 올라가는 복사와 대류 작용이 방해받을 것을 경계한 것이다.

　담도 '통'의 원리와 연관이 있다. 가장 영향을 많이 끼치는 곳은 안채 대청 뒤쪽 담이다. 집 전체에서는 뒷담에 해당되는데 뒷산 나무 숲 사이에서 부는 바람이 대청을 통해 안채 안마당으로 들어오는 길목에 해당된다. 이 담이 높으면 바람을 차단해서 좋지 않다. 조선 선비들은 대체적으로 담이 너무 높은 것을 경계했다. 표면적인 이유는 집과의 관계 때문이었다. '담을 너무 높게 둘러쳐 집이 낮게 보이면 곤궁하다'거나 '담은 집과 잘 어울려야 한다' 등이 대표적인 내용이었다. 하지만 앞에 소개한 비움의 미학이나 나무와의 관계 등과 함께 종합적으로 생각해보면 담이 지나치게 높아지는 것을 경계한 것은 바람길에 대한 고려가 있었기 때문이다.

2장

신기한 집

공간의
미학

가변성과 놀이 기능

한민족과 놀이 본능

한옥 공간은 다양하다. 다양하다 못해 무궁무진하다. 다양성의 끝을 알 길이 없다. 규칙화하기도 정말 어렵다. 한옥은 건물 골격이 늘 다양하게 변화하며 '항변恒變'의 상태를 유지한다. 변화무쌍이라는 말이 한옥의 가변성에 겨우 근접하는 단어다. 늘 변할 준비가 되어 있으니 가변성의 극치다. 공간은 고정된 형식을 거부하며 '무형'의 상태를 대표적인 특징으로 갖는다.[2-1] 한 가지로 고정된 '유형'적 형식이 없다는 뜻이다.

한옥은 창문을 다 닫았을 때와 다 열었을 때의 모습이 정말 달라서 같은 집이라고 믿기가 어렵다. 다 닫았을 때에는 입을 꽉 다물고 눈마저 질끈 감은 모습이다. 창문에 유리를 안 써서 투명한 부분이 하나도

2-1 부마도위 박영효 가옥 사랑채. 건물 구조는 거뜬히 서 있지만 공간은 고정되어 있지 않다. 늘 변할 준비를 하고 있다.

없어서 더욱 그렇다. 반면 다 열었을 때에는 짓다 만 것처럼 뼈대만 앙상하게 남는다. 제대로 된 집이라 부르기 민망할 정도다. 이런 양 극단의 상태 사이에 다양한 중간 상태가 존재한다." 2-2

그렇다면 우리 조상은 왜 집을 이렇게 다양하게 변하도록 지었을까. 그것은 바로 집이 놀이 기능을 갖도록 하기 위해서다. 다양하게 변하는 한옥 공간 속에는 '놀이 기능'이라는 지혜가 숨어 있다. 우리 조상은 집을 하나의 놀이터로 생각하고 지었다. 매우 지혜로운 생각이다.

왜 그런 것일까.

무엇보다도 한국인의 국민성이 놀이를 유독 좋아하기 때문이다. 한국인은 전통적으로 자잘한 놀이를 즐겼다. 서양은 사회 전체 차원에서 대형 스케일의 축제festival를 즐겼으며 그만큼 놀이도 형식화되었다. 반면 한국은 개인이나 소집단을 중심으로 자유로운 놀이를 즐겼다. 특별한 형식에 구애받지 않았으며 반드시 이름을 붙일 필요 없이 친한 사람 사이에 까불며 장난치는 것까지도 놀이 기능으로 작동했다. 일마저도 놀이처럼 즐겨서 일과 음주가무를 명확히 구별하기가 어려웠다.

나는 고양시에 사는데 중앙 차로로 다니는 광역버스를 이용한다. 버스 운전자의 행태를 유심히 관찰하는 편인데 한국인의 놀이 본능이 드러나는 경우가 종종 있다. 반대편에서 오는 다른 버스 운전자와 손을 흔들고 인사를 하거나 다양한 제스처를 한다. 웃기는 얼굴 표정을 지어 보이기까지 한다. 그저 열심히 운전만 하면 될 일인데 말이다. 신호등에 걸려 정차라도 하면 주변을 기웃거리며 다른 버스 운전자 중에 아는 사람이 없나 찾는다. 그러다가 아는 사람을 만나기라도 하면 앞문을 열고 대화를 나눈다. 하지만 그 내용이란 것이 해도 그만 안 해도 그만인 것들이다. 신호가 바뀌어 출발할 때는 잊지 않고 나오는 한마디가 "언제 술 한잔하자"다.

지독한 놀이 본능이다. 심심해서 그런지, 놀이 본능이 발동해서 그런지 몸이 근질거려 가만히 있지를 못한다. 비단 고양시 광역버스 운전자만의 행태는 아닐 것이다. 우리 모두의 모습이기도 하다. 유럽에서는 이탈리아가 우리와 비슷하며 독일과 영국은 반대이고 프랑스는 중간쯤

2-2 해풍부원군 윤택영댁 재실 사랑채. 한옥은 창문의 비율이 높기 때문에 열리고 닫힌 정도를 조절하는 데 따라 집의 모양이 수시로 변한다.

된다. 독일이나 영국을 먼저 여행하고 프랑스나 이탈리아로 들어가면 모든 것이 소란스럽다. 독일이나 영국에서는 사무실을 들어가 봐도 조용히 일에만 전념한다. 버스나 택시를 타도 마찬가지다. 이탈리아는 우리랑 비슷하다. 일하면서 옆 사람과 킥킥거리며 농담을 한다. 이런 식으로 하면 일이 제대로 돌아갈지 걱정이 든다. 하지만 큰 탈 없이 그럭저럭 사회는 돌아간다.

이 때문에 한국인이 일하는 모습은 성실하지 못해 보이기도 한다. 한국인은 또한 어른이 되어서도 친구를 만나면 어린아이처럼 까불고 장난을 친다. 대화에도 장난기가 넘친다. 한 번 비꼬거나 반어법과 역설을 즐긴다. 심지어 욕이 친근함을 표시하는 수단이 되기도 한다. 언뜻 점잖지 못해 보이거나 철이 덜 들어 보이기까지 한다. 어른이 어른답지 못해 보이기도 한다.

하지만 이는 엄연한 한국인의 국민성 가운데 하나다. 한국인의 국민성에는 놀이 본능이 중요한 부분을 차지했다. 한국인이 잔재주가 많고 잔머리를 잘 굴리는 것과도 일맥상통하는 현상이다. 서양이나 일본에는 없는 기상천외한 사기가 많은 것도 같은 맥락이다. 신종 사기가 나올 때마다 우리끼리 "한국 사람들 참 머리 좋다"라고 하는데 이것이 바로 놀이 본능이 크다는 것과 같은 말이다. 놀이 본능에서 도덕성이 결여되면 사기와 범죄가 되는 것이다.

이처럼 놀이 본능이 크기 때문에 집에도 놀이 기능을 넣고 싶어 했다. 일하고 대화하는 것을 놀이처럼 했듯이 집에서 사는 것도 노는 것처럼 살았다. 일상생활 전체를 놀이로 본 것이다. 사회적 배경도 중요한 요인이었다. 한국 전통사회에서는 사회 차원에서 제공되는 놀이가 적었기 때문에 개인들이 각자 알아서 놀이 본능을 해소해야 했다.

여기에서 집은 큰 부분을 차지했다. 일상생활을 담당하는 의식주 가운데 덩치도 가장 클 뿐 아니라 사람의 동작을 담는 등 행태와 밀접한 연관을 갖기 때문이다. 음식과 의복은 놀이가 될 수 있어도 놀이터는 될 수 없는 데 반해 집은 놀이터가 될 수 있다. 이런 배경 아래 우리 조상들은 가급적 집에 놀이 기능을 넣으려 했다. 집에도 잔손을 가해 섬세하고 다양하게 변하게 만들었는데 이것이 바로 한옥인 것이다.

일반적으로 보더라도 놀이는 집에 꼭 필요한 기능이다. 이는 시대와 민족을 초월해서 공통적으로 필요한 조건이다. 한마디로 집이 '재미있어야' 한다는 뜻이다. 이것은 집이 갖는 유인 기능과 심리 기능에서 매우 중요한 부분을 차지한다. 집에 놀이 기능이 없어서 재미있지 못하면 결국 유인 기능을 갖지 못하게 된다. 식구들은 집에 들어오지 못하고 집 밖을 맴돈다. 놀이는 또한 사람을 심리적으로 안정시켜주는 기능을 한다. 일종의 유머 기능과도 비슷한 것인데, 집 밖에서 힘든 일이 생겼을 때 집이 재미있으면 집으로 들어와서 심리적 안정을 취하며 위안을 받을 수 있다. 집에 이런 것이 없을 경우 사람들은 집 밖에서 위안을 찾는다. 내 집과 내 식구가 아닌 남이 나에게 위안을 줄 수 있는 방법은 단 하나, 돈을 주고 쾌락을 사는 것뿐이다.

우리가 사는 아파트가 대표적인 예다. 현대화된 공동 주택은 놀이 기능을 상실한 단조로운 집이며 재미가 없다. 아파트에서 놀이 기능을 기대하기는 힘들다. 그 자리를 돈으로 환산되는 면적이 차지했다. 사람들은 집에 들어오기 싫어하며 집에서는 잠만 잔다. 그 대신 집 밖에 온 갖 야간 유흥 문화가 범람한다. 한국 경제에서 자영업 비율이 선진국의 2~3배에 달하는 이유다. 집이 해결해줘야 할 놀이 본능을 집 밖에서 유흥 문화로 해소하기 때문이다.

신기한 집 - 놀이 기능과 숨바꼭질

반면 한옥은 놀이 기능을 가지고 있다. 가변성과 무형은 놀이 기능에 가장 적합한 조건이다. 한옥은 집 전체가 하나의 거대한 놀이터다. 그것도 고정된 놀이 기구 몇 개를 늘어놓은 요즘의 아파트 놀이터와는 차원이 다르다. 내가 내 손으로 직접 조작하고 노는 창조적인 놀이터다. 따로 시간을 내서 놀러 갈 필요도 없다. 창문을 열고 닫으면서 집 안을 오가는 일이 모두 놀이다. 일상생활 자체가 놀이이니 이것을 담는 그릇인 집은 놀이터가 될 수밖에 없다.

윤증 고택 사랑채를 보자.[2-3] 이 집의 차원은 무엇일까. 3차원인지 2차원인지, 아니면 4차원인지 단정하기 어렵다. 벽을 세운 목적도 모으기 위해서인지 나누기 위해서인지 통하기 위해서인지 단정하기 어렵다. 공간의 성격도 마찬가지다. 공간은 실내일까 실외일까. 또한 저 공간은 방일까 마당일까. 뚫린 구멍이 불규칙하고 벽이 어긋나 있기 때문에 집은 곧 숨바꼭질 같은 놀이를 하기에 좋은 놀이터가 된다.

한옥의 놀이 기능은 동선의 다양성에서 기인한다. 동선은 갈래를 쳤다 합친다. 동일한 목적지에 대해서 질러 가기와 돌아가기가 동시에

2-3 윤증 고택 사랑채. 공간의 차원이 모호하고 뚫린 구멍이 불규칙하며 벽이 어긋나 있다. 집은 곧 숨바꼭질 같은 놀이를 하기에 좋은 놀이터가 된다.

가능하다. 지름길과 갈림길이 섞여 있다는 뜻이다. 왔던 길을 되돌아가지 않고 돌고 돌아 제자리로 올 수도 있다. 창문을 다 열면 뼈대만 남아 이 세상에서 가장 개방적인 집이 되지만 적당히 열고 닫으면 숨고 감추는 데 가장 뛰어난 구조이기도 하다.

2-4 도편수 이승업 가옥. 창문을 다 열면 시원시원하고 개방적인 집이 된다.
2-5 도편수 이승업 가옥. 창문을 반쯤 열면 숨을 곳이 많이 나온다. 2–4와 같은 곳인데 이렇게 다르다. 신기한 집이다.

도편수 이승업 가옥을 보자. °²⁻⁴,²⁻⁵ 같은 집의 사랑채인데 이렇게 다르다. 창문을 다 열면 시원시원하고 개방적인 집이 되지만 반쯤 열면 숨을 곳이 많이 나온다. 물론 하나는 앞쪽 대청이고 하나는 뒤쪽 방이긴 하지만 한 곳의 앞뒤에 이렇게 다른 공간을 만들어놓았다. 숨바꼭질을 해보면 알 수 있다. 어린 딸내미들을 데려가서 풀어놓으면 쫓고 잡고 숨고 찾느라 난리를 친다. 놀이 본능이 살아 있는 아이들이라 금세 알아차린다. 문화재만 아니었으면 말리지 않고 같이 재미있게 놀았을 것이다.

집에서 숨바꼭질 놀이를 할 수 있다는 것은 참으로 중요한 기능이다. 어렸을 때 살던 개인 주택을 떠올려보면 잘 알 수 있다. 개인 주택에서는 한두 곳 틈새 공간이 생기게 마련이어서 몸을 숨길 공간이 있었다. 내가 어릴 때 살던 개인 주택도 마찬가지였다. 복도에서 부엌으로 들어가는 곳에 몸 하나 숨기기에 적합한 꺾여 들어간 작은 공간이 있었다. 다락은 더 말할 필요도 없다. 몸 숨기며 숨바꼭질 놀이하는 데 없어서는 안 될 공간이다. 다락에는 항상 이불이나 여러 잡동사니가 쌓여 있는데 그 사이에 몸을 숨기는 놀이는 정말로 짜릿했다. 게다가 우리 집에는 작은 연못 건너 바위 아래 장미 넝쿨이 있었는데 속이 움푹하게 들어가서 역시 어린애 몸 하나 숨기기에 딱 맞는 크기였다. 나는 어렸을 때 이런 여러 작은 공간 사이에 몸을 숨기며 놀았던 기억이 난다. 이 기억은 나이 50이 넘은 지금도 나의 정서에서 중요한 기초를 형성한다.

숨바꼭질은 어른이 되어서도 꼭 필요한 놀이 기능이다. 어머니 자궁을 그리워하는 것은 나이가 든다고 사라지지 않기 때문이다. 숨바꼭질이 어린아이들이나 하는 놀이라지만 어른에게도 다른 형식으로 여전히 유효하다. 물론 어른이 되면 이런 욕구를 실제 숨바꼭질이 아니라 좀더 성숙한 방식으로 풀어야 한다. 일종의 심리적 숨바꼭질 같은 것이다. 이성이나 부부 간에 성숙한 관계를 통해 심리적 안정을 얻거나 나만의 공간과 시간을 가지며 사색을 즐기거나 하는 방식들이다. 그렇지 못할 경우 음습한 유흥업소를 찾아 그 욕구를 해결한다.

집도 이런 구실을 해줄 수 있는 중요한 매개다. 집의 놀이 기능이 중요한 이유이기도 하다. 집에서 어머니 자궁 속 같은 포근함을 느끼며 심리적 숨바꼭질을 할 수 있으면 정서적 안정에 큰 도움이 된다."2-6, 2-7

2-6 관가정 안채. 집에서 몸을 적당히 가리면서 어머니 자궁 속처럼 포근히 안길 수 있다면 더없이 좋은 공간이다.

2-7 향단 은밀하고 변화무쌍한 한옥의 최고봉이다.

일부러 노력을 하지 않아도 집에서 먹고 자며 보내는 일상생활이 이럴 수 있으면 최상이다. 한옥에는 이런 숨바꼭질 기능이 넘쳐난다. 한옥의 복합 공간은 숨바꼭질 놀이에 더없이 적합하다. 정말로 신기한 집이다. 관음 작용도 또 다른 중요한 예다. 성도착증이 아니다. 몸을 숨기고 드러내는 정도를 적당히 조절한다는 뜻이다. 보였다 사라지고 사라졌다 드러난다.

심리적 기능도 있다. 한옥에서는 동선에 선택권을 가질 수 있으며 실제로 여러 대안 동선 가운데 그때그때 마음 상태에 따라 골라서 선택하다 보면 심리적으로 안정감을 느낄 수 있다. 이것 자체가 훌륭한 놀이 행위다. 대안 동선이 많다는 것은 집안 이곳저곳을 오가는 이동을 하나의 놀이처럼 즐길 수 있다는 뜻이다. 심심하다 싶을 때 동선 종류를 바꿔가며 집 안을 이리저리 돌아다니다 보면 흥을 느낄 수 있다.

김동수 고택 사랑채를 보자.[2-8] 집 전체가 하나의 거대한 동선 덩어리다. 집이 사람의 동선을 제한하고 명령하지 않는다. 일직선 복도를 들이대며 사람을 몰고다니며 겁박하지도 않는다. 그 반대다. 한국인 특유의 오밀조밀한 심성과 장난기, 혹은 신바람 나는 놀이 본능을 집 구조에 옮겨놓은 것이다. 이 집에서는 사람이 주인이 되어 내가 가고 싶은 방향으로 갈 수 있다. 동선의 선택은 오로지 내 몫이다. 사람이 우선이다. 집이 사람에 맞춘다. 사람이 집에 맞추는 것은 그다음이다.

연경단 안채도 마찬가지다.[2-9] 두 집 모두 가히 복합 공간의 절정이라 할 만하다. 하지만 집 자체가 복잡한 것은 아니다. 공간은 모두 홑겹이다. 그 대신 공간과 공간이 교합하는 경우의 수가 다양하다. 이는 곧

2-8 김동수 고택 사랑채. 집 전체가 하나의 거대한 동선 덩어리다. 집이 사람의 동선을 제한하고 명령하지 않는다. 사람이 주인이 되어 내가 가고 싶은 방향으로 갈 수 있다. 동선의 선택은 오로지 내 몫이다.

2-9 창덕궁 연경당 안채. 방과 창문과 대청과 퇴가 섞여서 동선을 만들어낸다. 그렇다고 집이 혼란스러운 것은 절대 아니다. 가지런하면서도 공간의 다양성은 무궁무진하다. 신기한 집이다.

동선의 갈래와 방향이 다양하다는 뜻이 된다. 정말 신기한 집이다. 방은 앞마당과 뒷마당의 두 면을 외기에 직접 면한다. 이쪽 문을 열면 앞마당이고 저쪽 문을 열면 뒷마당이다. 대청 건너 혹은 마당 건너에는 건넌방이 있다. 건넌방도 이쪽 방과 마찬가지로 동선의 갈래와 방향을 다양하게 만들어낸다. 한옥에만 있는 공간 구성이다. 서양의 주택에는 건넌방이라는 말이 없다.

도시의 도로망 같은 한옥의 동선

예를 들어 관가정 안채를 보자. [2-10] 방1(건넌방)에서 방2(안방)로 가는 동선도의 샘플 한 가지를 보여준다. 동선이 발생하는 경우의 수를 계산해보자. 그림에서 붉은 선은 모두 가능한 동선이다. 벽으로 막힌 부분은 동선에서 제외했다. 모두 사람이 드나들 수 있는 문이 난 경우만 택한 것이다. 동선은 중간에서 수없이 많은 갈림길을 만나게 된다. 되돌아가는 경우를 제외했을 때 세 개 이상의 동선이 만나는 지점이 갈림길이 된다. 파란색으로 표시한 지점인데 무려 19개나 된다. 삼거리와 사거리가 무수히 나타나면서 동선은 수없이 갈라졌다 합치기를 무한 반복한다. 크지도 않은 한옥에서 건넌방에서 안방으로 건너가는 동선이 작은 도시의 도로망과 비슷하다.

갈림길 가운데 세 개의 동선이 만나는 삼거리에서는 선택권은 두 가지가 되며 네 개의 동선이 만나는 사거리에서는 세 가지가 된다. 이 동선도에서는 속을 채우지 않은 파란색 결절점이 삼거리이고 속을 채

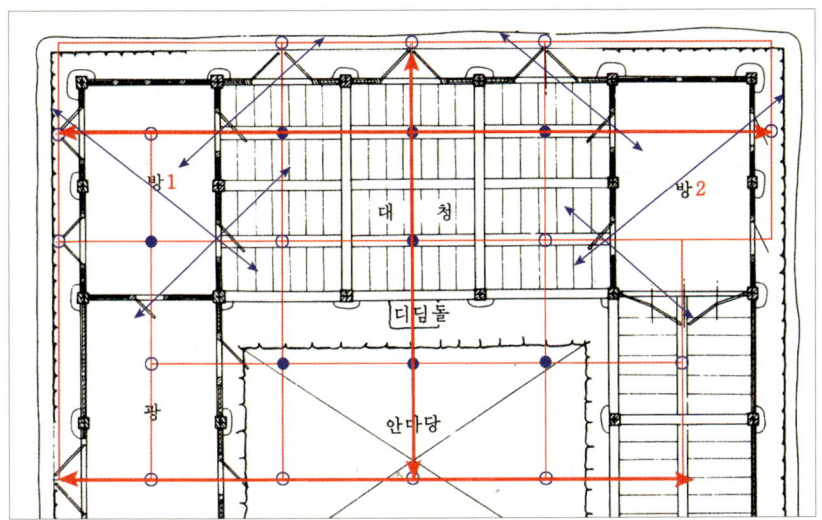

2-10 관가정 안채 동선도의 한 가지 샘플. '방→대청→광→마당'을 오가는 경우의 수를 도식화한 것이다. 되돌아가지 않는다고 가정했을 때 사거리가 여섯 곳, 삼거리가 열다섯 곳이니 동선의 갈래는 수학적으로는 2의 15제곱×3의 8제곱 가지가 된다. 전진만 한다고 했을 때 사거리 한 곳에서는 세 가지 선택권이, 삼거리 한 곳에서는 두 가지 선택권이 각각 나오기 때문이다. 물론 이것은 산술적 계산이지만 그래도 한옥에서 동선이 그만큼 다양하게 나올 수 있음을 보여준다. 굵은 선은 중심축을, 파란색은 사선 방향을 각각 나타낸다.

운 것이 사거리다. 삼거리는 15개이고 사거리는 8개다. 삼거리에서 나올 수 있는 갈림길의 선택권은 2의 15제곱이고 사거리에서 나올 수 있는 선택권은 3의 8제곱이다. 최종적으로 나올 수 있는 선택의 경우의 수는 2의 15제곱×3의 8제곱이 된다. 더욱이 이 숫자는 사선 방향의 동선이나 뒤로 돌아가는 경우는 제외한 것이다. 이 두 경우까지 더하면 무한대로 보면 된다. 일일이 세는 것이 무의미할 뿐 아니라 현실적으로도 불가능하다.

물론 이 집에서 실제 살다 보면 이렇게 많은 동선을 모두 사용하지는 않는다. 이것은 수학적으로 가능한 경우의 수를 모두 망라한, 말 그대로 산술적 계산이다. 보통은 대표 동선을 택해서 사용한다. 대표 동선은 X-Y축 방향으로 각각 집 뒤, 집 안, 마당에서 형성된다. 이 집에서는 X축 방향으로 세 개가, Y축 방향으로 다섯 개가 나와서 대략 5~10개 정도의 대표 동선이 나온다.[2-6, 2-11] 이 숫자는 여전히 일직선 복도가 지배하는 현대의 아파트나 빌딩과는 비교가 안 되는 다양성에 해당된다.

반대로 2-10에 그린 것 같은 격자 동선만 일어나는 것은 물론 아니

2-11 관가정 안채. 2-12에 표시한 동선도 가운데 대청 일대의 모습.

다. 격자 사이를 사선으로 연결하는 동선도 빈번히 일어난다. 이런 사선 동선은 두 가지 의미가 있다. 하나는 앞에서 소개한 2차 바람길이고 하나는 지름길이다. 이를테면 1-25나 1-26 같은 사선 방향의 장면은 바람길인 동시에 지름길이다. 바람길에 대해서는 앞에서 살펴보았고 여기에서 중요한 것은 지름길이다.

사선 방향의 동선은 방의 여러 면에 창문이 났기 때문에 가능하며 여기에 지름길의 비밀이 숨어 있다. 삼각형의 세 변 가운데 두 변을 돌아가야 되는 거리를 사선으로 한 번에 가로질러 갈 수 있기 때문이다. 이는 진정 길의 원리를 잘 알기 때문에 가능하다. 길의 원리에 '통'의 강령을 더해서 나온 것이다. 'X-Y' 축으로 난 '통'의 길에 모로도 길을 하나 더 냈으니 진정한 통의 경지에 이르렀다. 통이란 방향의 사사로움을 좇아서는 안 되는 법, 가고 싶은 곳으로 가는 것이 진정한 통이다. 이것이 지름길이다. 2-10에서는 사선 방향으로 난 파란색 동선에 해당된다.

단순히 다양한 것만은 아니다. 더 중요한 사실 두 가지가 있다. 하나는 이렇게 다양한 갈래가 나는 와중에서도 전혀 혼란스럽지 않다는 점이다. 동선은 대부분 일직선으로 나면서 격자를 형성한다. 다양성은 순열과 조합에 의한 경우의 수에 따라 만들어진다. 그 과정에서 중요한 축이 몇 개 만들어진다. 2-10에서는 굵게 표시한 선이다. X축 방향에서는 대청 양쪽의 방을 잇는 축과 광과 부엌을 연결하면서 마당을 관통하는 축이 대표적이다. 1-27에 나왔던 김동수 고택 안채가 대표적인 장면이며 관가정 안채에서는 부엌의 자리에 대청이 하나 더 들어갔다.^{1-27, 2-12} Y축 방향에서는 대청 한가운데를 관통하는 종단 축이 대표적이다. 이

축은 앞에 나왔던 여름 바람길이기도 하다."1-21, 2-13

한옥의 동선은 이처럼 큰 축 몇 개를 뼈대로 삼아 종 방향과 횡 방향으로 잘게 갈라져 나가는 구도로 이루어진다. 다양성의 요체인 동시에 혼란 없이 질서가 유지되는 비밀이기도 하다. 종 방향과 횡 방향으로 갈라지며 순열과 조합을 이루어 다양성을 만들어내니 합종연횡이라는 말이 여기에 해당된다. 반면 큰 중심축이 버티고 있으니 실제 집을 사용할 때에는 상당히 일사불란한 질서가 유지된다. 이런 중심축은 곧 지

2-12 관가정 안채. 2-10에 표시한 동선의 갈래 가운데 '광-마당-대청'을 연결하는 축의 모습. 보통은 대청 자리에 부엌이 들어가는데 여기에서는 대청이 들어갔다.

름길이기도 하다. 집에 큰 잔치라도 벌어지면 안채에서는 음식을 장만하느라 분주하다. 안주인을 필두로 수많은 인원이 안채의 이곳저곳을 부산하게 오간다. 이때 광과 부엌, 마당과 대청을 연결하는 큰 축은 중심 뼈대인 동시에 지름길이다. 이것들이 중심을 잡고 동선의 효율을 보장하고 질서를 잡아준다.

또 하나는 다양성이 다질성으로 발전한다는 사실이다. 다양성은 아직 정량적·수학적 개념인데 이것이 정성적定性的 개념인 다질성으로

2-13 관가정. 대문에서 중문을 거쳐 대청에 이르는 종 방향 축. 동선의 중심축이자 여름의 바람길이다. 2-14와 함께 안채의 중심을 잡아주는 뼈대이자 복잡한 동선 가운데 지름길에 해당된다.

발전한다. 다양한 동선의 중간에 여러 재미있는 소품이 놓여 있기 때문이다. 우리가 지금 황학동 벼룩시장이나 인사동 골동품가게에서 발견하는 신기하고 재미있는 옛날 물건들이다. 다양한 동선 갈래가 단순한 수학적 수형도가 아니라 인문학적 상징성을 갖는 정성적 콘텐츠가 즐비한 심리적 길이요, 정서적 길이라는 뜻이다. 다양성은 다질성으로 발전한다. 동선은 단순히 두 지점 사이를 이동하는 물리적 현상이 아니라 다양한 콘텐츠 속에서 즐기는 신나는 탐험 놀이가 된다. 한옥만이 줄 수 있는 지혜다.

모든 한옥은 이와 같은 구성으로 이루어진다. 정도의 차이는 있지만 모든 한옥에서는 이런 식으로 동선이 갈라지며 선택의 경우의 수는 무한대로 다양해진다. 좀더 좌우대칭에 가깝게 정리된 김동수 고택 안채는 가히 그 최고봉이다. 삼거리가 열세 곳이고 사거리가 여덟 곳이니 수학적 경우의 수는 2의 13제곱×3의 8제곱이 된다.[2-14] 관가정과 거의 비슷한 숫자다. 현실에서는 어느 쪽 숫자가 더 큰지 비교하는 것은 의미가 없다. 두 집 모두 그저 '변화무쌍'이라거나 '무한대로 다양'이라는 표현만이 겨우 들어맞을 뿐이다.[2-15]

수형도가 격자 구도로 발전하면서 격자 동선을 형성한 형국이다. 삼거리와 사거리가 난무하면서 도시의 도로망을 집 안에 옮겨놓은 것 같다. 집 안에서 이동은 단순한 동선이 아니라 '길'이다. 요즘 아파트의 복도 같은 것은 의미가 없다. 한옥은 집 안에 가히 도시의 길을 들이고 길을 냈다. 동선의 다양한 갈림길에 경우의 수를 도입했으니 순열과 조합에 밝았음을 알 수 있다. 이렇게 다양해진 동선 구도 속에서 질러

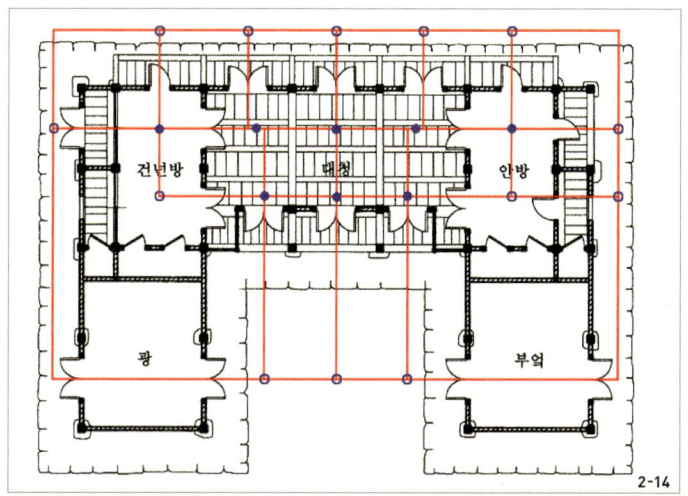

2-14 **김동수 고택 안채.** 삼거리가 열세 곳이고 사거리가 여덟 곳이니 수학적 경우의 수는 2의 13제곱 × 3의 8제곱이 된다.

2-15 **김동수 고택 안채.** 2-14 가운데 대청 부분을 보여준다. 실제로 대청을 중심으로 한 다양한 동선이 나올 수 있음을 알 수 있다.

가기와 돌아가기가 가능해진다. 동선은 갈래를 넘어 돌고 돌아 제자리로 돌아올 수도 있다.

관가정과 김동수 고택 안채는 비교적 대칭 구도를 유지하는 경우라서 동선 갈림길이 격자 구도로 나타났다. 비대칭인 경우에도 격자 구도를 만들 수 있지만 이보다는 비정형 구도가 좀더 사실적이다. 의성 김씨 소 종가를 보자. 대부분의 창이 문을 겸하기 때문에 사람이 드나들 수 있다고 보고 현실적으로 일어날 수 있는 동선은 연결하면 수없이 많은 갈래로 이루어진 비정형 구도가 나온다.**2-16** 이번에도 여지없이 질러 가기와 돌아가기가 가능하며 돌고 돌아 제자리로 돌아오기도 가능하다.

이상 살펴본 동선의 갈래를 보면 한옥은 참으로 신기한 집이라 할수밖에 없는데 이런 현상은 한옥만의 독특한 구성에서 비롯된다. 비밀은 창과 마당과 방에 있는데 크게 세 가지로 요약할 수 있다. 첫째, 창과 문의 구별이 없다. 대부분의 창을 바닥에 가깝게 냈기 때문에 여차하면 사람이 드나들 수 있어서 문이나 다름이 없다. 서양에는 없는 '창문'이라는 단어가 우리에게만 있는 이유이기도 하다. 둘째, 방의 두 면 이상을 마당이 에워싼다. 건물 구성이 홑겹이며 각 채의 앞뒤로 마당이 있기 때문이다. 셋째, 이런 방의 여러 면에 창문을 냈다. 마당을 접하는 면에는 반드시 창문을 냈으며 방과 방 사이에도 창문을 내는 경우가 많다.

이런 세 가지 구성이 합해지면서 동선은 자유롭다 못해 사람이 다닐만한 곳에는 모두 길이 났다. 방과 대청이 통하며 방과 방도 통한다. 급하면 방에서 직접 대청으로 나갈 수 있고 옆방에 볼일이 있으면 다른 방

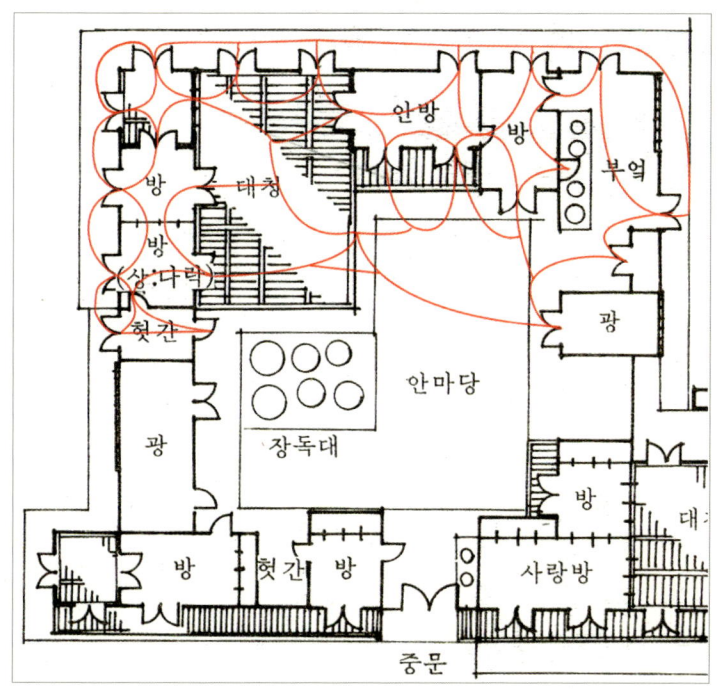

2-16 의성 김씨 소 종가. 대칭 구성이 아니기 때문에 동선의 갈래는 격자보다는 비정형에 가깝게 나온다. 변화무쌍이라는 말만이 유일한 설명이 될 수 있다.

을 거쳐 나갈 수도 있다. 방에서 마당으로 나가는 구멍도 여러 곳이다. 나가는 구멍과 들어오는 구멍이 일치하지 않는다. 이 구멍으로 나가서 저 구멍으로 들어올 수도 있다. 뒷마당으로 통하는 구멍으로 나가서 한 바퀴 돈 뒤 앞마당으로 돌아와서 대청으로 올라 들어올 수도 있다. 동선을 규칙화하는 것은 불가능하다. 그때그때 형편 따라 고르면 된다.

'호모 루덴스'와 한옥의 놀이 기능

그만큼 우리 조상들은 집에 놀이 기능을 싣고 이를 즐겼다. 지금처럼 자극적인 유흥 문화가 없던 시절, 집이 갖는 놀이 기능은 무척 중요했다. 하지만 한옥의 놀이 기능은 지금 우리가 집 밖에서 즐기는 감각적이고 쾌락적인 유흥 문화와는 차원이 다르다. 사용하는 사람의 몸을 다양하게 사용하게 만들고 그 뒤에 유불도의 탄탄한 사상적 배경을 갖추었으니 오히려 감성을 치료하는 철학적 놀이다. 안으로는 어머니 자궁 속 같은 아늑함을 확보하고 밖으로는 자연과 소통하고 화해하는 양면성이 적절하다.

이처럼 우리 선조들은 한옥을 다양하게 변하도록 지어서 놀이 기능을 즐겼다. 놀이는 인간이 가진 중요한 본능 가운데 하나다. 요한 하위징아Johan Huizinga가 '호모 루덴스homo ludens, 놀이하는 인간'라는 단어로 정의했듯이 인간의 문화는 그 자체가 놀이다. 인간은 문화를 일구는 주체인 동시에 문화를 구성하는 요소이기 때문에 이 말은 곧 놀이가 인간의 본성 가운데 하나라는 뜻이 된다. 놀이는 일부 동물들에서도 관찰할 수 있는 행동이지만 그 정도는 미미하다. 놀이는 여전히 인간과 동물을 구별하는 중요한 기준이다.

문화학자들이 놀이의 구체적 현상 혹은 유형으로 제시하는 특징은 대부분 한옥의 가변 공간에 잘 나타난다. 놀이의 유형으로 보통 '경쟁', '모의', '운', '현기증'을 드는데 한옥의 가변 공간은 이 가운데 '모의'와 '운'과 연관이 깊다. 한옥의 동선은 갈림길이 많아서 목적지로 이동

할 때에는 머릿속에서 경로에 대해 계획을 세워야 하는데 이것은 '모의'에 해당된다. 각 경로의 장단점과 특징, 이동 중간에 눈에 들어오는 장면의 종류, 각 경로에서 느낄 수 있는 감각의 종류 등 수많은 정보를 기준으로 삼아 머릿속에서 비교한 뒤 마지막으로 한 가지를 선택한다. 이것은 아주 훌륭한 모의 행위다.

'운'은 비단 한옥뿐 아니라 한국 전통 문화 전반에 가장 널리 퍼져 있는 배경 가치다. 이는 한국인의 상대주의 국민성에서 기인한다. 한국인은 필연보다는 우연을, 작위보다는 무작위를, 계산된 정확성보다는 덧없음을, 예측 가능성보다는 예측 불가능성을, 계획된 시간표보다는 나그네의 여정을 선호한다. 모두 '운'의 미학이다. 인간사에 운이 간여하는 범위를 넓게 허용했다. 인간사는 예측만으로는 다 알 수 없다고 보았으며 실행 역시 예측을 모두 담보하지 못한다는 것을 일찍 깨닫고 받아들였다. 어른들 입에서 자주 나오는 "사람 일이 어디 마음먹은 대로 되더냐"라거나 "사람 일은 어찌 될지 아무도 모른다"라는 말이 이런 철학을 함축하고 있다. 이처럼 우리 조상은 세상사와 인간사에서 인간이 모르는 부분을 넓게 잡았다. 인간이 하는 일이라는 뜻의 인간사에서조차도 인간의 힘과 의지로는 어찌할 수 없는 하늘의 뜻이라는 것을 폭넓게 인정했다.

한옥 공간이 이렇다. 바로 갈림길을 통해서다. 한옥의 동선은 끊임없이 갈라지며 심지어 순환하기까지 한다. 일직선을 피하는 것이다. 일직선 이동이 효율적일 수는 있지만 단조롭다는 결정적인 단점이 있다. 단조롭다는 것은 곧 필연이요 작위이며 계산된 정확성이고 예측 가능성이다. 집 안에서 조금 빨리 가봤자 거기에서 절약하는 시간은 큰 의미가 없다. 그보다는 다양성을 즐기며 놀이 기능을 확보하는 것이 좋다고 보았다. 집 안에조차 계획된 시간표 대신 나그네길의 여정을 실었다. 안방에서 건넌방으로 건너가다가 중간에 마당에 펼쳐놓은 고추가 잘 마르는지, 광에 넣어둔 물건은 잘 있는지 한 번 들렀다 가도 좋으리라. 가수 최희준이 부른 〈하숙생〉의 노랫말처럼 인생이 어차피 나그네길일진대, 집 안 동선도 나그네길로 만드는 것이 더 리얼한 것이 아닐까.

혹은 놀이의 또 다른 네 가지 특징으로 거론되는 것이 '자유', '상상력', '무관심성', '긴장'인데 이는 바로 한옥 공간에 해당되는 특징이기도 하다. 갈림길 가운데 자신이 원하는 것을 선택할 수 있는 것이 자유다. 일직선 복도에서는 선택권이 없다. 한 가지 동선만 강제적으로 쫓아야 한다. 집이 단조로워지고 지루해진다. 선택은 상상력으로 이어진다. 선택의 결정을 내리기 위해 다양한 경우의 수에 대해 상상력을 발휘하게 된다.

무관심성과 긴장은 일직선 복도가 갖는 위험성을 뒤집어 생각하면 된다. 무관심성은 일직선 복도가 강요하는 지나친 목적의식을 벗어난다는 것과 같은 뜻이다. 놀이는 생존을 건 투쟁이 아니다. 부담 없이 오락을 즐기는 것이다. 집도 마찬가지다. 경주하듯 일직선 복도로 모든 것을 피할 수 있다면 피하는 것이 좋다. 따라서 한옥에서 느끼는 무관심성은 무책임 같은 부정적 의미가 아니라 선택의 자유를 즐기는 여유로운 놀이다.

긴장도 마찬가지다. 긴장은 일직선 복도의 단조로운 구도가 유발하는 단순 반복과 매너리즘을 피한다는 것과 같은 뜻이다. 따라서 한옥에서 느끼는 긴장은 불쾌한 스트레스가 아니라 다양성에서 오는 놀이의 즐거움이다. 둘을 합하면 이렇다. 현대의 건축 구성을 지배하는 일직선 복도는 한 가지 목표만을 향해 극단적 관심 집중을 강요해서 매너리즘의 단조로움에 빠진다. 이런 건축 환경은 스트레스를 가중시켜 사람들은 건물 밖에서 말초적 쾌락 행위로 이것을 해소하려 든다. 각종 중독증과 유흥 문화가 범람하는 이유다. 한옥은 그 반대다. 목적을 분산해서 다양성을 줌으로써 놀이다운 긴장감을 적절히 유지한다. 집이 재미있으니 스트레스를 받지 않는다. 일상이 놀이이니 집 밖에서 말초적 쾌락을 찾지 않는다.

무상, 원통, 불이

무상과 한옥

■**공간의 다양성**　　그렇다면 한옥의 놀이 기능을 만들어내는 다양성은 어디에서 온 것일까. 사상적 배경 두 가지를 들 수 있다. 도가의 '무상無常'과 불교의 '원통圓通'과 '불이不二'다. 유교 시대의 지배 계층 주택에 웬 도가와 불교의 사상이냐 하겠지만 이것은 사실이다. 다 알다시피 숭유억불 정책을 폈던 조선시대에는 불교가 억압을 당했지만 이것은 표면적 현상이고 밑바닥에는 여전히 불교가 살아 있었다. 도가도 마찬가지다. 한옥은 특히 이전 시대 주택을 발전시킨 것이기 때문에 더 그랬다. 고려시대를 거치며 주택건축에 스며들었던 도가와 불교의 사상 배경이 조선시대에도 없어지지 않고 여전히 남아 있었다.

'무상'은 한민족에 큰 영향을 끼친 개념이었다. 그 영향은 인생살이 전반에 걸쳐 다양하게 나타났는데 집을 통해 실생활에서 나타난 것이 놀이 기능이었다. 버둥거리며 살아보았자 죽을 때에는 빈손으로 가는 것이 인생이니 살아 있을 때 즐겁게 놀다 죽는 것이 더 낫다고 보았다. 우리의 민요는 이런 정서를 잘 보여준다. 유명한 〈태평가〉의 가사는 "짜증은 내어서 무엇 하나. 성화는 받치어 무엇 하나. 속상한 일이 하도 많으니 놀기도 하면서 살아가세"다. 이보다 유명한 것이 "노세 노세 젊어서 놀아 늙어지면 못 노나니"라는 전래 민요 구절이다.

 이런 정서를 집에 실은 것이 놀이 기능이다. 무상은 추상적인 철학 개념인데 이것을 건물 골격에 적용한 결과 나타난 것이 한옥의 놀이 기능인 것이다. '상'이란 '항상 그렇단' 뜻이니, 무상은 '항상 그런 상태가 없다'는, 즉 '한 가지로 고정된 상수의 상태가 아니다'라는 뜻이다. 혹은 '상'이란 상수, 즉 고정된 상태란 뜻이니 무상이란 곧 고정된 것은 없다는 뜻이다. 전통적인 동양 사상에서는 만물의 본질이 한 가지로 고정되어 있지 않다고 보았다. 그중에서도 한민족이 유독 무상이라는 개념을 좋아했고 만물의 진리로 받아들여 문화와 생활 곳곳에 반영하며 살아왔다. 만물에는 한 가지 지고지선의 상태가 있다고 가정하고 이데아Idea라고 이름까지 붙이며 그것을 찾아 헤맨 서양의 절대주의 세계관과 구별되는 대목이다.

 무상은 자연 이치와 세상 만물에 융통성 있게 대응하려던 효율적 전략이지만 자칫 허무주의로 흐를 소지가 큰 것도 사실이다. 인생사가 부질없다는 것으로 해석될 경우 게을러지거나 세상에서 도피할 수 있기 때문이다. 이를 경계하기 위해 무상이라는 개념을 구체적으로 형식화해서 현실세계에 도입한 뒤 그것에서 이로움을 얻으려 했다. 지나친 목적성이 주는 부담의 무게를 줄여 정신과 몸을 보호하려는 동양의 교훈적 가르침들은 대부분 여기에서 나온 것들이다.

한옥도 그 가운데 하나였다. 한옥의 장점을 통해 무상이란 것이 부정적이거나 허무한 것이 아니라 구체적인 이로움을 주는 매우 적극적인 삶의 철학이라는 것을 증명해 보인 것이다. 놀이 기능이 대표적인 예에 해당된다. 놀이는 인간의 본성에서 큰 부분을 차지하며 이것이 적절하게 만족되고 해소되지 못할 경우 사람들은 각종 중독증과 유흥 문화의 덫에 걸리게 된다. 한옥은 일상생활에서 이것을 만족시키고 해소시켜 이런 위험성을 막아주는 이로운 집인 것이다. 그런데 이것을 낳은 것은 처음부터 놀이 기능 자체를 겨냥한 목적적 집중이 아니라 오히려 그 반대인 '무상'이라는 가르침이었으니 한옥은 정말 지혜로운 집이다.

그렇다면 무상이라는 개념을 어떻게 집에 실어낼 수 있었을까. 무상은 추상적 개념이기 때문에 집 같은 물리체로 직접 표현하는 것은 힘들다. 조금 돌아가면 되는데 다양성이 그 해답이다. 집을 다양하게 만들어 그 다양성을 수시로 구현하다 보면 집은 항시 변하는 상태에 있게 된다. 항시 변한다는 것은 항변이자 가변인데, 항변과 가변은 무상과 같지는 않지만 유사한 의미를 가질 수는 있다. 사상이나 개념이 건물 같은 물리적 구조체에 반영되는 과정에는 일정한 응용과 변형이 따르게 되는데, 항변과 무상의 동의어적 관계도 이 범위 내에 드는 것으로 볼 수 있다.

중요한 것은 한옥 공간은 한시도 가만히 있지 못하고 정말로 다양하게 변한다는 사실이다. 한옥의 공간적 특징인 비움, 불이, 중첩, 관입, 원통 등이 종합적이고 유기적으로 서로 얽히며 작동한 결과다. 이것을 공간의 구조 형식을 이루는 건축 요소로 나누어 몇 단계로 정리할 수 있다.

첫째, 일차적으로 창문이 변화무쌍하다. 창문은 크기, 위치, 모양, 방향, 열리는 방식 등이 다양하다. 행랑채를 빼고 사랑채와 안채만을 기준으로 할 때 한옥 한 채에는 보통 30~50개 정도의 창문이 나는데 같은 것이 거의 없다고 보면 된다. 동일성을 철저하게 배격한 것이다. '눈

2-17 도산서원 농운정사. 큰 문 옆에 붙은 눈곱때기 창.

곱때기 창'에서 '벼락치기 문'에 이르기까지 이름도 다양하다. 눈곱때기 창은 큰 창 옆에 붙는 정사각형의 작은 창으로 방 안에 앉아서 밖을 내다볼 때 '빠끔' 열어보는 창이다. *2-17*

반면 벼락치기 문은 바닥에서 천장에 이르는 가장 큰 창이다. 공중에 직각으로 들어올릴 수 있게 되어 있는데 이럴 경우 벽은 하나도 남지 않고 다 털려서 기둥만 남는다. '들어열개 문'이 정식 명칭이고 벼락치기 문은 일종의 생활 속 별명이다. 들어올렸던 문을 내려서 닫을 때 벼락 치듯 '쿵' 하는 소리가 난다고 해서 붙인 명칭이다. 들어열개 문이 너무 건조한 형식 언어라면 벼락치기 문은 좀더 생활 중심의 해학 느낌을 준다. 보통 대청에 가장 많이 단다. 부마도위 박영효 가옥 안채도 그 중 하나인데 대부분의 한옥은 대청을 이런 구성으로 짰다. *2-18* 벼락치기 문을 설치할 경우 계절에 따른 활용의 폭이 컸다. 겨울에는 꽁꽁 닫아 추위를 막았지만 여름에는 다 들어올려 벽을 하나도 남기지 않아 누각을 집 안에 꽂은 것처럼 된다.

방이라고 예외란 법은 없다. 김동수 고택 사랑채를 보자. 방에 벼락치기 문을 단 뒤 들어올리면 더는 방이라 부르기 힘들 정도로 벽이 통째로 사라진다. *2-19* 이제 방과 대청을 구별하는 것은 의미가 없다. 미닫이문은 밀고 여닫이문은 열고, 벼락치기 문은 들어올리니 집이 아니라 키메라chimera(사자의 머리, 염소의 몸, 뱀의 꼬리를 한 불을 뿜는 괴물. 가변성을 상징한다)를 보는 것 같다.

서양 사람들은 가변의 상태를 키메라라는 가상의 존재를 통해서만 가정할 수 있었다. 그것도 사자의 머리, 염소의 몸, 뱀의 꼬리라는 서로

2-18 부마도위 박영효 가옥 안채. 대청에서 벼락치기 문을 들어올리면 벽이 하나도 남지 않으면서 누각을 집 안에 이식한 것이 된다.

다른 요소를 가져와 합하는 다소 유치한 수준이다. 하지만 한옥에서는 집이라는 일상 공간을 통해 이것을 구체적으로 만들어냈다. 창이 비밀이다. 창이라는 한 가지 요소가 스스로 변하면서 한시도 가만히 있지 않고 다양한 상태를 만들어낸다. 이외에도 긴 창을 옆으로 뉘어서 붙인 것 등 한옥에는 실로 다양한 창문들이 있다. 이런 창문들이 여기저기에서 각자 상황에 따라 열리다 보면 집의 골격과 모양은 자연스럽게 다양해진다.

2-19 김동수 고택 사랑채. 방에서는 보통 대청을 접한 면에 벼락치기 문을 다는 경우가 많다. 이 문을 들어올리면 대청과 방은 하나의 큰 공간으로 합해진다.

둘째, 건물 전체에서 창문이 차지하는 비중이 매우 높다. 30~50이라는 개수는 매우 많은 것이다. 요즘 개인 주택이나 아파트와 비교해 보면 잘 알 수 있다. 벽에서 차지하는 면적을 기준으로 해도 마찬가지다. 대청이 특히 심해서 보통 기둥과 창문만으로 이루어진다. 방은 이보다는 덜하지만 여전히 창문의 비율은 높은 편이다.[2-20] 이는 한옥 방이 보통 2면 이상 외기를 면하고 각 면에 창문이 나는 독특한 구조를 갖는 데에서 기인한다. 방을 육면체로 보았을 때 일반적인 개인 주택이나 아파트에서는 한 면만 외기를 면하고 그 면에만 창이 나기 때문에 방

2-20 순정효황후 윤씨 친가. 한옥에서는 창문의 개수가 많으며 벽의 면적에 비해 창문의 면적이 압도적으로 높다. 이 때문에 창문을 열고 닫는 데 따라 집은 수시로 변한다. 벼락치기 문을 사용하면 방과 대청을 구별하는 것이 무의미해진다.

전체에서 창문이 차지하는 비율이 낮다.

셋째, 건물의 골격이 창문의 다양성을 돕는다. 창문은 혼자 존재할 수는 없다. 창문을 창문답게 해주는 것이 건물의 골격이다. 집 전체로 보면 나무 기둥으로 이루어진 골조 위에 벽을 듬성듬성 두른 구조다. 공간의 얼개가 느슨하다는 뜻이다.*2-21 골조는 누각 구조를 지향하며 벽도 가급적 폐쇄도를 낮추려 한다. 벽의 재료가 돌이 아니고 나무와 흙을 섞었기 때문에 스스로 내력 구실은 못하지만 위치는 그만큼 자유롭다. 위아래로 창문을 거느리면서 공중에 매달리듯 붙기도 한다.

2-21 김동수 고택 안채. 한옥은 기둥 구조이기 때문에 벽체 처리가 자유롭다. 벽체의 면적을 가급적 줄이고 창문 중심으로 이루어지기 때문에 공간의 얼개가 느슨하다.

넷째, 창문과 골격의 다양성이 건물 윤곽뿐 아니라 실내에서도 일어난다. '전田' 자 형 방이 대표적인 예다. *2-22* 큰 방 하나를 작은 방 네 개로 나눈 것인데 방과 방 사이를 네 짝짜리 미닫이문으로 구획했기 때문에 문을 열고 닫는 데 따라서 10여 가지의 다양한 공간이 나온다. 원통과 순환을 좁은 의미로 보면 '田' 자 공간 속에서 빙빙 돈다는 뜻도 된다. 이런 구조는 채 하나 안에서 일어날 수도 있고 방 하나 안에서 일어날 수도 있다. 윤증 고택 사랑채는 방 하나에서 일어난 경우다. 단순히 도는 것이 아니고 방 하나에서 사방팔방으로 동선이 닿는다는 뜻이니 집 전체로 보면 딱히 막힘이 없이 원융무애圓融无涯한 공간의 씨앗을 이

2-22 윤증 고택 사랑채. '전田' 자 모양의 방. 큰 방 하나를 작은 방 네 개로 구획하는 안쪽 벽의 상태에 따라 다양한 공간이 만들어진다. '田' 자는 빙빙 돈다는 뜻이기도 하다. 신기한 집이다.

른다.

　이런 구성은 앞에 소개한 놀이 기능이 벌어지기에 매우 적합한 것이다. 이외에도 안방과 건넌방, 안방과 사랑방, 건넌방끼리 등 방과 방 사이에서도 다양한 경우의 수가 발생한다. 여기에 대청까지 끼어들면 한옥의 실내는 그야말로 변화무쌍의 절정에 이른다. 이쯤 되면 한옥 공간의 다양성은 유형화된 규칙으로 분류하거나 말로 표현하는 것이 불가능해진다. 다양성을 확인하는 가장 좋은 방법은 내 손으로 직접 창문을 조작하면서 놀이로 환산해서 즐기는 것뿐이다.

둥글어서 통해 '원통'한 한옥 공간

원통이란 원처럼 둥글어서 통한다는 뜻이다. '원융무애'와도 같은 뜻이다. 원융무애란 원융과 무애를 합한 말이다. 원융이란 둥글어서 화합한다는 뜻이며 무애란 끝을 알 수 없다는 뜻이다. 한옥 공간이 이렇다. 한옥에서는 발길이 이리 통하고 저리 통하니 건물은 네모나나 공간은 둥글다 할 수 있다. 공간이 둥글어 발길이 서로 통하니 식구들은 화합한다. 돌다 보면 서로 만나게 되고, 만나다 보면 서로의 체취를 맡으며 존재의 가치를 높여준다. 이렇게 돌고 도는 공간은 끝을 따로 정할 수 없다. 공간이 나서서 먼저 끝을 정하는 법이 없다. 돌다가 사람이 먼저 그치면 거기가 끝이다. 돌고 싶은 사람은 더 돌면 그만이다.

　한옥 공간은 순환한다. 막히지 않는다. 한국인의 민족 정서인 갈림길이 반영된 결과다. 이 방에서 저 방으로 가는 길은 좁은 복도 하나가 아니다. 여러 갈래다. 형식도 여러 가지다. 방끼리도 통하고 마당과 대청마루를 건너기도 한다. 사방으로 적당히 뚫려 있고 적당히 막혀 있다. 막으면 방이 되지만 그 막음이란 것이 콘크리트 벽처럼 앙다문 것이 아니고 문 한 짝 달아놓은 것이어서 문만 열면 언제든지 틀 수 있다. 트면 길이 난다. 방과 방 사이에 문이 난 경우도 제법 된다."2-23 이 방에서 저 방으로 가는 길은 하나의 작은 어로다. 인생이 여행길이고 여행길은 갈림길이듯 집은 인생을 닮아 수많은 갈림길을 가득 담고 발걸음을 흐트러뜨린다.

　한옥 공간이 순환한다는 것은 시작과 끝이 없고 하나로 통한다는 뜻이다. 원통이다. 원은 완전 도형이라 해서 동서양 모두에서 최고의 상태로 쳤다. 하늘을 닮은 이미지로 받아들여 신성하게 여기기까지 했다. 그러나 대부분 형상을 모방해서 둥근 천장을 짓는 선에서 그쳤다. 한옥은 이것을 공간에 적용해서 막힘 없이 둥글둥글 도는 동선 구조로 만들어냈다. '원'에 '통'을 결합해서 '원통'한 공간으로 만들어낸 경우는 한옥밖에 없다. '원'한 공간은 자연히 '통'하게 되어 있으니 한옥은 '원'이라는 것에서 동그랗게 생긴 기하학적 형상을 읽은 것이 아니라 '통'하는 가능성을 읽은 것이다.

　원통이라는 개념을 쉽게 풀어 쓰면 180도 유턴하는 일 없이 한 방향으로만 계속 가면 처음 출발했던 곳으로 되돌아올 수 있다는 뜻이다. 막다른 골목이 없다는 뜻이기도 하다. 솟을대문에서 시작한 동선은 가장 먼저 행랑마당으로 이어지면서 사랑채를 맞이한다. 사랑채에서는 방의 앞문으로 들어간 뒤 다시 뒷문으로 나와 뒷마당에서 직각으로 꺾

2-23 **김동수 고택 안채**. 방과 방 사이에 문을 내서 빙글빙글 도는 작은 순환 동선을 만들었다. '원통'한 공간은 곧 '향변' 하는 공간이다. 구멍이 숭숭 뚫려서 동선이 원활하고 그 구멍을 막고 닫는 데 따라 집은 수시로 변한다.

어 집을 돌아 처음 위치로 돌아올 수 있다. 대청으로 오르면 방으로 들어간 뒤 옆방으로 잇거나 방 밖으로 빠져나오는 식으로 다시 대청 앞 댓돌로 돌아올 수 있다. 대청 뒷창도 완전한 문은 아니지만 사람이 충분히 드나들 수 있어서 뒷마당에서 직각으로 꺾은 뒤 집을 돌아 되돌아 올 수 있다. 누마루도 마찬가지다. 삼면에 문을 냈으며 퇴를 발코니 겸 통로처럼 달아서 누마루 한 곳에서만도 빙글빙글 돌 수 있게 했다.

중문을 지나 안채로 들어가면 비슷한 방식으로 뒤로 돌아 유턴하지 않고 온 집 안을 빙글빙글 둥글둥글 돌아다닐 수 있다. 원통에 대입시켜 보면, 원형 공간 이곳저곳에 적당히 칸막이를 쳐서 막힘 없이 두루두루 도는 동선을 확보한 뒤 원형 윤곽을 누르고 다듬어서 육면체로 만든 것 같다. 막다른 골목은 절대 없다. 방에 들어가서도 마찬가지다. 들어오는 문과 나가는 문을 다르게 냈으니 방에 들어와서도 뒤로 돌지 않고 방 밖으로 동선을 계속 이어나갈 수 있다. 이 동선은 돌고 돌아 방으로 들어오는 동선으로 다시 합해진다. 정말 '원통'이다.

물론 한옥의 형성 과정을 보면 이런 내파 분할과 반대인 외파 증식이긴 하지만, 공간 개념과 형식을 유형화하면 이런 직설적 원통에 비유하는 것이 가능할 정도로 '원통'하다. 여기저기 문을 열어놓은 한옥을 보면 구멍이 숭숭 뚫린 해면체를 보는 것 같다. 한옥을 하나의 큰 상자라고 생각하고 물을 부으면 그 흘러나가는 경로는 분산적이고 불규칙해서 뭐라 형식화해내기가 불가능할 지경이다. 그저 '원통'하다는 한 단어만이 적합할 뿐이다.[2-24] 집이 '원통'해서 순환한다는 말을 단순히 생각해보면 집에 온통 구멍이 숭숭 뚫려 물을 부으면 사방팔방으로 줄줄 샌다는 뜻이다. 물이 새는 길은 곧 동선이다. 일정한 축과 방향을 따라 몇 줄기로 물이 모아지는 서양식·현대식 주택 개념과는 분명 반대편에 있다.

앞에 나왔던 관가정 안채, 김동수 고택 안채, 의성 김씨 소 종가 안채 등은 모두 이런 원통 공간을 보여주는 대표적인 예들이다. 이외에도 대부분 한옥의 안채는 원통 공간으로 이루어진다. 보통 'ㅁ' 자형으로

2-24 향단 안채. 여기저기 구멍이 숭숭 뚫린 해면체 같다. 구멍을 오가는 동선은 막다른 골목 없이 돌고 돌아 만난다. '원통'한 공간이다.

이루어지기 때문에 갈래가 많이 나오며 크게 순환한다. 사랑채도 예외는 아니다. 사랑채는 '일(一)' 자형이 많기 때문에 'ㅁ' 자형인 안채처럼 크게 순환하지는 않지만 작은 순환 동선이 많이 나온다. 특히 퇴를 끼고 있는 경우가 많아서 더 그렇다. 퇴를 접한 벽에는 보통 문을 내기 때문이다.

관가정 사랑채는 방과 벽을 잘게 나눈 뒤 창문을 여럿 내고 대청까지 더해서 작은 순환 동선이 수없이 많이 나오게 만들었다. 2-25는 이 가운데 인접한 창문 사이의 순환 동선을 동그라미로 표현한 것이다. 인접한 방과 방 사이, 대청과 방 사이, 대청과 대청 사이 등 수없이 다양하다. 소 대청에서 살짝 안마당을 거쳐 방으로 들어갔다가 다시 소 대청으로 나오기도 한다. 심지어 기둥 하나를 사이에 두고 빙글빙글 도는 동선까지 있다.

이곳에서는 이리 다녀라 저리 다녀라 하는 것이 무의미하다. 잘게 자른 수많은 지름길 토막의 조합만으로 집이 이루어진 것 같다. 몸만 조금 틀어도 다른 길이 기다린다."2-26 이 자체가 하나의 작은 우주 같다. 더는 유교의 형식미를 논하는 것은 무의미해 보인다. 원융무애의 전형을 보는 것 같다. 사람이 다닐 수 있는 길은 곧 구멍인데 길이 다양하니

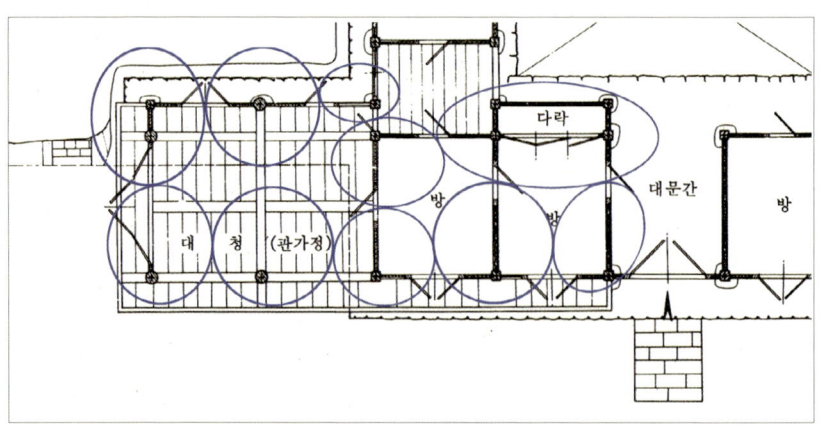

2-25 관가정 사랑채. 인접한 창문 사이의 순환 동선. 수없이 많은 동그라미로 나타난다. 인접한 방과 방 사이, 대청과 방 사이, 대청과 대청 사이 등 수없이 다양하다. 소 대청에서 살짝 안마당을 거쳐 방으로 들어갔다가 다시 소 대청으로 나오기도 한다. 심지어 기둥 하나를 사이에 두고 빙글빙글 도는 동선까지 있다.

2-26 관가정 사랑채. 2-25 가운데 대청 장면. 왼쪽의 크고 작은 문은 기둥을 중심으로 빙글빙글 돌아가는 순환 동선을 만들어낸다.

구멍을 통해 보는 풍경 또한 절묘하다. 액자 세 개를 나란히 걸어놓은 것 같은 장면이 집 안에 펼쳐진다.²⁻²⁷ 같은 집의 같은 장소라는 것이 믿기지 않을 만큼 완전히 다른 장면들이 쏟아져나온다.

2-27 관가정 사랑채. 이렇게 순환 동선이 만들어지다 보면 창을 통한 다양한 풍경 작용이 일어난다. 화투 세 짝을 깔아놓은 것 같은 장면이다. 마당과 대청과 방은 서로를 분별하지 않으니 합심해서 풍경의 콜라주를 만든다. 불이不二의 비밀이자 힘이다. 분별해서 걸어 잠그고 돌아앉았다면 나올 수 없는 경지다.

소통, 돌아가기, 질러 가기

왜 이렇게 했을까. 여러 이유가 있다. 원통은 바람길 같은 환경 요소에 유리하다. 물을 뚫어 썩음을 막고 병을 쫓아 악을 차단하는 상태가 '통'이다. 나무가 막히면 좀벌레가 생기며 풀이 막히면 거름이 되는데 이것을 막아주는 것이 '통'이다. 창도 마찬가지다. 자연과 '통'할 때에만 방 안에 사는 사람의 정신과 몸과 마음 모두가 건강해지는 것이다. 집에 숨통을 터주니 그 숨통은 곧 사람에게 숨통이 되어 돌아온다. 집과 사람은 닮게 되어 있다. 본래 하나였고 앞으로도 그럴 것이다.

소통과 교류에도 유리하다. 집이 사람을 닮으니 식구들 사이의 접촉 가능성과 그 형식을 늘려준다. 의사소통 방식을 다원화한다는 뜻이다. 집의 중심을 벽을 이루는 물질로 보지 않고 벽 사이의 공간을 오가는 발길로 본 것이다. 집의 요체를 벽이 한정하는 면적으로 보지 않고 발길에 따라다니는 식구들 사이의 소통과 교류로 본 것이다. 벽으로 막고 각자 면적을 깔고 앉아 안으로 꽁꽁 걸어 잠그는 집은 물심양면 모두 건강할 수 없다. 사람 몸으로 치면 혈끼리 단절되어서 기가 막힌 상태다. 소통과 교류가 끊기니 그 집안의 분위기와 가풍은 말 그대로 '기가 막히게' 된다. 한옥은 이것을 경계했다.

대가족제도 때 집이라서 더 그랬다. 가부장제 집이기 때문에 엄격한 위계는 필요했지만 이와 동시에 식구 수가 많은 대가족 집이었기 때문에 위계만 고집하다간 자칫 '기가 막힌' 집이 되기 쉬웠고 이것을 경계한 것이다. 그래서 이렇게 통하고 저렇게도 통하게 만들었다. 삼대

십수 명이 한 집에 살다 보면 식구들 사이에 일어나는 소통과 교류는 경우의 수로 셀 수 있는 범위를 벗어난다. 얼마나 많은 만남과 모임이 일어났을 것이며, 또 얼마나 다양한 소통과 모의가 필요했을 것인가. 드러내고 싶은 소통도 있었을 것이고 드러내고 싶지 않은 교류도 있었을 것이다. 이에 적절하게 복합적이고 이에 상응하는 다양한 공간 구조가 필요한데, '원통'한 공간이 최고였다.

한옥에서는 돌아가기와 질러 가기가 동시에 가능하다. 일부러 돌아갈 수도 있고 질러 갈 수도 있다. 사람이 집 안에서 생활하다 보면 돌아가야만 하는 사정과 여유가 생기게 마련이며 반대로 질러 가야 할 급한 형편도 벌어진다. 둘을 구별해서 할 수 있게 해주면 그 공간은 최고다. '아흔아홉 칸'의 대저택에 이동 동선이 일직선 복도밖에 없다면 이는 오히려 기능적이지도 못하게 되며 더더욱 정성적인 집은 절대 될 수 없다.

한국인 특유의 상대주의 국민성을 생각하면 더 그렇다. 한국인은 한 방향으로만 굵고 곧게 난 길을 별로 좋아하지 않는다. 대로와 샛길, 갈림길과 곧은 길이 적절히 섞인 '재미있는' 길을 좋아하며 이런 길을 즐긴다. 이합집산과 합종연횡. 흔히 한국인의 파벌을 이야기할 때 쓰는 부정적인 말이지만 잘 따져보면 산하가 이루어지는 자연의 이치이기도 하다. 다른 것이 모이니 이합이요, 모였다 흩어지니 집산이다. 종으로 합하니 합종이요, 횡으로 이으니 연횡이다. 본디 산줄기와 강줄기가 이렇지 않던가.

한옥의 원통 공간에 나타난 갈림길과 선택권은 이런 자연의 형상을 옮겨놓은 것일 수 있다. 한옥에 동선의 종류가 많다는 것은 매우 과학적이다. 이쪽에서 저쪽으로 옮겨가는 동선이 여러 개라는 사실은 이동 과정에서 느끼는 경험의 종류가 많다는 뜻이다. 이것은 지혜의 선물이다. 시간 따라, 형편 따라, 기분 따라, 계절 따라 '골라 가는 재미'가 있다. 이동 중간에 보는 장면이 각각이고 맡는 냄새와 듣는 소리 또한 제각각이다. 이것들을 조합해서 즐기면 된다. 한옥은 다질성을 보장해주는 집이다. 집 안에서의 이동이 즐김과 감상의 대상이라는 사실은 일상생활에서 정말로 큰 축복이다.

한옥에는 이것만 있는 것이 아니다. 흔히 한옥을 복잡하고 불편한 것으로 알지만, 한옥에는 지름길도 있다. 한옥에서는 급할 때 이쪽에서 저쪽까지 한 걸음에 달려갈 수 있는 지름길이 있다. 효율의 가치를 절대 무시하거나 모르지 않았다는 의미다. 다만 효율의 존재를 다른 다원주의 요소 속에 묻어 꼭 필요할 때에만 꺼내 쓰게 했을 뿐이다. 효율 하나에 목매달아 정말 소중한 많은 것을 생매장시키는 우를 피해가는 지혜다. 효율을 살리는 것이 기능이라고 했을 때 한옥은 이처럼 분명 기능적이기도 한 것이다.

돌아가기와 질러 가기는 앞에서 동선의 다양성을 이야기할 때 나왔던 갈래의 내용에 해당된다. [2-10, 2-11, 2-12, 2-13] 몇 개의 큰 축이 형성하는 중심 뼈대는 곧 질러 가기를 가능하게 해주는 지름길이다. 혹은 사선 방향의 동선도 좋은 지름길이다. 모두 두 지점 사이의 최단거리를 보장해준다. 반면 여기에서 종 방향과 횡 방향으로 갈라져 나오며 작은 갈래를 치는 경우의 수는 돌아가기를 만들어내는 2차 동선들이다. 여유가 있을 때에는 돌아가고 급할 때에는 질러 갈 수 있는 일거양득의 지혜다.

불이-공간의 안팎을 딱 자르지 않은 한옥

'불이'란 말 그대로 '둘이 아니다'라는 뜻이다. 풀어 쓰면 우리가 통상적으로 둘로 구별해서 인식하는 대별 사항이 실제는 둘이 아니고 하나라는 뜻이다. 있음과 없음, 나와 나 아님, 샘과 굄, 하염없음과 하염 있음, 선과 악 등 인간사는 수없이 많은 쌍 개념의 합으로 이루어진다. 쌍 개념은 나와 너를 가르고 가족을 이루며 사회와 문명을 일군다. 세속 현실은 이런 쌍 개념 없이는 성립될 수 없다. 쌍 개념을 명확히 가르는 능력을 분별력이라며 높이 평가한다.

하지만 불교에서는 이런 구별을 위험한 것으로 경계한다. 모두 나의 '분별'이 지어내는 부질없는 허상이라는 것이다. 본디 모든 사물은 하나의 상태일 뿐인데 사람이 각자의 이익을 위해 자기중심적으로 분별을 하며 급기야 옳고 그름, 심지어는 선악의 판단까지 가하게 된다. '내 마음이 짓는 헛것'과 같은 말이다. 불교의 가르침에서 가장 경계하는 것이 분별임을 볼 때 '불이'란 이것을 초월한 상태로 볼 수 있다. 사물을 나의 편견 없이 있는 그대로 볼 수 있는 '둘 아닌 법문'의 경지인데 깨달음의 한 상태다.

한옥 공간은 '불이'를 보여주는 좋은 예다. 실내와 실외를 명확히 구별하지 않는 한옥 공간의 특징이 여기에 해당된다. 대표적인 곳이 대청이다. 대청을 보자. 실내일까, 실외일까.[2-28] 수업 시간에 대청 사진을 보여주며 학생들에게 질문을 했다. "이곳이 실내일까, 실외일까?" 몇몇 학생이 큰 소리로 "실내요"라고 대답했다. "바람이 쌩쌩 부는데도? 벽도 없고." 그러자 다른 쪽에서 "실외요"라고 자신 있게 대답했다. "하지만 신발을 벗고 올라가야 되는데. 청소도 방하고 똑같이 하고. 방을 쓰는 빗자루를 똑같이 사용하고 방 청소 할 때 대청도 같이 하거든." "……." 갑자기 강의실이 조용해졌다. 내가 답했다. "여기는 실내도 실외도 아닌 제3의 공간이야." 갑자기 폭소가 터졌다.

우리가 이분법의 분별 속에 살고 있음을 보여주는 대화다. 굳이 "실

2-28 하회마을 남촌댁 사랑채. 대청은 누가 구조를 집 안에 옮긴 것이다. 벼락치기 문을 다 들어올리면 기둥만 남는다. 사물을 둘로 가르지 말라는 불교의 '불이' 사상을 반영한다. 불이 공간은 벽의 물질이나 벽이 한정하는 면적에 대한 욕심을 경계한다.

내일까 실외일까"라고 질문한 나부터 그렇고, 처음에 실외라고 답했다가 아닌 것 같자 남은 것은 실내뿐이니 자신 있게 실내라고 답한 것도 그렇다. 사람들은 모두 공간에는 실내와 실외 두 가지뿐이라고 굳게 믿으며 집을 짓고 건물을 지으며 그 속에서 살아간다. 우리의 건축 환경은 이런 이분법의 분별 위에 굳건히 서 있다. 한옥처럼 실내도 실외도 아닌 제3의 공간이 있다는 것을 알지 못한다. 하지만 불교에서는 '불이' 사상을 통해 한옥에서는 대청이라는 구체적인 공간의 예를 통해 이런 이분법의 분별이 무의미함을 가르친다.

비슷한 질문이 또 있다. 누각은 건축일까, 조경일까. 구조물이니 건축이라고 볼 수 있지만 건축의 또 다른 조건 가운데 하나가 사람이 들어가서 살아야 하는 것인데 그렇지 못하니 건축이라고 보기도 어렵다. 그렇다고 돌이나 물이나 수목 같은 조경과는 다르다. 기둥이 지붕을 받치고 있으며 땅에서 띄워서 바닥을 깐 엄연한 인공 구조물이기 때문이다. 결국 누각도 대청처럼 건축도 아니고 조경도 아닌 제3의 요소로 보는 것이 맞을 것이다. 이처럼 우리 조상은 이분법의 틈새에 존재하는 상태를 끄집어내어 건축 형식으로 구체화했으니 한옥이 갖는 중요한 지혜 가운데 하나다.

두 질문은 대청이나 누각에 관한 질문이 아니다. 근본을 캐 가다 보면 공간의 안팎에 관한 질문이 된다. 공간의 안과 밖을 가르는 경계는 무엇이며, 그런 경계는 과연 존재하는 것이 좋은 것인지, 더 근본적으로 실제 존재하기는 하는 것인지, 존재한다면 실내의 속성은 무엇이며 실외의 속성은 또 무엇인지. 존재하지 않는다면 존재하는 것으로 알고 살아온 우리의 공간 생활은 어떻게 되는 것인지 등 매우 근본적인 문제에 대한 질문이다.

한옥에서는 공간의 안팎을 구별하는 것에 대해서 매우 조심스럽다. 물론 집이라는 것이 비바람을 막아주고 편히 쉴 공간을 제공하는 것이기 때문에 최소한의 안팎 구별은 필수적이다. 문제는 정도인데, 한옥에서는 꼭 필요한 경우를 제외하고 가급적 안팎을 갈라놓으려 하지 않는다. 한옥의 공간 얼개가 어딘가 모르게 느슨하게 보이는 것도 이 때문이다. 창이라도 여기저기 열어놓으면 별로 튼튼해 보이지 않는 벽에 구멍을 숭숭 뚫은 것처럼 보이는 것도 이 때문이다. 튼튼한 석재로 실내를 완전히 독립적 공간으로 갈라놓는 서양 건축과 대비되는 특징이다.

그렇다면 한옥에서는 왜 실내와 실외를 명확히 구별하지 않았을까. 한마디로 집 안에 자연을 끌어들이기 위해서였다. 자연은 반드시 원생림 같은 산과 강과 나무만을 의미하지는 않는다. 확장하면 인간을 둘러싸는 광활한 공간 전체에 대한 대응의 문제가 된다. 외기와 바람과 햇빛 같은 환경 요소도 자연이다. 한옥에서는 이런 것들을 집에 끌어들여 함께하는 즐거움과 이로움이 집을 밖과 이분법으로 단절시켜서 얻는 이로움보다 크다고 판단했다. 나무와 흙을 주재료로 사용했고 공간의 안팎을 둘로 딱 자르는 것을 경계했다. 생존을 보장해줄 최소한의 가름만 얻어지면 가급적 밖과 소통하고 함께하려 했다. 한옥이 친자연적인 중요한 이유다.

한옥은 산과 강과 나무 같은 원생림으로 정의되는 좁은 의미의 자연과도 여전히 적극적으로 어울린다. 이를 위해 만든 것이 누각이라는 독특한 건축 형식이다. 누각은 자연과 소통하고 자연을 즐기기 위해 벽을 다 털어내고 기둥만 남긴 건물이다. 누각 가운데 최고는 물론 숲 속이나 나무 아래 혹은 강가 바위 위에 있는 경우다. 산 좋고 물 좋은 곳이면 어김없이 지어지던 정자라는 것이다. 정자에서는 글도 읽고 문장도 지으며 술과 예술과 더불어 풍류도 즐긴다. 이 모든 것은 사실 하나였다. 적어도 자연 아래에서, 정자 속에서라면 말이다.

대청-자연과 하나 되는 신기한 공간

다음으로 좋은 경우가 한옥의 후원 같은 곳에 단독으로 짓는 누각이다. 그리 흔하지는 않았지만 이 역시 집에서 자연을 적극적으로 즐기고 자연과 하나 되려는 의지의 발로였다. 마지막으로 한옥의 집 안에 누각 구조를 들여 방과 함께 짓는 경우인데 누마루와 대청이 그것이다. 누각 구조를 군더더기 없이 만들기 위한 한옥만의 장치가 있는데, 앞에 나왔던 '벼락치기 문'이라는 것이다. 위로 들어올릴 수 있는 문이다. 여닫이와 미닫이만으로는 누각 구조를 만드는 데 부족하다. 창문을 아무리 활짝 열어도 벽의 일부가 남기 때문이다. 골조만 남기고 벽을 다 털어야 진정한 누각 구조가 되는데 이것을 가능하게 해주는 창문 형식은 벼락치기 문밖에 없다.

한옥에 앉아 있으면 신기하게도 자연과 하나 됨을 느낄 수 있다. 숲 속에 앉아 있는 것과는 다른 느낌이다. 숲 속에 앉아 있으면 너무 자연 쪽으로 치우쳐서 일상과 완전 분리가 된다. 하지만 한옥은 적당히 인공

적이면서 적당히 자연적이다. 둘을 굳이 가르지 않으면서 둘을 동시에 느낄 수 있다. 한옥에서 느낄 수 있는 최고의 경지는 대청에서의 생활이다. 남자의 공간인 사랑채에서는 대청에 앉아 꽃구경을 하면서 벗과 함께 술잔을 기울이거나 주룩주룩 내리는 비를 보며 글을 읽는 것이다.

나는 사극을 즐겨 보는 편인데 가장 부러운 장면이 등장인물들이 사랑채 대청에 주안상을 차려놓고 술을 마시는 것이다. 절친한 벗과 함께 학문과 세상을 논하기도 하고 같은 파벌끼리 모여서 정치적 모의를 하기도 하는 등 용도는 다양하지만 모두 실내와 실외를 동시에 느끼면서 술을 마시니 더없이 부러울 뿐이다. 유리를 통해서도 비슷한 경험을 할 수 있겠지만 차원이 다르다. 유리를 통해서 하는 경험은 오로지 시각적인 것뿐이다. 꽃냄새를 맡을 수 없으며 빗소리를 들을 수 없다. 비가 내리면서 살짝 튀기는 시원한 물방울을 맞는 것은 더욱 불가능하다.

대청에서는 이런 것들이 모두 가능하다. 그것도 완전 실외가 아닌 어느 정도 실내인 공간에서다. 완전 실외에서 하는 것은 숫제 쉽다. 아무 곳이나 나무 아래나 숲 속에 돗자리 들고 가서 펴고 앉으면 되기 때문이다. 하지만 이것은 야외이기 때문에 한계가 분명하다. 야외에서 느끼는 즐거움을 지키면서 실내 공간을 섞어서 그 한계를 극복한 것이 한옥의 대청이다.^{2-28, 2-29, 2-30} '불이'의 가르침을 잘 실천한, 그래서 진정한 '불이다운' 공간이다. 이 때문에 한옥을 신기한 집이라고 하는 것이며 여기에 한옥의 지혜가 숨어 있다.

하회마을 남촌댁과 민형기 가옥은 모두 대청의 전형을 보여준다. ^{2-28, 2-29} 벼락치기 문을 다 들어올리면 기둥만 남는다. 사물을 둘로 가르

2-29 민형기 가옥. 대청은 실내도 실외도 아닌 제3의 공간이다. 한옥의 뭍이 공간은 이를테면 망망한 우주에 칸막이 몇 개 친 것으로 정의된다. 실내인지 실외인지 분별하는 일이 무의미하다.

지 말라는 '불이' 사상을 반영한다. 불이 공간은 벽의 물질이나 벽이 한정하는 면적에 대한 욕심을 경계한다. 불이 공간은 이를테면 망망한 우주에 칸막이 몇 개 친 것으로 정의된다. 달성 남평 문씨 본리세거지의 대청은 좀더 신기하다. ■2-30 단순한 대청을 넘어 안에서 밖을 향한 원심적 공간이다. 문을 다 닫으면 반듯한 집, 다 열면 시원한 정자다. 이런 가변성은 공간의 본성을 중간의 비움으로 본 결과다. 앞에서 이야기한 '면적에 대한 욕심을 경계'라는 것과 같은 뜻이다.

대청은 참으로 묘한 공간이다. 어떻게 집에 이런 공간을 집어넣을 생각을 했는지 신기할 따름이다. 아마도 한민족의 일상생활에 '불이' 사상이 강하게 녹아 있기 때문일 것이다. 일상생활이 이렇다 보니 일상생활을 담는 그릇이자 일상생활이 벌어지는 장場인 집과 공간에도 그것을 반영하게 된 것이다. 한국인은 분명 사물에 대해 단정적으로 이야기하는 것을 꺼린다. 대화에서도 "~이다"라는 단정적 말투보다 "~ 같다"라는 모호한 표현을 선호한다. 지금 자신의 생각과 주장이 언제 바뀔지 모른다는 사실을 알기 때문에 항상 이에 대비해서 다르게 해석될 소지를 남겨놓는다. '적당히' 혹은 '대강대강'의 미학이다. 한국인이 즐겨 쓰는 말 가운데 하나가 "대충 해. 뭘 그렇게 버둥거려. 어차피 끝에 가면 다 같아질 텐데"다. 이 때문에 명확한 이분법 위에 문명을 꾸려온 서양인의 눈에 한국인은 흐릿하고 모호한 국민으로 보인다.

한국인의 이런 성격은 '불이'의 가르침에서 영향을 받았는데 도가에서도 비슷한 영향을 받았다. 앞에 나왔던 무상 개념도 그중 하나다. 한 번은 택시를 타고 가는데 밖에서 노인분이 아령을 하면서 언덕을 열

심히 오르는 운동을 하고 있었다. 택시 운전사는 대뜸 혀를 차며 "늙으면 적당히 살면서 죽으면 되지 그 나이에 뭘 그렇게 버둥거리실까"라고 혼잣말을 했다. 택시 운전사의 이 말은 한국인의 기본 정서를 압축해 놓은 것이다. 앞에 말한 '적당히'의 미학이다. 요즘은 한국 사회도 서구

2-30 달성 남평 문씨 본리세거지. 대청 공간은 자연을 집 안에 끌어들여 함께하기 위해 만들었다. 실내와 실외를 동시에 즐길 수 있는 신기한 공간이다. 자연과 적극적으로 어울리려는 친자연의 발로이기도 하다.

화되면서 많이 바뀌긴 했지만 여전히 바탕에 이런 정서가 깔려 있는 것은 사실이다.

그 바탕에 무상 개념이 깔려 있다. 무상에서 파생된 놀이 본능도 마찬가지다. 일과 놀이를 굳이 구별하려 들지 않았으니 이 또한 일과 놀이 사이의 분별을 피하려 한 '불이다운' 행태라 할 수 있다. 나아가 이것이 반영된 한옥의 놀이 기능도 확장하면 '불이'의 가르침이 몇 번의 해석 과정을 거쳐 영향을 끼친 결과로 볼 수 있다.

일상생활에서 이런 감성이 집에 투영된 것이 대청의 '불이' 공간이다. 안과 밖을 애써 버둥거리며 명확히 구획해보았자 무슨 이로움이 있겠느냐는 세계관의 발로다. 그 이면에는 그렇게 구획하지 않았을 경우 자연을 끌어들여 즐길 수 있는 엄청난 이로움이 있다는 배짱과 확신이 있다. 불교의 '불이' 사상이 이분법의 위험성을 가르쳤다면 도가의 무상은 이것을 일상생활과 공간에 적용해서 한국인의 국민성으로 자리 잡는 데 중요한 길잡이를 했다.

도가의 가르침에는 이외에도 불교의 '불이'와 연계될 수 있는 내용이 많다. 물질에 대한 집착을 경계한 내용들이 주를 이루는데 '탈물脫物'이 대표적이다. 물질에 대한 탐욕이나 물질의 위험성에서 벗어나라는 가르침이다. 물질에 집착하면 그 덫에 걸려 아무리 많은 것을 가져도 만족하지 못하고 계속 더 많은 것을 원하게 되며, 그 과정에서 스스로 자기 마음을 괴롭혀 갉아먹으며 결국 몸마저 망가지게 된다는 경고다. 이를 한옥의 불이 공간에 적용해보면, 벽의 물질다움에 집착하면 방의 면적이나 벽의 치장 같은 각종 물욕에 사로잡히게 되며 이를 위해 자신의 능력 밖의 재화를 탐하게 된다. 그다음 어떤 악순환의 고리가 전개될지는 말 안 해도 다 아는 사실이다. 이는 내 마음이 짓는 부질없는 헛것에 매달려 몸과 마음을 망친다는 불교의 가르침과 다르지 않다.

공간은 중요하다. 공간에 대한 인식은 결국 세계관이 구체적으로 드러나는 미세 통로다. 물질 욕심이 많은 사람은 공간에서 벽에 집착해서 면적을 늘려 재산을 축적하려 한다. 벽을 화려하게 치장해서 그 자체에 탐닉하기도 하며 이를 통해 자신의 재산을 과시하고 싶어 한다. 이렇게 하기 위해서 집은 바깥에 대해서 꽁꽁 걸어 잠가야 한다. 하지만 이런 사람의 일생은 늘 무언가에 쫓기며 강박관념에 사로잡혀 행복하지 않다. 반면에 안팎의 경계를 가급적 허물어 외기와 어울리며 사는 사람은 집이 넓을 필요도, 화려하게 장식할 필요도 없다. 넓고 화려할수록 오히려 외기와 어울리는 데 불리하다. '아흔아홉 칸' 대감댁이라지만 한옥의 방들은 정작 기대보다 넓지 않은 이유다. 물욕의 순환 고리에 빠지지 않게 되니 스스로 몸과 마음을 갉아먹으며 살 일도 없어진다. 바람 한 줄기, 햇빛 한 가닥에 만족하며 안팎의 분별을 없애는 것이 진정한 이로움이며 자신의 건강을 지켜 정말로 큰 것을 얻은 것이 된다. 한옥은 이런 지혜가 넘쳐나는 신기한 집이다.

3장

감각적인 집

촉각과 시각의
미학

좌식 문화와 온돌방

살갗, 촉각, 접촉 문화

사람은 감각의 동물이다. 오감이 종합적으로 발달한 동물이다. 오감을 하나씩 떼어서 보면 사람의 감각은 그다지 우수한 기능이라고 할 수 없다. 자연계에서 잘해야 중간 정도쯤 될 것이다. 하지만 오감 전체가 종합적으로 작용하는 데에서는 단연 최고다. 더 중요한 것은 감각을 물리적 기능으로만 사용하지 않고 감성적으로 정서적으로 느낀다는 데에 있다. 사람은 오감이 골고루 만족되어야 감성적으로 풍요로워진다. 오감을 종합적으로 즐길 때에 정서가 안정된다.

　이런 점에서 한국 문화는 뛰어나다. 주로 접촉 문화를 통해서다. 한국은 세계적으로 접촉 문화가 발달한 나라다. 접촉을 통해 오감이 종합적으로 즐거워진다. 무엇보다도 어려서 자란 어머니 품이라는 것이 있다. 어머니의 체취를 맡고 목소리를 듣는다. 눈길을 주고받고 피부로 교감한다. 어머니의 품은 한국의 접촉 문화를 보여주는 원형이다. 좀 더 일반화하면 한국은 개인 사이의 접촉 문화가 발달해 있다. 한국인에게 발달한 주관주의 문화의 한 종류다. 요즘은 서구화되고 현대화되어서 많이 바뀌긴 했지만 여전히 객관적 규칙보다는 주관적 선호도가 우선하는 경우도 많다.

일상생활에서도 친구나 지인끼리 직접 살갗을 맞대는 접촉을 선호한다. 동네 어른이 꼬마아이의 고추를 한 번 만져주는 것이 서양에서는 감옥에 가야 하는 중대 성범죄이지만 우리나라에서는 친근함의 표시였다. 혹은 누구나 이런 친구가 한 명쯤 있게 마련일 텐데 나 역시 술만 먹으면 어깨동무를 하고 내 볼에 자기 볼을 비벼대는 친구가 있었다. 심지어 술만 들어가면 안주를 입에 물고 둘로 잘라서 반은 자기가 먹고 나머지 반은 나에게 먹였다. 나는 어려서부터 일본식-서양식 가정 교육을 받으며 자랐기 때문에 이런 접촉 문화가 불편했다. 하지만 그것이 문화적으로 무엇을 의미하는지는 잘 안다. 서양에서는 오해받기 쉬운 행동이지만 한국에서는 친하다는 표시로 혹은 정이 많은 것으로 받아들인다.

오감의 자극은 뇌와 연관이 깊다. 한국인은 자잘한 자극에 약하며 자잘한 자극을 선호한다. 의식주 전반에 잔손이 많이 간다. 지금은 이것을 불편한 것으로 생각하지만 전통 시대에는 달랐다. 그때라고 불편함을 몰랐을 리 없을 것이다. 그렇지만 이렇게 섬세한 문화를 일군 데에는 여기에서 오는 장점이 컸기 때문인데 그것이 바로 자잘한 자극을 만족시켜주기 때문이다. 한국 문화는 전반적으로 오감을 자극하는 쪽으로 발달했다. 집도 그 가운데 하나다. 자연 속에 누각을 세우거나 집에 대청을 만들어 자연과 교감하려 한 것도 바꿔보면 오감을 자극하며 즐기기 위한 것이었다. 오감을 자극하는 데에는 자연만 한 것이 없기 때문이다. 그것도 가장 우아하고 건강한 방법으로 말이다.

한옥은 이외에도 여러 방향으로 오감을 자극하고 만족하는 구조를 가졌다. 가장 대표적인 것이 촉각이다. 한옥은 오감 가운데 특히 촉각에 가장 뛰어나다. 하회마을 북촌댁 별당을 보자.[3-1] '퇴-대청-방-방'으로 이어지는 실내는 모두 맨발로 생활하는 공간이다. 빛을 받아 빛나는 온돌 바닥은 한국인에게 친숙한 표피다. 바닥 표피와 내 살갗은 이질적으로 느껴지지 않는다. 나는 이런 온돌을 보면 당장 신발을 벗고 맨발로 뛰어올라 등을 대고 눕고 싶어진다.

개인끼리 살갗을 맞대는 것을 좋아하는 접촉 문화를 집에 적용한 것으로 볼 수 있다. 한옥은 촉각을 자극하는 구조가 발달한 집이며 이런 점에서 접촉 문화의 산물이다. 이것은 주체인 나와 객체인 대상 사이의 관계를 어떻게 설정하는 것인지의 문제다. 한국인은 직접 접촉해서 상대방의 살갗과 체온을 느끼는 방식을 선호한다. 친구끼리 반가워서 손을 잡고 어깨동무를 하고 살갗을 비벼대듯이 우리 조상은 집과 이런 식으로 접촉을 했다.

접촉은 곧 교류다. 감각을 교류하고 정을 교류한다. 내가 사는 집 곳곳과 살갗을 접촉한다는 것은 분명 엄청난 일이다. 집은 그만한 자격이 있고 꼭 그렇게 해야만 되는 중요하면서도 위대한 대상이기 때문이다.

집은 나를 품고 안아주는 또 하나의 품이다. 나의 일상생활을 담는 그릇이다. 내가 매일 밥을 먹고 잠을 자는 일차적인 보호막이다. 내가 생명을 벌이는 제2의 자궁이다. 이런 집에는 내 살갗을 직접 맞대서 살갗으로 교류하는 것만이 가히 정당하다. 한옥이 그렇다. 살갗 접촉을 통해 어머니에게 존재를 받았듯이 나와 집은 같은 방식으로 존재를 주고

3-1 하회마을 북촌댁 별당. '퇴-대청-방-방'으로 이어지는 여러 공간의 바닥은 모두 맨발로 생활하며 등을 대고 눕는 접촉 문화의 산물이다.

받는다. 살갗을 부비며 친구와 정을 나누었듯이 집에 내 살갗을 비벼대며 집과 정을 나눈다. 집은 나를 품고 보호하며 나의 존재를 지켜준다. 나는 집을 내 몸처럼 아끼고 사랑하며 집의 존재를 지켜준다.

한옥의 접촉 문화가 훌륭하다는 것은 최근에 현대 의학이 밝혀내는 새로운 사실에서도 증명된다. 이른바 '피부의 인문학'이다. 피부, 즉 살갗은 인간의 장기 가운데 표면적이 가장 넓고 가장 많은 인체기관과 붙어 있다. 이 때문에 피부에서 일어나는 촉각은 인간의 감각 가운데 유일하게 몸 전체에 걸쳐 일어나며 그만큼 여파도 크다. 어렸을 때 어머니에게 스킨십을 받지 못하고 자라나면 어른이 되어서도 끝없는 정서적 갈증에 시달린다거나 부부간에 스킨십이 많을수록 늙어서 치매에 덜 걸린다는 사실 등이 의학적으로 속속 밝혀지고 있다. 살갗 접촉을 많이 하는 한국식 교류 문화가 우수한 이유다. 최근에 한국인의 치매가 급속도로 많아진 것은 서구 문화가 들어와서 이런 전통적 접촉 문화가 줄어든 결과일 수 있다. 성추행이 부쩍 늘어난 것도 마찬가지다. 정상적인 경로로 접촉 욕구를 발산하지 못한 결과 성도착 쪽으로 튄 것이다.

좌식 문화와 체성감각

그렇다면 한옥에서는 어떤 방식으로 촉각 작용이 일어나게 했을까. 크게 보면 좌식 문화가 그 주역이다. 좌식 문화는 집과 사람 살갗의 접촉을 자연스럽게 늘려준다. 앉아서 생활하다 보면 엉덩이나 다리가 방바닥과 접촉한다. 앉으면 눕기도 쉬운 법, 눕게 되면 온몸이 방바닥과 접촉하게 된다. 일차적으로 등 전체가 바닥과 접하게 되며 살짝만 뒹굴어도 금세 배 전체가 바닥과 밀착한다. 여름에는 요 없이 바닥과 접촉하면 시원해진다. 겨울이 문제라지만 우리에게는 온돌이라는 막강한 원군이 있다. 온돌에 '등 지지는' 행위는 접촉 문화와 난방이 하나로 합해진 것이다. 잠자리도 공중에 떠 있는 침대가 아니라 바닥과 밀착한 요를 사용한다. 좌식을 하다 보면 또한 자연스럽게 맨발로 생활을 하게 된다. 신발을 신은 채로 앉기가 불편하기 때문에 신발을 벗어야 되며 신발을 벗으면 양말도 벗게 된다.

좌식 문화는 한옥의 대표적인 특징이다. 한옥은 좌식 문화의 산물이다. 한옥의 특징 가운데 상당수는 좌식 문화와 연관성이 있다. 온돌을 사용하고 휴먼 스케일을 유지하며 마당이 발달한 점 등이 직접적 결과는 아닐지라도 모두 좌식 문화와 연관성이 있다. 한옥은 사라졌지만 좌식 문화는 서구화된 한국 현대사회에도 없어지지 않고 살아남았다. 의식주 가운데 음식이 가장 많이 살아남았으며 집에서는 좌식 문화가 온돌과 함께 살아남았다. 최근에는 이 둘을 합한 찜질방이 탄생해서 집 밖 사회에까지 하나의 시장을 형성했다.

초고층 아파트와 유리 건물이 세상을 뒤엎는 천지개벽 가운데에서도 좌식 문화와 온돌은 여전히 한국인의 생활방식을 주도하고 있다. 한국인은 집에 돌아오면 가장 먼저 하는 일이 신발을 벗고 그다음에는 양말을 벗는 것이다. 나도 어렸을 때 기억 가운데 하나가 집에 들어왔을 때 아버지께서 "양말 벗어라"라고 말씀하신 것이었다. 성격이 급한 사람은 마루로 올라서면서부터 양말을 벗는다. 신발을 벗고 바닥에 앉는 음식점도 많이 있다. 의자에 앉아서 책상다리를 하는 사람도 많다. 나도 그런 편인데 이미 미국 유학 시절부터 그랬다. 의자에 책상다리를 하고 앉은 나를 보고 신기해하던 미국 친구가 기억난다. 입식 생활을 하는 서양인은 책상다리를 거의 못하거나 하더라도 매우 힘들어하기 때문이다.

아무튼 좌식 문화는 과거에서 현재까지 이어지며 가장 한국다운 생활방식이 되었다. 무엇인가 좋은 점이 있기 때문일 것이다. 기능과 효율에 중독이 된 한국 현대사회에서 조금이라도 불편한 구석이 있으면 바로 폐기되었을 것이다. 단순히 불편함의 유무를 떠나서 확실한 좋은 점이 없다면 과거의 것은 모두 '재래적'이라며 역시 폐기했을 것이다. 한옥은 말할 것도 없고 개인 주택까지도 불편하다며 아파트로 모두 바꿔치기 한 한국 현대사회에서 좌식 문화가 살아남았다는 것은 확실한 좋은 점이 있다는 뜻이다.

그것이 무엇일까. 체성감각somatic sensation이다. 좌식 문화는 체성감각을 살린다. 그렇다면 체성감각은 무엇일까. 의학적 정의는 '전신의 피부, 근육, 골격, 관절, 결체조직, 장기에 가해지는 자극을 받아서 인식, 경험하는 감각'이다. 우리가 사물을 인식하고 경험하는 데에는 눈으로 보는 장면이나 글로 읽는 지식이나 귀로 듣는 정보만 있는 것이 아니라는 뜻이다. 온몸, 그것도 피부뿐 아니라 그 속의 근육과 뼈마디, 나아가 몸속의 내장 모두가 인식과 경험에 간여한다는 뜻이다. 무술영화에서 장님이 엄청난 무술 실력을 자랑하는 수가 있는데 다소 허구가 있더라도 완전히 거짓은 아니다. '뼛속까지 친일파'라는 표현 역시 꽤히 나온 것이 아니라 의학적으로 근거가 있는데 바로 체성감각을 지칭한다.

체성감각은 이처럼 온몸에 퍼져 있는 신경을 통해 세상과 소통하고 주변 상황에 대해 판단하고 인식하게 만드는 작용을 한다. 이 때문에 시각이나 청각보다 사람의 정서와 감성에 큰 영향을 끼친다. 시각이나 청각처럼 집중이 심하지 않기 때문에 즉각적으로 느끼지는 못하지만 분포 면적이 넓고 몸의 모든 부분과 연관되기 때문에 그 효과는 더 크다. 온몸으로 세상과 교류하는 통로이기 때문에 한 사람의 인격 형성과 정서 순화에 매우 큰 영향을 끼친다.

이런 사실은 의학적으로도 증명할 수 있다. 생체학이나 신경해부학에 의하면 체성감각의 신경 작용은 대뇌피질에 작동한다. 대뇌피질은 전두엽, 후두엽, 두정엽, 측두엽 등으로 이루어지며 감각 기능과 운동 기능 그 둘을 합한 연합 기능 등을 수행한다. 사람의 지적 활동 이외에 감성 활동을 총괄하는 부위다. 앞에서 말한 스킨십의 중요성은 생활 속에서 체성감각의 기능을 확인할 수 있는 좋은 증거다. 마음이 끌리는 이성이 있을 때 팔 끝에 옷깃만 스쳐도 온몸이 감전된 듯 짜릿짜릿해진다. 이것을 사람 사이의 관계로 확장하면 스킨십의 구실이 된다.

우리의 전통 시대에 접촉 문화와 좌식 문화가 발달했던 것은 이런 사실을 의학적 도움 없이 그 옛날에 이미 알고 있었다는 것이 된다. 바로 생활의 경험을 통해서다. 지금도 감각이 살아 있고 감성이 예민한 사람은 체성감각을 느낄 수 있다. 체성감각이 살아 있는 사람은 피부로도 숨을 쉬는 것을 느낄 수 있다. 에어컨 바람을 유난히 싫어하면서 한 줄기 자연바람이 피부를 훑을 때의 쾌감을 즐긴다. 목욕탕에서 더운 물속에 들어가서 "어~ 시원하다"라고 하는 것도 살갗을 통해 체성감각이 자극을 받은 좋은 예다. 또한 양말을 답답해하기도 한다. 양말이 체성감각을 약화시키는 사실은 동물을 통해서 잘 확인된다. 개나 고양이에게 양말을 신기면 못 걷거나 네 발을 따로 움직여서 아주 우스꽝스러워진다. 티셔츠를 입히면 더 심해서 만화 속 장면처럼 얼음처럼 굳어져 움직이지 못한다.

이 때문에 요즘 자연 힐링 프로그램 가운데에는 맨발로 걷는 항목이 들어간다. 보드라운 흙이나 바닷가 백사장 등을 걷는다. 동네 공원에 가면 발 지압용 자갈길이 있다. 넓게 보면 걷기가 건강에 좋은 것도 이 범위에 들어간다. 끊임없이 발바닥을 자극하기 때문이다. 헬스장에서도 요즘은 '키 바운더key bounder'라는 스펀지 길을 깔고 맨발로 걷게 한다. 매우 폭신폭신한 특수 스펀지인데 그 위를 발바닥을 천천히 붙였다 떼면서 걸으면 감성이 순화되는 것을 느낄 수 있다. 나도 가끔 이용한다. 하루 종일 책을 쓰느라고 신경이 피곤해졌을 때 스트레칭을 하면서 키 바운더를 걸으면 마음이 편안해지면서 기분이 한결 좋아진다.

체성감각을 살리는 한옥

이처럼 체성감각은 사람의 정서, 감성, 건강 등에 모두 중요하다. 체성감각이 적절하게 자극을 받고 깨어 있어야 정서가 안정되고 감성이 순화된다. 혈과 기가 잘 돌아 건강에도 좋다. 하지만 서구화된 현대 생활은 체성감각을 봉쇄하고 퇴보시킨다. 점점 덜 걷고 자동차만 탄다. 외부와 단절된 실내에서 하루 종일 생활하면서 땀 흘릴 일이 없어진다. 문명이 발전하면 인간의 소중한 본능이 쇠퇴하게 되는 현상의 하나다.

반면 한옥은 체성감각을 자극해서 살리는 집이다. 체성감각을 정의한 내용 가운데 키워드는 전신, 피부, 자극, 인식, 경험의 다섯 가지다. 모두 한국의 접촉 문화와 좌식 문화에 해당되는 사항들이다. 이 가운데 특히 피부가 중요하다. 접촉 문화와 좌식 문화는 살갗을 끊임없이 자극해서 사물에 대한 인식과 경험 능력을 높여준다. 체성감각에는 촉각, 고유 감수성 감각, 압각, 통각, 온도 감각 등이 있는데 살갗을 통해 일어나는 촉각이 가장 대표적이다. 촉각은 다른 감각들을 총괄하는 복합 감각이다. 한옥이 이것의 집합체이니 정말로 지혜로운 집이다.

접촉 문화와 좌식 문화가 바로 살갗의 자극을 통해 촉각을 최대한 살리고 즐기는 생활방식이다. 나상열 가옥 사랑채를 보자.[3-2] 방 안에서 보았을 때 역광을 받아 낮은 강도로 반짝이는 바닥은 사람의 살갗과 닮았다. 한옥 생활은 이런 바닥에 살갗을 비비며 사는 과정이다. 이런 생활방식은 살갗에 적절한 자극을 줘서 체성감각을 활성화시킨다. 체성감각이 활성화된 상태에서 바라보는 동네 전경과 뒷산 풍경은 그만큼 정서적으로 받아들여진다. 이것을 뒤집으면 교감신경이 극도로 흥분된 상태의 현대 도시인들이 이런 풍경을 보고 시시하다고 느끼는 이유가 된다.

신체 부위 가운데에서는 발이 중요하다. 모든 살갗이 중요하지만

3-2 나상열 가옥 사랑채. 빛을 받아 은은하게 빛나는 마루 바닥이나 온돌 바닥은 한국인에게 친숙한 주거 아이콘으로 접촉 문화와 좌식 문화의 산물이다.

발은 신경이 집중되는 곳으로 특별히 더 중요하다. 발은 인체의 축소판으로 각 내장 기관들과 연결되어 있다. 내장 기관의 신경이 발로 모여 집중된다. 좁게는 심장 다음으로 몸 전체의 혈액 순환에 가장 영향을 많이 끼치기 때문에 제2의 심장이라고 불린다. 예를 들어, 발 지압표를 보면 엄지발가락 중간은 대뇌에, 둘째 발가락과 셋째 발가락 밑 부분은 눈에, 발바닥 한가운데는 췌장에, 발뒤꿈치는 생식선에 각각 대응되는

식이다. 이런 식으로 하면 발바닥은 곧 우리 몸 전체가 된다.

발의 건강이 곧 몸의 건강이라는 말이 된다. 그렇다면 이렇게 중요한 발 건강에 가장 좋은 것은 무엇일까. 통풍과 지압이다. 한국인들은 피곤할 때 신발부터 벗어서 발에 통풍을 시킨 뒤 발바닥을 손으로 주무르면서 "휴~" 하고 한숨을 한 번 쉰다. 발바닥의 체성감각을 살리는 것이다. 그런데 좌식 문화가 바로 발의 통풍과 지압을 촉진하는 생활방식이다. 맨발로 생활하다 보면 통풍은 말할 것도 없고 발바닥에 지압 효과까지 있다. 하지만 집의 형식에 따라 차이도 있다. 현대 개인주택이나 아파트처럼 바닥이 평평한 집에서는 그 효과가 떨어진다. 평발을 제외하면 사람의 발바닥은 아치형으로 굽어 있기 때문에 평평한 바닥을 걸으면 가운데 부분은 지압 효과가 약하다.

한옥은 다르다. 오르내림이 많은 구조라서 발바닥 가운데 부분까지 지압이 된다. 마당에서 기단과 댓돌을 밟고 대청으로 오르는 동선이 그렇다. 모두 계단을 오르는 동작이기 때문에 발바닥을 펴게 되거나 발바닥의 가운데 부분이 돌의 모서리와 접촉을 하게 된다. 건넌방을 오가는 짧은 거리에서는 마당을 맨발로도 많이 다녔다. 신발을 신더라도 요즘처럼 밑창이 두껍지 않은 짚신이었기 때문에 맨발로 다니는 것과 비슷했다. 이런 구조를 오르내리며 일상생활을 하다 보면 발바닥의 체성감각을 자연스럽게 자극하게 된다.

한옥에 오르내림이 많은 이유다. 오르내림이 많은 구조는 보통 한옥을 불편하게 만드는 요인으로 인식된다. 하지만 그 정도가 심하지 않아서 생각보다 불편하지 않을 수 있다. 요즘처럼 완전히 평평한 바닥을 기준으로 삼고 옛날 것은 모두 불편할 것이라는 선입견을 더해서 지레 짐작으로 불편할 것이라고 단정 짓는 측면이 많다. 설사 다소 불편하더라도 발바닥의 체성감각을 자극하는 장점과 비교하면 장점이 더 크다. 한옥을 불편하다고 생각하면서도 정작 좌식 문화는 끝까지 버리지 않고 유지하고 있는 데에서도 잘 알 수 있다.

한옥의 좌식 문화는 단순히 발바닥을 자극하는 생리학적 작용으로만 끝나지 않는다. 체성감각이 유발하는 감성의 순화를 돕는 기막힌 장치를 가지고 있다. 풍경 작용이라는 것이다. 창을 통해 창 밖의 장면과 경치를 액자 속 그림처럼 만들어서 즐기는 작용이다. 기본적으로 창이 있으면 모든 곳에서 풍경 작용이 일어난다. 하지만 한옥은 유난히 풍경 작용이 풍부하고 뛰어나다. 일차적으로는 창의 개수가 많고 여러 곳에 났으며 창 밖 장면과 경치가 우수하기 때문이다.

여기에 더해 이런 풍경 작용도 좌식 문화의 산물이라는 점이 중요하다. 풍경 작용을 시각 작용으로 국한시키면 입식이나 의자에 앉아서도 일어날 수 있다. 그러나 감성 작용까지 고려하면 좌식일 때 그 효과가 단연 커진다. 지면과 눈높이 사이의 밀착이 그 비밀이다. 한규설 대감가 사랑채를 보자.3-3 창 밖 나무를 대할 때 의자에 앉는 것과 바닥에 앉는 것은 차이가 있다. 바닥에 앉으면 눈높이가 지면과 가까워지기 때문에 나무의 밑동에 시선이 맞춰진다. 나무는 존재가 뿌리에서 나오기 때문에 밑동과 시선이 맞춰지면 그만큼 풍경 대상이 나와 하나가 된다. 손을 뻗으면 닿을 것 같은 느낌도 여기에서 나온다. 손을 뻗으면 단순히 나무를 만지는 것이 아니라 나무의 존재를 만질 것 같다.

3-3 한규설 대감가 사랑채. 바닥에 앉아서 즐기는 풍경은 손을 뻗으면 닿을 듯이 가깝다.

여기에 지면과의 밀착이 더해진다. 존재는 뿌리에서 나오지만 그 뿌리를 박는 곳은 땅, 즉 지면이다. 땅을 매개로 대상과 교류하면 서로 존재를 확인하는 힘이 커진다. 레슬링 선수들이 바닥을 뒹굴며 경기를 치르고 나면 적이었던 상대방 선수와 동지적 연대감이 생기는 것도 비슷한 이유다. 한옥의 공간 구성이 수평 방향으로 확장되는 이유이기도 하다. 이렇게 수평으로 확장된 구성 중간에 창문을 다양하게 내서 그것들을 좌식 눈높이에서 즐긴다. 한옥에서 창과 문을 같이 사용하는 것도 여기서 나온 결과다. 앉은 상태의 눈높이에 맞춰 창을 내다 보니 창이 바닥에 붙어서 났고 그러다 보니 사람이 드나들면서 문으로도 사용하게 된 것이다.

좌식 문화와 가변 공간

■**방바닥에 철퍽 앉다** 세계에서도 완전 좌식 문화는 흔하지 않다. 입식과 좌식이 섞여 있는 부분 좌식은 여러 나라에서 관찰되지만 완전한 좌식은 일부 원주민 문화를 제외하면 한국과 일본 정도일 것이다. 하지만 일본은 완전한 좌식 문화라고 할 수 없다. 등급에서 한국보다 한참 떨어지는데 그 이유는 아래에서 살펴볼 것이다. 한국에서는 고구려가 좌식 문화였던 것으로 알려져 있지만 통일신라와 고려 때에는 입식이 주된 생활방식이었다. 완전 좌식은 조선시대 때의 산물이라는 것이 통설이다. 좌식 문화는 단순히 생활을 앉아서 하느냐 서서 하느냐의 문제가 아니다. 꽤 넓은 개념의 논제가 파생된다. 가장

대표적인 것이 좌식 문화 때문에 조선이 망했다는 주장이다.

이것은 곧 좌식 문화가 기개와 패기를 죽이는 생활방식이라는 주장이다. 좌식 문화를 부정적으로 보는 시각에서는 '앉은뱅이' 라는 말을 사용한다. 앉은뱅이 생활이 호연지기를 죽였다는 것이다. 조선이 급변하는 주변 정황에 대처하지 못하고 병신 앉은뱅이처럼 나라를 빼앗긴 것도 따지고 보면 좌식 생활이 초래한 게으름 때문이라는 설도 있다. 방바닥에 엉덩이 대고 한 번 앉으면 웬만해서는 일어나기가 귀찮은 것이 사실이다.

눈높이라는 것은 중요해서 섰을 때와 앉았을 때 주변 사물과 세상을 바라보는 시각에 중요한 차이가 발생할 수 있다. 앉아서 사물을 보면 앞에서 소개한 것처럼 풍경 작용이라는 특이한 현상을 얻어낼 수 있지만 반대로 사물을 낮게만 보기 때문에 크고 멀리 보는 힘이 떨어질 수 있다.³⁻⁴ 왕은 용상에 앉고 신하는 바닥에 앉는 것도 비슷한 이치다. 이외에도 책상다리를 하고 방바닥에 한 번 '철퍽' 앉아버리면 일어나기가 귀찮아진다. 일어나기는커녕 자꾸 눕고 싶어진다. 따라서 게을러지고 앉은 채로 숙덕공론에 빠지기 쉽다.

어느 정도는 맞는 말일 수 있다. 그러나 반론도 가능하다. 크게 세 가지 내용이다. 첫째, 좌식 문화 자체가 좋은 점도 있다. 좌식 문화에서 나온 한옥의 중요한 특징이 아담한 크기의 방이다. 앉은키에 맞추다 보니까 천장이 낮아진 것이고 천장이 낮으면 방 크기도 작아진다. 낮은 천장과 작은 크기에서 한옥의 주요 장점들이 파생된다. 낮은 천장은 앞에서 보았듯이 온돌의 난방 효과를 높여준다. 어머니의 아늑한 품 같은

3-4 정여창 고택 사랑채. 바닥에 앉을 경우 집의 크기는 눈높이에 맞춰지기 때문에 천장이 낮아진다.

느낌을 주기 때문에 한국의 접촉 문화에 잘 맞는다. 전체적으로 포근하고 소담한 느낌을 준다. 방이 작기 때문에 마당을 적극적으로 활용하게 되면서 실내와 실외를 구별하지 않는 불이 공간을 탄생시킨다.

둘째, 한옥 가운데에서도 대청처럼 호탕한 공간도 있다. 대청은 입식 생활이 자주 일어나는 곳으로 한옥 가운데 가장 넓은 곳이며 따라서 천장도 높아진다. 대청은 천장을 막지 않아서 지붕 구조가 다 들여다보인다. 단순히 천장만 높은 것이 아니라 굵은 대들보를 노출시키는 등 건물 구조를 볼 수 있어서 장쾌한 맛이 두드러진다.[3-5, 3-29] 여기에 유학의 좋은 문구를 적은 현판을 걸면 호연지기를 북돋는 데 제격이다.

셋째, 좌식 생활이 정말로 '앉은뱅이'인가라는 반문도 가능하다. 한국 역사에서 가장 기개가 높았던 고구려도 좌식 생활이었기 때문이었다. 동북아의 강자로서 중국 대륙 중원의 국가들과 패권을 다투었던 고구려였다. 이런 고구려의 생활을 그린 일부 벽화에서 좌식이 관찰된다. 이는 아마도 고구려가 추운 나라여서 온돌을 사용했기 때문으로 보인다. 따라서 좌식 생활은 난방 방식과 연관이 있지 호연지기와는 상관이 없다.

이처럼 좌식 문화에 대해서는 양론이 가능하다. 어쨌든 좋고 나쁨

3-5 예안 이씨 종가 충효당. 한옥의 대청은 주거공간으로는 천장이 상당히 높은 편으로 장쾌한 높이를 자랑한다.

을 떠나서 좌식 문화는 한국을 대표하는 생활방식임이 틀림없다. 좌식 생활에서 여러 한국다운 장면이 발생한다. 방 안에 사람들이 모여 있는 상황에서 가장 한국다운 장면은 여러 명이 책상다리를 하고 앉아 있는 모습일 것이다. 이른바 '방바닥에 철퍼덕 앉는' 방식이다. 옹기종기라는 말과도 잘 어울린다. 여기에서 한국 특유의 공간 개념이 함께 나타난다. 이렇게 '철퍼덕' 앉을 때에는 일부러 줄을 맞출 필요가 없다. 그저 엉덩이 한쪽씩 바닥에 붙이고 각자 편한 자세로 편한 곳을 바라보며 자유롭게 앉으면 된다.

앉으면 눕고 싶은 법, 일부는 비스듬히 기대다 아예 눕기도 한다. 좌식 문화의 전형적인 장면이다. 줄을 가지런하게 맞춰서 앉는 것은 왠지 좌식 문화에는 안 맞는 것 같다. 의자에 앉거나 일렬로 서 있는 입식 문화에 맞을 것 같다. 이처럼 좌식 문화는 단순히 바닥에 직접 앉는 것을 넘어서서 질서와 대칭, 균형과 공간 등과 연관을 갖는, 혹은 이런 것들을 표현하는 상당히 포괄적인 문화 행위다. 이런 특징은 앞에 나왔던 한옥의 가변 공간과 일맥상통한다.

정여창 고택 사랑채와 관가정 행랑채를 보자.[3-6,3-7] 사람이 앉는 공간이 곧 동선이 된다. 앉는 공간과 동선을 구별하는 형식을 거부하기 때문에 가변 공간이 만들어지기 쉽다. 의자와 책상이 반드시 세트로 들어가야 하는 입식 생활에서는 나올 수 없는 가변 공간이다. 공간 구성에 규칙화된 형식이 없기 때문에 공간은 자유롭게 뻗어나갈 수 있다. 앉고 싶으면 앉고 가고 싶으면 간다. 문도 자유롭게 나서 닫으면 방이 되고 열면 길이 된다. 길은 정해지지 않는다. 가고 싶은 곳으로 가면 그

3-6 정여창 고택 사랑채. 한옥에서 중요한 사선 축인데 가재도구가 많이 들어가야 되는 입식에서는 나오기 힘든 구도다.

3-7 관가정 행랑채. 좌식 생활은 창문 내기가 쉽기 때문에 공간이 가변적이 되기 쉽다.

게 곧 길이다.

좌식 문화는 접촉 문화의 산물이지만 거꾸로 접촉 문화를 유발하고 장려하기도 한다. 입식 문화는 줄 맞춰 질서를 정연하게 하는 데에는 최고다. 하지만 좌식 문화처럼 사람들 사이의 살갗 접촉은 일어나지 않는다. 좌식에서는 서로서로 무릎이 닿기도 하고 상대방에게 기대게도 된다. 손을 뻗어 상대방과 접촉하기도 쉽다. 무릎을 베고 눕기도 한다. 어머니 무릎을 베고 누워서 자장가 소리 들으며 잠드는 장면은 좌식 생활에서만 가능하다. 이런 장면은 한국다운 정을 상징한다. 무릎베개라는 말은 우리나라에만 있다. 나의 어머니도 마찬가지였다. 나의 어머니는 매우 엄한 분이셔서 스킨십은 없었지만 유독 무릎베개는 잘 해주셨다. 특히 어머니 무릎을 베고 귀 청소를 받던 기억은 어머니가 돌아가신 지금에도 생생하게 남아서 나의 정서에 중요한 부분을 차지한다.

좌식 문화는 사람들이 모였다 헤치는 방식이 자유롭다. 빙 둘러앉을 수도 있고 몇 명씩 소그룹으로 나누어 앉을 수도 있다. 이쪽 봤다 저쪽 봤다 하기도 쉽다. 부담스러운 사람이 있으면 엉덩이만 살짝 틀면 시선을 피하기가 쉽다. 이외에 주변 공간에 대응하고 적응하는 데에도 유리하다. 일단 방에서 주변을 향한 외향적 대응이 활발해진다. 집 밖 풍경에 따라 대응하는 위치 선정에서 유리하며 마당으로 드나드는 데에도 마찬가지다. 위치 전환이 쉽기 때문인데 이 말은 방 안 내부에도 똑같이 해당된다. 똑바로 앉기, 비스듬히 앉기, 비스듬히 기대기, 반쯤 눕기, 옆으로 눕기, 완전히 눕기 등 여러 동작 사이의 전환이 의자에 앉는 입식보다 훨씬 쉽다.

한 곳을 향한 집중에서도 유리한데 예를 들어 좌식을 하면 면벽을 해도 어색하지 않다. 벽을 코앞에 대고 앉는 것은 자칫 어색하고 답답하기가 쉬운데 좌식을 하면 훨씬 덜해진다. 엉덩이로 바닥을 깔고 앉아서 방과 내 몸 사이에 접촉이 일어나기 때문이다. 방이 내 몸의 일부처럼 느껴지기 때문에 면벽을 했을 때 어색함과 답답함이 줄어드는 것이다. 면벽은 도 닦는 스님만 하는 것은 아니어서 이를테면 부부싸움을 하고 20~30분 정도 면벽을 하면 화가 풀린다. 어렸을 때 외할머니가 이랬던 기억이 난다. 외할머니, 외할아버지와 몇 년 동안 함께 산 적이 있었는데 두 분이 가끔 다투신 뒤 할머니가 면벽을 하고 화를 삭이신 뒤

웃으면서 돌아앉으셨던 기억이 난다.

물론 입식도 의자를 들고 다니면서 이런 식으로 '헤쳐모여'를 할 수 있다. 하지만 매번 의자를 옮겨야 하는 번거로움이 있다. 이는 큰 제약이다. 책상까지 함께 생각하면 더 그렇다. 입식에서는 책상이 없으면 행동에 큰 제약을 받는다. 반면 좌식은 책상 대신 바닥을 사용하기 때문에 아무 곳에나 '철퍽' 앉으면 그곳에서 모든 일을 다 할 수 있다. 일렬로 반듯하게 앉기보다는 서로 마주보며 빙 둘러앉게 된다. 입식 문화에서는 원탁이라는 매우 특수한, 그래서 비싼 책상을 들여놓아야 가능한 방식이지만 좌식 문화에서는 아무런 추가 부담이 들지 않는다. 일명 '밥상'이라고 불리는 좌식용 책상은 다리가 짧아서 가벼우며, 접었다 폈다를 하기 쉬워서 이동식으로 사용하는 것이 보통이다. 좌식 문화는 분명 형식보다는 교류가 우선인 생활방식이다. 그 비밀은 융통성에 있다. 사람들의 '헤쳐모여'에서 융통성이 뛰어나다. 이런 융통성은 교류를 돕고 촉진한다. 가변적 공간에 해당되는 특징이자 미덕이다.

온돌과 접촉 문화

■방바닥과 등바닥   한옥의 접촉 문화를 발전시킨 데에는 기후 요소도 중요했다. 앞의 1장에 나왔던 사항들은 대부분 감각으로 느껴야 하는 것들이다. 이런 사항들은 일차적으로는 햇빛과 바람이라는 자연의 원리를 과학적으로 이용하여 열 환경에서 이익을 얻으려는 것이었다. 하지만 햇빛과 바람은 단순히 과학에 머물지 않는다. 감각으

로 느끼고 즐기는 대상으로 발전한다. 햇빛과 바람은 감각을 최대한 살려서 온몸으로 느껴야 한다. 여름의 바람은 피부를 열어젖히고 체험으로 느껴야 한다.

자연은 과학에만 머물지 않는다. 자연이야말로 인간의 감각을 보듬고 신경을 감싸주는 가장 섬세한 존재 조건이다. 한옥이 뛰어난 이유는 이처럼 기후 요소로 시작한 자연의 조건을 감각으로 느끼는 대상으로 발전시킨 데 있다. 자연의 과학에서 물리적 이로움을 최대한 얻고 거기에 머물지 않고 감성적으로 도움을 받고 즐긴다. 한옥이 갖는 위대한 지혜의 요체다.

한옥에 살다 보면 촉각 기능이 발달한다. 햇빛의 온기를 온몸으로 받아야 하고 바람의 청명함을 살갗으로 숨 쉬어야 하기 때문이다. 여기에는 좌식 문화가 제격이다. 겨울에 햇빛을 받으려면 마음가짐부터 소담해져야 한다. 창가에 바짝 붙어서 몸을 낮추고 해바라기하듯 햇빛을 받아야 한다. 관가정 사랑채를 보자."3-8 크지도 화려하지도 복잡하지도 않지만 가장 한옥다운 장면이다. 우선 '남창'이라는 단어가 떠오른다. 햇빛은 이 남창을 통해 들어와 한 평도 안 되는 밝은 면을 바닥에 펼쳐 놓는다. 햇빛으로 기다란 방석을 한 장 깔았다. 이것만은 절대 다른 것이 방해해서는 안 된다. 오롯하게 온전하게 지켜서 살갗으로 누려야 하는 성스러운 대상이다.

햇빛 주변에 집기가 많으면 오히려 방해가 된다. 작은 책상 하나, 찻잔 하나, 펜 한 자루, 종이 몇 장 정도면 충분하다. 사치를 부리고 싶으면 음악 정도다. 집도 여기에 맞추었다. 방이 깊지 않아서 아담하며 가

3-8 관가정 사랑채. 가장 한옥다운 장면 하나를 꼽으라면 나는 이것을 꼽고 싶다. 햇빛으로 방석을 한 장 깔았다. 겨울에 온돌 바닥에 누워 남창으로 들어오는 따뜻한 햇빛 한 면을 살갗으로 받아 즐기는 맛은 한옥 생활의 정수다.

재도구는 최대한 절제했다. 바닥에 붙은 창이 많은데 이것은 바닥에 앉아서 햇빛을 직접 체험으로 즐기기 위해서다. 좌식 문화는 촉각 기능을 살리는 과정에서 나온 것일 수 있다. 한옥은 정말 정서적인 집이다.

바람 역시 촉각 기능을 발달시켰다. 바람은 무엇보다 얼굴에 시원하게 맞아야 제격이다. 그다음은 살갗의 땀구멍을 모두 활짝 열어 혈로 받아야 한다. 기에 실어 온몸 깊은 곳까지 구석구석 보내야 한다. 이쯤 되어야 바람을 숨 쉬었다 할 만하다. 이를 위해서는 무엇보다도 집안 가득 숨 쉴 바람이 넘쳐나야 한다. 앞에서 살펴본 바람길이 중요한 또 다른 이유다. 한옥은 단순히 바람길만 만들지 않는다. 바람을 즐기기 위해서는 시원한 대청 나무 바닥에 살갗을 대고 뒹굴거려야 한다. 이것은 접촉 문화와 좌식 문화에서만 가능하다. 좌식 문화가 촉각 기능과 연관이 깊다는 또 다른 증거다.

햇빛이나 바람보다 좌식 문화와 접촉 문화와 더 직접적인 연관성을 갖는 것이 온돌이다. 좌식 문화는 온돌의 산물이다. 온돌의 효과를 가장 높여주는, 즉 온돌에 가장 잘 맞는 생활방식이 좌식이기 때문이다. 온돌은 보통 좌식 문화와 함께한다. 한반도에서 온돌을 언제부터 사용했는지 정확히 알려진 바가 없으나 철기시대부터 사용했을 것이라는 것이 통설이기 때문에 삼국시대 때에는 사용했을 것으로 보인다. 고구려에서 온돌을 사용하는 장면을 그린 벽화가 발견되었기 때문에 당시 고구려의 생활방식은 좌식이었을 것으로 추정된다. 반면 백제, 신라, 고려 때의 온돌에 대한 기록은 충분치 않으며 이 시기 생활방식은 입식이거나 부분 입식이었을 것으로 보인다. 이후 조선시대에 들어와서 온돌이 완전히 정착했으며 좌식 문화도 함께 정착했다.

온돌과 좌식 문화의 연관성은 두 가지다. 하나는 낮은 천장 높이다. 열원이 바닥에 있고 열이 여기서부터 위로 올라가기 때문에 천장이 높으면 열효율이 떨어진다. 천장이 낮아지다 보니 자연스럽게 앉아서 생활하게 되었을 것이다. 또 한 가지는 촉각이다. 따뜻해진 바닥에서 열기를 즐기는 가장 좋은 방법은 바닥에 엉덩이 대고 앉거나 아예 누워서 등을 '지지는 것'이다. 살갗을 이용하는 촉각과 접촉 문화가 발달할 수밖에 없는 이유다.

온돌은 촉각을 발달시키기에 적합한 특징을 가졌다. 우선 열원이 바닥에 있다는 점이 중요하다. 이는 맨발로 생활하는 문화를 발달시켰다. 촉각과 접촉 문화의 최고봉인 맨발 생활의 직접적 배경인 것이다. 다음으로 온돌의 열 현상이 은근하다는 점이다. 온돌은 열기가 한 번에 뜨거워졌다 확 식지 않고 약하게 오래간다. 이런 특징은 촉각과 접촉문화와 잘 어울린다. 바닥이 너무 뜨거우면 맨발로 생활하는 접촉 문화가 불가능하다. 반대로 금세 식어버리면 겨울에는 추워서 안 된다.

온돌은 한 번 달궈지면 사람 살갗이 가장 편하게 받아들일 수 있는 온도를 오랫동안 유지한다. '군불'이라는 단어가 있는 데에서도 알 수 있다. 온돌의 이런 특징은 일상생활에 큰 영향을 끼쳤다. 사람의 인격에까지 연관을 시켰는데 '군불 때듯' 은근하고 참을성 있으며 한결같은 성격을 이상적으로 여겼다. 말만 많고 행동과 말이 다른 사람과 반대되는 성격이다. 다혈질이거나 쉽게 흥분했다가 쉽게 식는 성격을 '냄비 근성'이라며 안 좋게 보는 것도 같은 이치다. 온돌의 이런 특징은 체성감각 가운데 하나인 온도 감각과 잘 어울린다. 이 때문에 온돌에서는 맨발이나 양말을 신은 채 생활이 가능하다. 또한 바닥 쪽이 덥고 천장 쪽이 찬데 이는 발은 따뜻하게 하고 머리는 차게 하라는 한의학의 건강 조건과도 일치한다.

온돌 - 한국만의 완전한 좌식 문화

온돌의 과학다움은 기술적 측면에서는 앞에서 살펴보았듯이 복사열에 있다. 이것이 전부는 아니다. 이런 기술을 만들어낸 궁극적 목적은 다른 데에 있다. 온돌의 과학다움을 경험적 측면에서 보면 접촉을 장려하는 데 있다. 내 집을 등으로, 엉덩이로, 배로, 온 살갗으로 비벼대게 만든다. 이것은 한국다운 정의 문화를 반영한 건축 형식이다. 한국적 정을 대표하는 장면은 무엇보다도 장성한 아들을 앉혀놓고 소나무 껍질처럼 주름진 손으로 머리통이 까져라 눈꺼풀이 뒤집혀라 온통 쓰다듬어주는 어미의 손길이리라.

온돌의 접촉 문화는 이것을 집에다 해대는 격이다. 이러니 집에 정이 붙고 집과 내 몸이 하나가 되는 일체감을 느낀다. 부모와 자식 사이, 연인 사이, 친구 사이, 즉 사람 사이에 최대의 사랑 표현 방식인 스킨십을 집에다 해주는 격이다. 이 때문에 온돌은 기본적으로 좌식 생활에 맞다. 방바닥에 털퍼덕 앉아 여유를 즐기는 문화와 어울린다. 이는 자칫 사람을 게으르게 만드는 구석이 있는 것이 사실이다. 그러나 다른 장점도 많다. 집과 주고받는 접촉 행위 이외에도 집 바깥쪽 자연과 성큼 가까워질 수 있다. 책상에 앉아 바라보는 땅과 나무는 거리감 때문에 나와 하나로 느껴지지 않는다. 반면 방바닥에 철퍽 앉아 내다보는 자연은 손을 뻗으면 잡을 수 있는 직접 체감의 대상으로 다가온다. 창밖 경치는 내 호흡 범위 내에 있다.[3-9] 이것이 한옥에서 창이 방바닥에 바짝 붙어 나는 이유이기도 하다.

온돌은 한국과 일본의 좌식 문화를 구별하는 중요한 요소이기도 하다. 좌식이라고 다 같은 게 아니다. 여기에도 등급이 있다. 일본은 온돌 난방을 사용하지 않기 때문에 진정한 좌식이라고 볼 수 없다. 단순히 바닥에 앉아서 생활하는 것에 불과한데 이것만으로는 진정한 좌식 문화라 할 수 없다. 좌식 동작을 취한 것일 뿐 문화라고까지 부르기에는 부족하다. 문화에는 풍성한 감성 작용이 필수적이다. 내 몸과 직접 부딪혀 다양한 구체적 결과를 낳아야 하며 거꾸로 이것을 촉발하고 장려하는 예술 형식을 갖춰야 한다. 한옥의 좌식 문화가 좋은 예다. 일본 주택은 이 조건을 만족시키지 못했다.

이런 사실은 미국 건축의 아버지 프랭크 로이드 라이트Frank Lloyd Wright가 확인해준다. 그는 1910년대에서 1950년대까지 미국 현대 건축을 이끌었던 세계적인 거장인데 1914년에 일본에서 한국 온돌을 처음 경험하게 된다. 그는 이 사실을 자서전에 남기고 있다. 라이트는 일본에 자신의 대표작인 제국호텔을 짓기 위해 1914년에 도쿄에 머물렀다. 이때 그의 일본 활동을 돕던 오쿠라 남작의 집에 저녁식사 초대를 받아서 갔다. 2층에서 저녁식사를 마친 후에 차를 마시러 1층에 있는 '한국 방'이란 곳으로 자리를 옮겼다. 일본식 주택이 늘 그렇듯 2층에서 식사

3-9 하회마을 하동 고택. 창밖 녹음은 나와 멀리 있지 않다. 바닥에 앉으면 내 호흡 범위 내로 들어온다.

할 때에는 얼 듯 추웠는데 '한국방'으로 옮기자 갑자기 따뜻해지는 신기한 경험을 했다고 기록하고 있다.

라이트는 일본 주택이 추운 것을 알고 있기 때문에 저녁식사에 초대 받자 아예 갈지 말지를 망설였다. 결국 갔는데 추위에 떤 기억에 대해 "추위를 이겨내는 일본인들의 참을성이 그저 경이로울 뿐이었다"라는 표현을 쓰고 있다. 반면 '한국방'에 들어가서 겪은 기적 같은 체험에 대해서는 "기온이 갑자기 바뀌었다. 결코 커피 때문이 아니었다. 마치 봄이 온 듯했다. 우리는 곧 몸이 따뜻해지고 다시 즐거워졌다"라고 적고 있다. 바로 우리가 겨울마다 온돌에서 경험하는 따스함과 정확히 일치한다.

라이트는 온돌의 과학성에 신기해하며 이것을 '중력 난방gravity heat'라고 이름 붙였다. 대류와 복사의 원리를 중력으로 본 것인데 어느 정도는 맞는 말이지만 조금 부족하다. 대류와 복사는 열 작용과 중력이 합해진 복합 현상이기 때문이다. 이는 결국 서양에는 온돌 같은 방식이 없었기 때문에 적합한 이름을 붙이지 못했다는 것을 보여준다. 어쨌든 라이트는 온돌에 대해 큰 충격을 받은 뒤 미국에 지은 자신의 여러 작품에 이를 적용했다. 주로 추운 지역인 위스콘신 주에 지은 주택과 빌딩이었다. 그는 라디에이터를 못마땅해 했다. 대부분의 건축가와 마찬가지로 아마도 라디에이터의 흉물스러운 모습이 공간 분위기를 망치기 때문이었을 것이다. 온돌은 라디에이터를 쓰지 않아도 되기 때문에 이런 라이트에게는 아주 매력적인 난방 방식이었다.

라이트는 여기에 머물지 않는다. 그가 온돌의 장점이나 온돌을 처음 경험했던 신기함을 설명하는 문구 가운데에는 온돌의 감성적 측면에 해당되는 단어들도 나온다. "정말 말로 표현할 수 없는 그런 훈훈함", "난방 여부의 문제가 아니라 하나의 기후적 사건", "그냥 방을 따뜻하게 하는 것이 아니라 먼지도 날리지 않고 조용하며 건강에도 이로운 하나의 기후를 창조하는 것" 등이다. 언뜻 보면 난방의 우수성을 설명하는 단어와 비슷하기 때문에 라이트가 감성적 측면을 명확히 알고 쓴 것 같지는 않다. 그러나 감성적 측면으로 해석될 수도 있기 때문에 라이트가 온돌에서 자신도 모르는 사이에 감성적 순화를 느꼈음을 알 수 있다. 이런 내용들은 우리가 온돌에서 하는 '구들장 지고 누워서 등을 지지는' 경험과 다르지 않은 것이다.

또한 '기후적 사건'이라는 단어는 뜻하는 바가 크다. 몹시 추웠던 일본식 방과 비교해서 단순히 기온이 높은 것만은 아니었음을 감지한 것이다. 세계적 건축가다운 통찰력과 판단력이라 할 만하다. 단순히 기온만 높은 것이었으면 이미 서양식 난로로도 충분했을 것이다. 그러나 그동안 자신이 경험했던 서양식 난방과는 차원이 전혀 다른 새로운 난방임을 단번에 직감한 것이었다. 그리고 그 진가를 점차 알게 되면서 미국에 지은 자신의 건물에도 사용했던 것이다. 하지만 이런 라이트조차도 온돌의 참맛을 완전히 알지는 못했을 것으로 보인다. 온돌의 참맛은 바로 맨발로 좌식 생활을 하면서 집에 내 살갗을 비비며 사는 데에 있으며 더 궁극적으로는 식구 구성원들끼리 접촉 문화를 즐기면서 사는 데에 있기 때문이다. 라이트가 맨발로 온돌방에서 뒹굴거리는 모습은 아무래도 상상이 안 가기 때문이다.

햇빛, 창호지, 관음

햇빛과 감성의 미학

앞에 나온 햇빛의 과학 편에서 한옥이 겨울에 햇빛을 잘 받아 난방에 도움을 받는다고 소개했다. 우리 조상은 여기에 머물지 않고 햇빛을 감각적으로 즐겼다. 햇빛은 기후라는 중요한 과학 요소인데 이것을 감각적 감상과 즐김의 대상으로 발전시켰다. 햇빛을 향한 이런 태도는 한국 전통 문화의 대표적 특징인 감성의 미학에서 중요한 부분을 차지한다. 크게 두 가지 방법이다. 하나는 좌식 생활과 촉각 문화로 햇빛을 살갗으로 직접 받아 체성감각으로 느끼고 즐긴다. 또 하나는 창호지로 시각 작용을 기반으로 다양한 정서 작용을 일으킨다.

    좌식 생활과 촉각 문화를 통한 햇빛 즐기기를 먼저 보자. 한옥은 햇빛을 감각으로 받는 데 아주 뛰어난 구조를 가졌다. 일단 처마 길이를 통해 햇빛을 걸러낸다. 천장이 낮고 방의 깊이가 얕기 때문에 한 번 들어온 햇빛은 방 안 가득 퍼진다. 퍼지다 못해 바닥에까지 잔뜩 흘려놓는다. 남쪽은 물론이고 동쪽과 서쪽에도 창이 나기 때문에 햇빛이 들어오는 통로가 여럿이다. 마지막으로 이것을 즐길 일만 남았다. 창문 앞에 쪼그리고 앉아 온몸으로 햇빛을 받는다. 시골 닭이 해바라기하는 모습인데, 다소 측은해 보이기는 하지만 해를 받아 즐기기에는 최고다.

여기까지는 좌식 생활의 결과다. 좌식은 입식보다 햇빛을 받는 데 유리하다. 의자나 침대에 앉아서 받는 햇빛과는 질과 양 모두에서 다르다. 입식은 천장이 높아지고 그러다 보면 방도 깊어져야 한다. 책상과 의자와 침대를 놓아야 하기 때문에라도 방은 깊어진다. 입식에서는 또한 생활형식이 중요해지기 때문에 창이 문을 겸하기 힘들어져서 창의 크기가 한옥보다 작아진다. 햇빛조차도 점잖을 떨면서 인색하게 받게 된다.

좌식에 접촉 문화를 더하면 햇빛을 즐기기에는 최고다. 바닥에 퍼져 있는 햇빛을 온몸으로 물기 닦듯 훑어 모은다.[3-3, 3-8] 살갗으로 비비고 모아 온몸에 바른다. 창문 앞 방바닥에 '철퍽' 앉아서 아이가 어미 젖 구하듯 애절하게 즐긴다. 온몸으로 받아 살갗 전체로 즐긴다. 바로 체성감각을 통해서다. 겨울에 받는 한 줄기 햇빛은 참으로 따뜻하기도 하려니와 우리 조상은 이것만으로 만족하지 못했다. 좌식 문화와 결부시켜 살갗을 총동원해 체성감각으로 즐겼다. 가히 햇빛의 미학이라 부를 만하다.

관가정 행랑채를 보자.[3-10] 하인들의 방이라 변변한 가재도구조차

3-10 관가정 행랑채. 햇빛은 주인마님의 방과 하인의 방을 구별하지 않는다.

없었을 것이다. 그 자리를 한 줄기 햇빛이 충분히 채운다. 창문 앞에 앉거나 누워 살갗으로 햇빛을 즐기는 일은 힘들었을 하층민 생활에서 큰 낙이었을 것이다. 햇빛은 신분 계층의 상하를 가리지 않고 골고루 쏟아졌다. 햇빛만을 기준으로 하면 같은 집 사랑채인 3-8과 동급이다. 집의 향과 구조 형식만이 계급을 구별했다. 행랑채라는 이름을 안 붙였으면 어느 양반 나리의 사랑채였을지 모를 일이다.

수애당 사랑채를 보자. *3-11 가히 양반댁 대청답다. 크지도 않고 호사

3-11 수애당 사랑채. 햇빛의 미학을 가장 잘 살린 집이다. 창호지, 마룻바닥, 흰 분합이 각기 자신들만의 햇빛 미학을 만들어낸다.

스럽지도 않은데 햇빛을 즐기는 감성의 미학에서는 가히 최고 수준이다. 양반의 수준은 재물이나 권력이 아닌 심미 능력이라는 것을 햇빛으로 증명한다. 수애당 사랑채는 현존하는 한옥 가운데 햇빛을 가장 멋있게 살려낸 집 가운데 하나인데 이런 사실을 낱낱이 보여준다. 왼쪽 절반은 창호지에 그림자의 미학을 더했다. 오른쪽 절반은 마룻바닥에 은은한 색조로 받았다. 그 옆의 분합은 흰 창호지에 직사광선을 받아 활기를 더했다. 모두 늦가을 해질녘에 잘 맞는 감성의 미학이다.

한옥의 참맛은 여러 가지인데 겨울에 햇빛을 즐기는 것도 그 가운데 하나다. 살갗으로 해를 직접 받는 것이 가장 좋지만 이보다 좀더 낭만적인 방법도 있다. 겨울 맑은 날 해가 잘 드는 시간에 방 한가운데에 작은 책상 하나 펴놓고 해를 즐긴다. 온돌에 난방이 잘 들어오면 더없이 좋지만 해를 즐기기 위해서는 너무 따뜻해도 오히려 안 좋다. 두꺼운 스웨터를 입을 정도로 약간 추운 실내가 해의 고마움을 아는 데에는 더 좋다. 따뜻한 차 한 잔을 떠놓고 시집을 꺼내 든다. 옛날 연애편지도 좋다. 내가 직접 써도 좋다. 음악을 틀고 차를 마시면서 연애편지나 시를 쓴다. 가급적 종이에 연필로 쓰며 음악은 옛날 레코드판이면 더 좋다. 아날로그 생활방식의 전형적 장면 가운데 하나다. *3-12

3-12 나상열 가옥 사랑채. 남창으로 들어오는 한 줄기 햇빛은 아날로그 문화에서 빠질 수 없는 요소다.

겨울 대청과 햇빛의 미학

더 과감할 수도 있다. 겨울 햇빛을 즐기는 최고의 경지는 의외로 대청이다. 대청은 햇빛 작용이 각별한 곳이다. 공간부터 독특하기 때문에 당연한 것일 수 있다. 대청은 구조적으로는 실외 공간이기 때문에 겨울에는 외기에 노출되어서 찬바람을 그냥 맞는다. 하지만 감성적으로는 실내 공간의 기능을 하기도 한다. 실외 공간인 대청에서 겨울 햇빛의 따사로움을 느끼는 역설이 한옥의 참맛 가운데 최고 경지다. 이런 역설을 즐길 수 있으면 한옥 감상에서 최고수에 해당된다. 이것이 가능한 것은 대청에서는 햇빛이 직접 체험의 대상이 되기 때문이다.

대청에서 햇빛의 미학을 즐기기에는 수애당 사랑채가 최고다. 대청 안에서 보면 햇빛의 양 극단을 매우 감상적感傷的으로 경험하게 된다. 한 해가 깊어가면서 해가 그리워지는 때일수록 햇빛은 대청 깊숙이 파고든다. 오전 9시쯤 대청 바깥 끝자락에 들기 시작해 정오를 넘기면서 전면을 감싸다가 오후에 안쪽 끝까지 들어와 하루를 마감한다. 햇빛을 온전히 붙들고만 있어도 늦가을 추위쯤은 참아낼 수 있다. 단, 해를 감상적으로 즐길 수 있어야 한다. 어느새 해를 보낼 시간이 다가오지만 분합 창호지에 쏟아지는 햇빛은 아직도 청춘인 척 구가謳歌한다. *3-13

낙천이 너무 심하다면 건너편 행랑채의 짙은 보라와 함께 보면 된다. 이 색은 반대로 너무 염세적이다. *3-14 역광과 반사광의 합작이다. 늦가을 저녁이라는 시간 상황을 극도로 표현했다. 수애당 행랑채만의 청승은 아니다. 늦가을 늦은 오후만 되면 대부분의 한옥이 이런 색으로

3-13 수애당 사랑채. 분합 창호지는 늦가을 저녁 해를 가장 찬란하게 빛나게 해준다.

변한다. 한때 시골 한옥에서 살 생각을 하다가 이 색의 염세를 감당할 자신이 없어 포기한 적이 있었다. 대청 안쪽에서 둘을 대보면 낙천과 염세 사이에서 적당한 균형을 취할 수 있다.

여전히 너무 감성적이라면 대청을 나와 마당에서 보면 좀더 객관적으로 해를 대할 수 있게 된다. 감상에 빠지지 않고 해의 장면을 곧이곧대로 보여준다. 정면 분합을 벼락치기 문으로 처리해서 모두 들어올리

3-14 수애당 사랑채. 한옥은 역광과 반사광을 살리는 데에도 뛰어나다. 늦가을 저녁시간을 절실히 보여준다.

면 해는 마루 안쪽 깊숙이 파고든다."3-15 대청 옆방의 입면에는 지붕 그림자가 문양을 새긴다. 반대로 그로테스크의 미학까지 합해서 정말로 감성적이 되려면 대청으로 더 깊이 들어가면 된다."3-11

겨울 대청에서 햇빛을 즐길 때 절정은 단연 맑은 날 오후 2시다. 대청에 따스한 햇빛이 가득 찬다. 벽이 없이 탁 트였기 때문에 햇빛은 거침이 없다. 한두 시간, 짧기는 하지만 햇빛을 일광욕처럼 즐기기에는 대청이 적합하다. 스웨터의 따뜻한 감촉이 정말로 감사하다는 것을 깨

3-15 수애당 사랑채. 마당에서 사랑채를 보면 감상을 걷어내고 햇빛을 좀더 객관적으로 볼 수 있다.

닫게 해준다. 이 모든 것은 사람을 겸손하게 해준다. 기계로 자연을 잠시 눌렀다고 교만해지고 그러면서 몸과 정신이 병들어가는 현대 문명에서는 절대 못 누릴 호사다. 햇빛의 친절에 겨울 삭풍도 잠시 쉬어 간다. 대청이 깊은 사랑채는 갓 쓴 주인마님처럼 중후한 인상이지만 그만큼 햇빛을 크고 깊게 받아들인다. 그 옆에서 소박한 흰 외벽을 두른 행랑채가 곰살궂은 돌쇠처럼 단박에 해를 받아들인다.

웬 곰팡내 나는 이야기냐 할 테지만 이런 생활은 정서 안정에 필수적이다. 현대인들의 생활에 이런 생활이 사라지면서 정서 불안이 심해지고 있다. 햇빛은 행복 물질을 분비하게 해주기 때문에 해가 짧은 겨울일수록 하루에 일정시간을 일부러라도 반드시 받아야 한다. 낮에 해를 받으면 밤에 숙면을 취하는 데에도 도움이 된다. 현대인이 겨울에 우울증이 느는 것은 햇빛을 안 받기 때문이다. 한옥은 단순히 햇빛의 양만 충분히 받게 해주는 것이 아니라 이것을 감성 작용과 연계시켜서 정서적 효과를 배가시켜준다. 정말로 지혜로운 집이다.

우리 조상은 현대 생리학도 없던 그 시절에 이미 햇빛의 이런 위대한 정서 작용을 꿰뚫고 있었다. 그리고 그것을 집에 실어냈다. 한옥의 지혜다. 감성의 미학은 여기에서 나온 것이다. 모두 감각과 경험을 통해서다. 그만큼 감각적으로 예민하고 정서적으로 섬세했다는 뜻이다. 반대로 감각적으로 정서적으로 보듬어주지 못할 때 심한 정서 불안에 시달리게 된다. 지금 한국인의 상태다. 감성의 미학만이 해답이다. 인위적인 방법은 한계가 있다. 일상생활에 자연스럽게 감성의 미학을 실어서 즐겨야 한다. 하루, 일 년, 평생을 사는 집은 매우 중요하다. 한옥은 이것을 해준다.

한옥에는 감성의 미학, 즉 사람을 감각적으로 정서적으로 보듬어주는 장치가 발달해 있다. 햇빛의 미학도 그 가운데 하나다. 햇빛을 알뜰살뜰 주어 옷 속 깊숙이 담고 피부 구석구석 바를 수 있을 때, 그리해서 햇빛을 말초신경 끝마디까지 짜릿하게 느끼고 모세혈관 끝 가닥까지 가득 채울 수 있을 때, 따라서 햇빛을 통해 나의 존재를 여실히 깨달을 때, 그러할 때 한옥의 참맛을 비로소 알았다 할 수 있다.

창호지와 리얼리즘

한옥이 햇빛을 받아들여 탄생시킨 위대한 작품이 창호지다. 창호지는 기본적으로 창문에 바르는 한지를 일컫는다. 한국의 전통 종이인 한지를 창문에 바르면 창호지가 된다. 필기도구인 종이를 창문에 발라서 건축 재료로 사용한 것인데, 여러 가지 일을 한다. 일차적으로는 비바람을 막아주고 시선을 차단하는 등 집이 갖는 보호처로서 기능을 돕는다. 하지만 이것은 일부분이다. 창호지는 이것 말고도 여러 가지 작용을 하는데 모두 감성적인 것이다.

창호지가 햇빛을 받아 드러내는 모습은 오묘하고 감각적이다. 계절과 시간과 날씨에 따라 색과 표면 느낌이 다양하게 변하면서 보는 이의 감성 작용을 유발한다. 때에 따라서 에로틱한 분위기까지 난다. 창살 문양이 가세하면서 장식 역할도 겸한다. 하얀 속살은 온기를 실어내고 문살에 비추면 문양을 찍어낸다. 그 속의 방 안 분위기도 따라서 변하게 만든다. 물리적 골격은 가만히 있는데 그 골격이 변하니 공간 분위기가 여러 종류로 변한다는 뜻이다. 모두 햇빛이 만들어내는 신기한 마술이다. 물론 햇빛 혼자 하는 것이 아니다. 창호지는 햇빛이 이런 마술을 부리게 해주는 바탕이다.

창호지의 이런 작용들은 오감 가운데에는 일단 시각적인 것들이다. 모두 눈을 통해 관찰하는 현상이다. 시각 이외의 감각은 동원되지 않는다. 창호지에 살을 비비거나 냄새를 맡지는 않기 때문이다. 그러나 창호지의 매력은 시각에 머물지 않는다. 오감에는 없는, 오감과는 다른 차원의 감성 작용을 유발한다. 앞에 열거한 신기한 마술을 부리면 보는 사람의 마음속에 여러 연상 작용을 일으킨다.[1-16, 1-17, 3-11] 창호지는 보는 대상으로 출발하지만 궁극적으로는 느끼고 감상하는 대상으로 종착한다. 종합하면 '시각을 기본으로 한 감성적 감상'의 대상이다. 이런 특징을 감성의 미학이라 부를 만하다.

창호지가 만들어내는 감성의 미학은 햇빛과의 합작품이다. 창호지는 햇빛을 감각으로 받아 즐기려는 생활방식의 하나다. 햇빛을 기후 요소로만 본 것이 아니라 감성으로 감상하고 즐기며 느끼는 대상으로 보았다는 뜻이다. 창호지는 햇빛의 미학에 연상 작용을 더해서 감각적 감상 효과를 최고로 끌어올린다. 창호지의 참맛은 물론 햇빛을 쬐었을 때다. 안에서 볼 때와 밖에서 볼 때가 다르다. 두 경우 모두 창호지가 햇빛을 받아서 벌이는 신기한 마술놀이를 잘 보여준다. 안에서 보는 창호지는 다음 주제인 '포근한 집'에 더 잘 맞는다. 여기에서는 밖에서 보는 창호지에 해당된다. '감각적인 집'과 관련해서는 흰색 한지를 사용했다는 것만으로도 충분하다. 한지를 사용했다는 점은 중요한 의미를 가질 수 있다. 리얼리즘이라는 것이다. 가장 대표적인 것이 한지가 전통 필기도구인 지필묵紙筆墨 가운데 하나였다는 점이다. 이것은 생활 속 리얼리즘을 집에 끌어들인 것으로 볼 수 있다.

늘 손으로 만지고 사용하는 생활용품을 건축 재료로 사용해서 창에 감성을 실어내는 효과를 크게 도왔다. 창호지의 촉감은 숫제 사람 살갗 같다. 살갗과 닿아도 전혀 해가 없으며 그 자체가 하나의 살갗이다. 한지 덕에 한옥은 단순한 물리 구조체가 아니라 온기가 흐르고 피가 통하며 숨을 쉬는 생명체가 된다."1-16 청풍 도화리 고가를 보자.3-16 흰 회벽

3-16 청풍 도화리 고가. 창호지가 사람 살갗 같다. 피가 통하고 온기가 흘러 집을 인격체로 만들어준다.

과 누가 더 흰지 다툰다. 회벽은 좀 차갑다. 창호지는 속살을 보는 것 같다. 집의 속이 보이니 더 그렇다. 실제 촉감도 그렇다. 만지면 한지 특유의 부드러운 감촉이 있다. 창호지 덕에 사람을 닮은 인격체가 된다. 창호지는 실제로 일상생활에서 살갗과 맞닿으며 생활하는 재료다. 남의 신혼 첫날밤 손가락으로 구멍을 뚫어 훔쳐보는 일까지 가능했다. 리얼리즘의 극치다.

한지의 리얼리즘은 이것이 자연 재료라는 점과 인내의 산물이라는 점에서 도덕적 의미를 추가로 갖는다. 한지는 닥나무를 비롯해서 쑥대, 밀, 대껍질, 버드나무 등의 여러 수목을 재료로 사용했다. 그 과정 또한 '채취-찌기-껍질 벗기기-물에 담그기-잿물에 백 닥 삶기-씻기와 일광표백-두드리기-섬유풀기-뜨기-탈수-말리기-다듬기'의 긴 수고를 거친다. 그 과정에서 사람의 손길과 숨길을 수도 없이 거친다. 동양 문화에서는 이런 여러 단계 자체가 인내와 수고의 여정이다. 단순한 기계적 제작이 아니라 기다림과 정성을 전제로 한 수양의 과정이다. 이는 가히 도덕적 의미라 할 수 있다. 이 때문에 요즘 교감신경이 활성화되어서 정서가 불안한 사람들이 한지제작 체험을 통해 치유를 받기도 한다.

창호지의 우수함은 유리와 비교해보면 확실해진다. 유리처럼 차갑지 않고 위험하지도 않다. 유리는 깨지면 살인까지 가능한 흉기가 된다. 산업성이 너무 커서 인공 형식의 이질감이 늘 존재한다. 차가운 광물일 뿐이다. 창호지에는 이런 것들이 없다. 외부와의 소통에서도 창호지는 은근하고 심리 작용에서도 뛰어나다. 유리는 시각적으로는 열려 있지만 유리 방 안에 앉아 있으면 밖과 완전히 단절된다. 반면 창호지

3-17 나상열 가옥 사랑채. 창호지는 닫고 앉아 있어도 밖과 간접 소통이 가능하다.

는 시각적으로는 닫히지만 이상하게 창호지로 창을 만든 방 안에 앉아 있으면 밖을 향해 열려 있는 것처럼 느껴진다.[1-17]

나상열 가옥 사랑채를 보자.[3-17] 밖과 소통하는 건축 형식은 두 가지다. 하나는 오른쪽에 있는 열린 문이다. 눈으로 보고 대화가 오가는 직접 소통이 가능하다. 또 하나는 왼쪽의 창호지다. 반투명 재료이기 때문에 햇빛이 반쯤 들어오고 그림자가 문양을 드리우는데 이것을 보면서 여러 상상과 추측을 하게 된다. 바깥이 저 정도 상태이면 집안 식구

가운데 누가 마당에 나와 집안일을 할 것임을 짐작해본다. 이런 짐작만으로도 행복한 미소가 절로 난다. 식구끼리 서로에 대해 생각을 많이 하게 해준다. 마음과 감각의 일정 부분이 밖과 소통할 수 있다. 간접 소통 방식이다. 정말 지혜로운 집이다.

광목이 펄럭이는 것 같은 창호지

창호지의 리얼리즘은 자연을 대하는 태도에서도 잘 나타난다. 한옥 전체가 햇빛과 바람이라는 자연 요소를 체험적으로 활용하는 집인데 창호지는 여기에서 핵심 역할을 한다. 햇빛은 창호지를 통해서 감상적 분위기를 만들어준다. 밝은 날은 밝은 날대로, 흐린 날은 흐린 날대로 실내에는 다양한 분위기가 나타난다. 창호지는 햇빛을 받아 사람의 피부처럼, 어머니의 소맷자락처럼, 하얀 백설기처럼 온기를 품으면서 방 안에 생명을 불어넣어준다. 이것을 감각으로 받아들이고 감성으로 체험할 때 한옥의 참 맛을 느낄 수 있다. 감성의 미학의 절정이다. 정말 위대한 미학이어서 감성에만 머물지 않고 '포근함의 미학'으로까지 발전한다. [1-18, 3-18] 이는 '포근한 집'에서 살펴볼 것이다.

창호지는 '갈이' 하는 장면도 아주 독특한 하나의 미학적 장면을 연출한다. 창호지는 내구성이 약하기 때문에 보통 1년에 한 번씩 갈아준다. 겨울을 맞이하기 위해 10월에 많이 간다. 창호지 가는 일은 김장과 함께 큰 집안일에 속한다. 웬만한 한옥 한 채는 보통 창문이 30~50개씩 나오기 때문이다. 집이 크면 더 말할 것도 없다. 보통 며칠씩 걸린다.

3-18 한규설 대감가 사랑채. 창호지는 아늑한 휴먼 스케일과 합해져서 한옥을 '포근한 집'으로 만드는 데 일등 공신이다.

겨울맞이 가운데 빠져서는 안 되는 중요한 일이다. 한쪽에서는 땔감을 저축하고 온돌을 시험해보며 다른 쪽에서는 창호지를 간다. 모두 집과 관련한 겨울맞이다. 창호지는 1년을 지내다 보면 구멍이 몇 군데씩은 나 있는데 새로 갈아야 겨울바람을 잘 막아줄 것이기 때문이다.

가을 어느 맑은 날, 창문에 풀 먹인 한지를 새로 바른 다음 가을볕에 말린다. 한국의 가을 날씨는 바람이 청명하고 습도가 낮기 때문에 맑은 날을 고르면 창호지 말리기에 더없이 좋다. 창문을 다 뜯어서 한지를 바른 다음 벽에 기대 세운다. '창호지 갈이'를 직접 보려면 날짜를 맞춰야 한다. 이것이 어렵다면 이와 비슷한 장면을 볼 수도 있는데 창문을 모두 열어놓았을 때다. 가급적 창호지를 간 지 얼마 안 지났을 때면 더 좋다. 벽에 세워놓은 것이나 달아놓은 것이나 큰 차이는 없다.

김동수 고택 안채를 보자.[3-19] 방이 셋 이상 나란히 있을 때 창문을 다 연 다음 옆에서 보면 창문이 겹쳐 보이면서 마치 '갈이'를 한 뒤 말리러 세워놓은 것처럼 보인다. 가끔 바람이라도 불어서 창문이 조금씩 흔들리면 광목이 펄럭이는 것 같다. 창호지는 정말 풀 먹인 광목을 닮았다. 백의민족의 정체에 대해서는 정말로 흰색을 사랑한 것인지, 아니면 염색 기술이 어렵고 돈이 많이 들어서 그런 것인지, 논쟁이 있다. 하지만 적어도 창호지를 겹쳐 보면 흰색을 사랑해서 그런 것이 틀림없다. 창호지를 보고 있노라면 의식주에서 '의' 자와 '주' 자를 따와 '백의민족' 옆에 '백주민족'이라는 말을 나란히 놓고 싶어진다. 창호지의 흰색을 살려 '소창素窓'이라고도 부르니 '소창민족'이라고 해도 좋다.

나도 창호지 말리는 장면을 본 적이 있는데, 하얀 한지를 새로 바른

3-19 김동수 고택 안채. 창문이 세 개 이상 연달아 있을 때 이것을 다 열어놓고 옆에서 보면 창호지 같이 한 뒤 말리려 세워놓은 것과 비슷한 장면을 볼 수 있다.

창문이 일렬로 늘어서 있는 모습은 정말로 아름답다. 하얀 창호지 위에 맑은 가을 햇살이 쏟아져서 깨끗하고 눈이 부시다 못해 그 속으로 빨려 들어갈 것 같다. 광목 빨래를 널어놓은 것처럼 순백의 깨끗함은 순결하다 못해 처연하기까지 하다. 집안에서 경험이 많은 어른이 손가락으로 쳐서 소리를 듣고 잘 말랐는지를 판단한다. 저음으로 '탱탱' 거리는 소리는 그 어떤 악기 소리보다도 귀에 달다. 점잖고 차분하다. 요란하지도 방정맞지도 않다. 저 소리만 모아 악기를 만들어도 될 듯싶다. 색에 비유하자면 흰색에 어울리는 무채색이다. 감히 겨울맞이를 믿고 맡길

만하다.

다 말랐다 싶으면 창문을 다시 건다. 이런 장면은 옛날에는 일상생활의 하나였을 텐데 이제 시간이 흘러 과거의 전통 미학이 되어버렸다. 저 순백의 종이 한 장이 곧 다가올 겨울에 삭풍과 눈보라를 막아줄 것이다. 봄이 오면 햇살의 온기에 실어 아지랑이 소식을 전해줄 것이다. 여름에는 비바람과 천둥을 물리쳐줄 것이다. 1년이 돌아 추석걸이가 끝난 10월 어느 맑은 날, 다시 새 창호지를 바르게 될 것이다.

창호지는 공간 중첩 효과를 늘려준다. 한옥에서는 여러 개의 방이 일렬로 늘어서면서 그 한가운데를 창문이 연결하는 구성이 자주 나타난다. 여러 공간이 겹치기 때문에 보통 '중첩'이라는 말을 사용한다. [1-28, 3-1, 3-20] 이때 창문 재료가 창호지일 경우 중첩 효과가 좋게 나타난다. 중첩에서는 여러 공간이 겹쳐 있다는 느낌이 잘 드러나야 되는데 이런 작용에는 원근 상태가 확실하게 설정되어야 된다.

창호지는 여기에 유리하다. 일단 백색이라서 방 안의 농담濃淡, 즉 밝기 조절이 섬세하다. 유채색일 경우 방의 앞뒤 순서와 농담의 정도가 일치하지 않고 뒤집어지기 쉽기 때문이다. 창호지가 광목이나 사람 살갗 같은 촉감을 가진 점도 중요하다. 일렬로 늘어선 공간은 옷을 차곡차곡 접어 포갠 것처럼 나타난다. 재질도 중요하다. 창호지의 부드러운 재질 덕에 사람끼리 살갗을 맞대고 서 있는 것 같다. 모두 중첩 효과를 내는 데 더없이 좋은 특징들이다. 차갑고 딱딱한 돌로 벽을 세우고 그 위에 채색한 나무문을 단 서양 공간과는 완전히 다른 느낌이다.

2차 바람길에 해당되는 사선 축도 마찬가지다. [1-25, 1-26, 3-6, 3-21] 중심축

3-20 김동수 고택 사랑채. 창호지는 공간이 여러 개 일렬로 겹치면서 만들어내는 중첩 효과에도 도움을 준다. 창호지의 재질은 공간 윤곽을 부드럽게 만든다. 백색이라 중간 공간의 명암을 세밀하게 조절한다.

처럼 가지런하지는 않은 대신 급하게 겹치는 장면이 또 다른 매력인데 앞에 설명한 창호지의 특징은 여기에도 여전히 유효하다. 흰색 창 한 종류가 여러 장 겹치면서 만들어내는 긴장감은 고도의 집중력을 요하는데 흰색과 부드러운 촉감이 최고다. 창틀이 기우뚱한 모습도 긴장감을 돕는다. 마무리가 너무 깔끔하면 긴장감을 죽인다. 긴장은 조화에 대드는 미학이다. 조화는 완전성에서 온다. 불완전성은 긴장을 돕는다.

3-21 청풍 후산리 고가. 사선 축도 중첩의 좋은 예인데 이때에도 창호지의 구실이 중요하다.

관음 – 감성 작용과 스토리 창출

앞의 놀이 기능에서 나왔던 관음 작용 역시 감각을 살린 한옥의 특징 가운데 좋은 예다. 관음은 '남의 것을 몰래 훔쳐보고자 하는 욕망, 혹은 실제로 그렇게 하는 행위'다. 관음증은 보통 이상 심리나 성도착증의 하나로 인식된다. 사람을 대상으로 할 때에는 이것이 맞을 수 있다. 그러나 일반화하면 시각 작용에 놀이 기능을 더한 것으로 인간의 자연스러운 행태 가운데 하나일 수 있다. 시각과 놀이는 모두 인간의 본능 가운데 하나다. 문제는 이것이 성도착증과 결합해서 비정상적으로 발현되는 경우다.

　이런 경우를 제외하면 식욕이나 성욕처럼 1차적 본능이 아닌 2차적 본능이라서 당위성이 약하긴 하지만 엄연히 인간의 본능 가운데 하나다. 남의 것을 훔쳐보고 싶은 것 또한 인간의 본능 가운데 하나다. 문제는 이런 본능을 구현하는 정도와 목적, 실제로 적용하는 대상과 실천하는 구체적 전략 형식 등이다. 너무 억누르는 것은 오히려 위험할 수 있다. 건전한 대상을 목표로 삼아 적절한 통제를 수반하고 일정한 미적 형식을 갖추면 훌륭한 미학 소재가 될 수 있다. 한옥이 바로 이렇다. 한옥에서는 관음을 놀이 기능에 시각 작용을 더한 다음 감성 작용으로 발전시킨 고도의 미적 형식으로 구현한다. 인간의 본성에 대해 섬세한 관찰과 고민을 한 결과다. 한옥이 지혜로운 중요한 이유다.

　한옥에서는 끊임없이 관음 작용이 일어난다. 하지만 성도착증은 절대 아니다. 공간이라는 건축 형식을 통해 존재 환경과 그 속의 대상을 대하고 수용하는 심미 형식 혹은 놀이 형식이다. 물론 관음 작용의 대상에 사람이 들어가지만 처음부터 사람 하나에 대해 신체의 특정 부위를 훔쳐보려는 성적 목적을 갖지 않는다. 이보다는 가변 공간을 즐기는 방식에 가깝다. 사람은 이것을 구성하는 요소 가운데 하나다. 사람을 즐기는 방식도 건물이 잘라내는 부분을 기준으로 삼아 몸 전체에 대해 상상과 추측을 하는 쪽에 가깝다. 관음의 대상도 사람 하나가 아니다. 집의 일부분과 가재도구 같은 소품들이 모두 대상이다.

　따라서 한옥의 관음 작용은 가변 공간 속에 대상을 집어넣어 다양성을 증폭시킨 뒤 감상 행위를 유발해서 즐기는 심미 전략이다. 목적은 스토리 창출이다. 건넌방과 식구, 화단과 가재도구, 장독과 하인, 대청과 주인마님, 일상용품과 날씨, 소품과 공간, 세간과 햇빛 등 집을 구성하는 수많은 요소를 적절히 배합하고 걸러내서 보여주는 플롯 전략이다. 이런 것을 스토리 창출이라 부른다. 집이 단순히 물리적 구조체나 면적이 아니라 구성 요소들 사이의 다질多質 교합에 의해 다양한 스토리를 만들어내는 인문학적 상징체인 것이다. 이것을 만드는 것도 감성이요, 즐기는 것도 감성이다. 한옥은 감성 작용을 중심으로 스토리를 만들고 즐기는 고도의 공연장이다.

한옥의 관음 작용은 또한 은밀할 수도 있다. 기본적으로 관음이기 때문이다. 그래서 감각으로 느끼고 감상해야 참맛을 알 수 있다. 한옥이 갖는 감각 기능에서 중요한 부분을 이룬다. 그러나 음습하지는 않다. 그보다는 신비로움에 가깝다. 앞에 나왔던 '신기한 집'을 이루는 가변 공간에서 파생되었기 때문이다. 종합하면 놀이 기능과 시각 작용을 합한 뒤 가변 공간의 심미 형식을 거침으로써 감성 작용으로 발전한 것이 한옥에서의 관음이다.

운현궁 노락당을 보자.[3-22] 집과 담을 잘라 일부만 보여준다. 은근히 은밀하다. 적당히 은밀하다. 그래서 호기심을 일으킨다. 호기심은 스토리이고 스토리는 쉴 거리의 여유다. 중문을 돌아가는 여정에 쉴 거리를 넣었다. 댓돌을 소담하게 오르면 돌확과 굴뚝이 마중 나온다. 따뜻하긴 한지, 밥은 잘 되고 있는지, 한옥에서는 일상을 공간 스토리로 만드는 묘한 작용이 있다. 이런 것이 바로 관음이다. 남의 치맛속이나 훔쳐보는 것이 관음이 아니다. 그건 그냥 정신병이다.

3-22 운현궁 노락당. 집의 일부만 보여주는 보임과 감춤의 조절을 통해 상상력을 자극한다. 이런 자극은 관음 작용의 중요한 조건이다.

연경당 안채를 보자.[3-23] 집이 한시도 같은 모습으로 있지 못한다. 벽의 가변성은 필수다. 벽체를 줄이고 창문을 늘일 것이며 그 창문은 열고 닫기가 용이할뿐더러 열고 닫는 방식도 다양해야 한다. 이쪽에 문을 내면 저쪽에 구멍이 뚫려 대응하는 법이다. 다시 그 밖으로 건너편에 다른 채가 반가운 손님처럼 겹친다. '통'이란 바람길이 원래 목적이지만 공간에 스토리를 만들어주는 역할도 한다. 스토리는 관음이다. 내 집의 일부나 다른 사람을 가렸다 보여주었다 하는 관음 현상은 집이 만들어낼 수 있는 중요한 놀이 기능이다.

관음 작용은 반드시 중간에 사람이나 사물이 있어야만 되는 것은

3-23 창덕궁 연경당 안채. 장면을 여럿으로 조각내면 관음 효과는 높아진다.

3-24 향단 안채. 향단은 공간이 은밀하고 변화무쌍해서 집 전체가 거대한 관음 덩어리다.

아니다. 사람이나 사물을 보여주었다 가렸다를 적당히 조절하는 것은 시각적 자극을 통한 관음 작용으로 직접적이고 노골적이다. 이보다 은근하며 은유적인 방법도 있다. 바로 공간을 기묘하게 짜서 연상 작용을 일으키는 것이다. 향단 안채가 대표적이다. 향단은 은밀하고 에로틱한 공간의 대명사다. 나는 이 집에만 오면 기분이 묘해지고 없던 정념도 샘솟는다. 관음 작용의 결정판인데, 그 중간에 공간이 있다. 방향과 스케일, 중첩과 붙이, 트임과 조임 등 공간을 구사하는 기법이 절묘하기 그지없다. 스케일은 매우 은밀하며 그 속에서 다시 벽과 창문을 나누는 비율이 절묘하다. 이런 공간은 중간에 사람이나 사물이 없더라도 관음에 대해 끊임없이 연상 작용을 일으킨다. 집 전체가 거대한 관음 덩어리라 할 만하다.[3-24]

꺾임이 많은 한옥 구조와 관음 작용

내가 찍은 한옥 사진을 보고 일전에 한 영화감독이 나에게 강연을 부탁한 적이 있었다. 여자 감독이었는데 조선시대 때 여자들끼리의 사랑을 그린 영화를 준비 중이라고 했다. 그런데 나의 한옥 사진이 매우 관음적이어서 자신이 찍으려는 영화 주제에 잘 맞을 것 같다고 했다. 비슷한 경험이 또 있었다. 몇 해 전에『나는 한옥에서 풍경놀이를 즐긴다』라는 책을 냈는데 이 책에 대해 인터뷰하러 한 신문기자가 찾아왔다. 이 책에는 한옥에서 창을 통해 즐길 수 있는 수많은 사진이 실려 있었는데 이 기자 역시 앉자마자 첫 마디가 '관음적'이라는 것이었다.

나는 아직 아무 말도 안 했는데 책만 보고서 내 의도를 잘 파악한 것 같아서 그 인터뷰는 순조롭게 진행되었다. 물론 이때의 관음은 요즘 이른바 '몰래 카메라'를 둘러싸고 벌어지는 성도착은 절대 아니다. 수준 높은 놀이 기능을 구성하는 요소다.

관음은 한옥의 풍경 작용을 형성하는 중요한 기능 가운데 하나다. 집이 복잡하고 창문이 분산적으로 나기 때문에 집안 곳곳에 시선의 파

3-25 청풍 도화리 고가. 정중앙보다 한쪽 구석에 몰려서 난 창은 관음 작용을 유발한다.

편이 넘쳐난다. 문을 일부러 한쪽 구석으로 몰아 파편 효과를 높인다. 청풍 도화리 고가를 보자.[3-25] 건넌방의 저쪽 문은 이쪽 문을 기준으로 했을 때 오른쪽 구석에 맞추었다. 한 중간에 크게 난 것보다 당연히 관음적 호기심은 커진다. 관음은 어차피 은밀한 행위이기 때문이다. 물론 관음 작용만이 목적은 아니다. 건넌방 너머의 광과 일직선 축이 나는데 이것은 바람길이기도 하고 지름길의 동선축이기도 하다. 한옥의 창문은 이렇게 다목적이다. 관음도 그 가운데 중요한 부분을 차지한다.

한옥의 창문은 크지 않으며 창호지를 발랐기 때문에 늘 부분적으로 가림이 일어난다. 이 때문에 창문이 담아내는 풍경 요소는 잘리게 된다. 윤증 고택 사랑채를 보자.[3-26] 여닫이문을 열고 닫는 데 따라 방 밖의 집이 잘리는 정도를 조절할 수 있다. 방 밖에는 굴뚝과 담과 지붕이 있다. 이것들이 적당히 잘리면 보는 사람은 나머지 부분에 대해 상상을 하면서 집의 온전한 모습을 그려본다. 이런 상상 행위는 내 집에 대해서 상당한 애착을 불러일으킨다. 거울을 보며 내 몸을 굽어 살피는 것과 같다.

앞의 바람길에서 나왔던 사선 축도 중요하다. 바람길을 위해 막힘없는 사선 축이 형성되지만 중간에 숨을 곳도 많이 만들어진다. 청풍 도화리 고가를 보자.[3-27] 이쪽 구멍과 저쪽 구멍 사이에 수많은 공간 켜가 숨어 있음을 알 수 있다. 이런 여러 켜를 한 번에 뚫는 사선 축은 일차적으로 바람길이지만 사람들의 감각 행위는 여기에서 끝나지 않는다. 중간에 좌우로 펼쳐지는 여러 공간 켜에 대해 이런저런 상상을 하게 된다.

3-26 윤증 고택 사랑채. 내 집의 일부를 풍경 요소로 활용하는 '자경自景'에서는 집의 일부가 잘리기 때문에 기본적으로 관음을 수반한다.

지름길이 많은 것도 마찬가지다. 지름길을 만들기 위해 중간에 가로질러 가는 2차축이 많이 발생하는데 모두 관음 작용을 일으키기에 좋은 구조다. 송소 고택 안채를 보자. *3-28 안채 부엌에서 흔히 발생하는 장면이다. 문을 마주보며 냈는데 여러 동선이 복잡하게 얽히는 안채에서 동선을 정리하고 지름길을 만들어주는 기능적 구성이다. 그러나 이것으로 끝나지 않는다. 뒷마당이 잘리면서 눈에 보이지 않는 나머지 쪽

3-27 청풍 도화리 고가. 2차 바람길 가운데 하나인 사선 축은 중간에 공간이 여러 개 겹치며 숨기 때문에 관음 작용을 유발하기에 좋은 조건이다.

에 무엇이 있을지 호기심과 상상력을 자극한다. 이런 자극은 두 문이 마주보고 났기 때문에 일어나는 것이다. 시각 작용을 일으키는 구멍과 액자가 이중으로 나고 그 중간에 공간이 들어가면서 나와 대상 사이에 거리가 생기고 대상은 잘리게 된다. 이런 조건은 호기심과 상상력을 자극해서 관음 작용을 일으킨다.[※] 1-27, 2-12

   이상의 현상들은 모든 한옥에서 나타나는데 기막힌 관음 작용을 유

3-28 송소 고택 안채. 창문이 앞뒤로 거리를 가지면서 마주보며 날 경우 관찰자와 대상 사이에 거리가 생기고 대상은 부분으로 잘라져 보이기 때문에 관음 작용이 일어난다.

발한다. 잘린 조각 요소 하나마다 나머지 부분에 대한 상상과 연상을 유발한다. 한옥에서 관음 현상이 많이 발생하는 이유는 집의 구조에 있다. 꺾임이 많고 공간이 겹치며 방과 방 사이 혹은 채와 채 사이에 마당이 들어간다. 여러 채로 나누어지면서 채와 채 사이의 간격이 좁아지며 창문이 여러 곳에 분산적으로 불규칙하게 난다. 이처럼 곳곳이 급하게 꺾이거나 간격이 조밀하기 때문에 조각 요소는 일부러 은밀하게 숨겨

놓은 것처럼 보인다. 호기심을 불러일으키기에 완벽한 조건이다.

앞의 2장에 나왔던 공간 장면들은 대부분 여기에 해당된다. 집 자체가 은밀하게 생겼으며 그 사이 곳곳에 창문이 불규칙적으로 나기 때문에 기본적으로 시선을 끄는 장면이 도처에 만들어지면서 상상력을 자극하게 되어 있다. 창의 위치, 높이, 크기 등이 다양하면서 관찰자의 시선 각도와 피사체의 보이는 정도 등이 다양해진다. 창 조작에 따라 액자 형식이 다양해지면서 보임과 감춤을 다양하게 조절한다.

좀더 노골적인 관음증도 있다. 대청 천장을 막지 않고 그 속의 지붕 구조를 그대로 노출시킨 부분이다. 관음 작용 가운데 '업 스커트'에 대응된다. 대청에 앉아 있으면 지붕을 받치는 보와 도리와 서까래 등의 구조 부재들이 그대로 노출되어 있다. 이것들 하나하나의 모습, 나아가 이것들이 결구되는 모습이 시선을 끈다. 한규설 대감가 사랑채를 보자. 흰 회반죽 바탕 위에 짙은 갈색을 드리우며 나란히 배열된 서까래의 모습이 특히 자극적이다.[3-5, 3-29] 대청에 앉아서 천장을 올려다보노라면 묘한 관음적 호기심이 발동한다.

문지방 높이도 관음증까지는 아니더라도 시각 작용과 연관이 있다. 문지방이 높은 것은 겨울에 바람이 새어 들어오는 것을 막기 위한 목적도 있지만 마당에서 방 안이 들여다보이는 것을 막기 위한 목적이 더 컸다. 사람이 마당에 서 있을 때 시선을 차단해서 방 안을 못 보게 하기 위한 것이었다. 이것만 보면 시선 차단 장치 같지만 문제는 이때 문도 함께 열어놓는다는 것이다.[3-30] 이처럼 문지방을 높게 하고 방문을 연 뒤 방 안쪽으로 물려 앉으면 시선은 차단되지만 존재는 암시된다. 몸을

3-29 한규설 대감가 사랑채. 천장을 막지 않고 지붕 속을 노출시킨 대청은 '업 스커트'에 해당되는 관음 작용을 유발한다.

3-30 정여창 고택 사랑채. 문지방을 높이고 문을 연 다음 방 안쪽에 있으면 시선을 차단하고 존재를 암시해서 관음 작용을 유발한다.

문 쪽으로 움직이면 마당에 있는 사람과 서로 보면서 대화를 할 수 있지만 방 안으로 옮겨 앉으면 안 보이게 된다. 더운 여름에 옷을 벗고 있어도 보이지 않을 수 있다. 심지어 이렇게 방문을 열어놓고 방 안에서 성관계를 하기도 했다. 마당에 서 있는 사람은 문이 열려 있는 것만 보고 상상을 하게 된다. 간접적 의미의 관음 작용이라 할 수 있다.

이것과 비슷한 것이 창호지에 비친 그림자의 모습이다. 밤에 방 안에 호롱불을 켰을 때 비친 모습을 밖에서 보면 실루엣 때문에 관음 효과가 생길 수 있다. 실루엣 모습이 아스라할 뿐 아니라 밤이라는 시간이 보는 사람의 마음에 정념을 불러일으키게 좋은 조건이다. 요즘처럼 전기 조명이 없던 시절이라 달빛이라도 슬그머니 내려앉으면 더 그렇다. 신혼부부가 방 안에 마주 앉은 모습은 소재부터 가장 자극적이다. 선비가 창호지에 실루엣을 보이며 청아한 목소리로 글 읽는 모습은 처녀 가슴을 흔들어놓기도 한다.

빛, 그림자, 문양

빛과 그림자

한옥이 햇빛을 소중히 여겨 활용하는 지혜는 그림자로 이어진다. 결론적으로 말하자면 그림자를 문양으로 만들어 활용하는 것인데 숨은 뜻은 이렇게 단순하지만은 않다. '빛과 그림자' 라는 철학적 주제에 대해서 깊이 생각하고 섬세하게 고민했음을 알게 해준다. 한옥에는 이런 생각과 고민의 결과가 잘 나타난다. 우선 빛의 의미에 집중한다. 햇빛의 미학은 체성감각과 창호지에 이어 계속된다.

빛은 늘 있는 존재다. 생명의 근원이기도 하다. 한옥은 빛을 매우 잘 활용하는 집이다. 집안 구석구석, 대청 깊은 곳까지 빛을 끌어들여 겨울을 나는 데 도움을 준다. 무엇인지 모를 자연의 절대적 힘이 나를 보살펴주고 있다는 느낌을 받을 때는 바로 한겨울에 햇빛이 온몸을 포근히 감싸줄 때다. 그래서 우리말에서는 햇빛과 햇볕을 구별했다. 서양에는 없는 말이다. 햇빛이 좀더 객관적이고 물리적인 의미라면 햇볕은 주관적이고 정서적인 말이다. '볕을 쬐다'라는 말에서 알 수 있듯이 온몸으로 햇빛을 받고 즐기며 감상하는 정서적 행위에는 '빛'이 아닌 '볕'을 사용한다. 햇빛을 햇볕으로 살려서 온 집 안에서 함께 뒹굴기에 좋은 집이 바로 한옥이다. 지붕과 벽과 기둥이 없으면 집이 안 되듯이 한옥에서는 햇볕도 없어서는 안 되는 존재다.

앞에서 보았듯이 창호지를 창호지답게 살려내는 것도 햇빛이다. 창호지는 먼동 틀 때 청회색으로 시작해서 한낮에 밝은 미색으로 빛나며 석양 따라 붉게 물든다. 창호지를 하늘색과 똑같이 만들어주는 것이 햇빛이다. 종이 재료인 창호지에 온기를 실어 감정을 자아내는 것도 햇빛이다. 용흥궁 안채를 보자.³⁻³¹ 원래 피가 흐르고 온기가 통하던 창호지였다. 햇빛을 받으면 숨을 불어넣은 것처럼 된다. 대화를 나누고 싶어진다. 반투명이고 약해서 불리한 점이 많았을 창호지를 감히 창문을 막는 재료로 쓸 생각을 할 수 있었던 것도 햇빛을 실어보고 싶었기 때문이다. 실어보니 정말 좋았을 것이고, 그래서 불편하지만 그 좋은 점을 떨치지 못했을 것이다.

그렇다면 그림자는 어떨까. 한옥에서 햇빛은 이렇게 긍정적인 작용만 하는 것일까. 빛에는 그림자가 따라붙는다. 빛의 나머지 반쪽, 어두운 반쪽이다. 이 그림자를 어떻게 받아들이고 해석하며 대하는지에 한 사회와 문화의 철학이 들어 있다. 한옥은 그림자의 존재를 인정한다. 인정할 뿐 아니라 소중하게 받아들여 활용해서 감성의 미학을 크게 돕는다.

3-31 용흥궁 사랑채. 창호지에 햇빛이 실리면 정말 사람 살갗처럼 된다.

뛰어난 긍정의 철학이다. 자연의 원리를 섬세하게 꿰뚫어본 지혜다.

빛은 늘 있는 존재다. 그림자도 그렇다. 빛은 고마운 존재다. 그림자는 어떨까. 여름에 그늘을 만들어 시원함을 주는 것을 제외하면 실생활에서 좋지 않은 상태인 것은 분명하다. 영구 음영을 만들어 곰팡이와 이끼를 쓸게 만드는 비위생적 상태로 인식된다. 겨울에는 춥고 어두운 곳이다. 그래서 되도록 그림자를 피하려 한다. 하지만 정말로 이럴까. 그림자는 어둡고 음침해서 피하고 싶은 부정적 상태의 대명사이기만 할까. 그렇지 않다. 그림자는 그 자체로 소중한 의미를 갖는 독립적 존재다. 그림자가 없다면 빛이 존재할 수 있을까. 그림자는 빛의 다른 얼굴일 뿐이다. 이 문제는 결국 인생사의 비밀인 '쌍 개념'의 하나에 해당된다. '쌍 개념'을 철학에서는 '이항대립'이라고 부르는데 철학의 핵심 주제 가운데 하나다.

쌍 개념은 동서양에 공통적으로 나타난다. 서양에서는 판도라의 이야기를 빌려 인간의 본성 가운데 선과 악으로 쌍 개념을 갈랐다. 동양에서는 자연의 이치를 빌려 음과 양으로 대표했다. 음은 그림자이고 양은 빛인 것이다. 비유의 확대는 계속된다. 빛을 삶과 희망과 흰색에, 그림자는 죽음과 절망과 검은색에 비유한다. 심지어 우월과 열등, 선과 악, 하늘과 지옥 등으로까지 비화되기도 한다.

'빛과 그림자'의 이분법은 서양 문화에서 특히 심했다. 죽음의 의미를 처음으로 철학적으로 조명했던 키르케고르$_{Kierkegaard}$ 이전까지 서양 철학은 오로지 삶의 의미를 캐는 데에만 주력했다. 죽음은 피할 수만 있으면 피해야 할 대상이지 거기에 철학적 의미가 있을 거라고는 아무도 생각하지 못했다. 오로지 살아 있는 순간만이 유일 선이며 어떻게 하면 잘 살 수 있는지에 대해서만 주력했다.

그 배경에 기독교가 있다. 성서를 보면 창세기부터 "하나님이 말씀 하시기를 빛이 생겨라 하시니 빛이 생겼다. 그 빛이 하나님 보시기에 좋았다. 하나님이 빛과 어둠을 나누서서 빛을 낮이라고 하시고 어둠을 밤이라고 하셨다"로 시작한다. 빛은 하나님이 창조한 세상을 상징하는 대표성을 가지며 신약에 오면 예수와 동의어로서 부활, 생명, 진리, 구원, 사랑 등의 의미를 획득한다. 「요한복음」과 「마태복음」 등 신약을 구성하는 대부분의 복음서에는 '빛'이라는 단어가 수없이 나온다.

이런 긍정적 개념 옆에는 항상 부정적 개념을 대표하는 어둠과 그늘이 따라 나온다. 중세를 거치면서 빛은 하나님의 존재를 증명하는 증거, 혹은 하나님 자신으로까지 격상된다. 그리고 그 옆에서 어둠과 그늘은 심지어 사탄의 세계와 동의어가 된다. 기독교를 대표하는 문구 가운데 하나인 '어둡고 음습한 사망의 골짜기'라는 말은 이런 개념을 잘 보여준다. 건축도 마찬가지였다. 이미 로마 시대 판테온부터 시작해서 서양 건축의 역사는 빛을 좇는 역사였다.

이것이 과연 맞는 것일까. 그렇지 않다. 이런 이분법은 인간의 편견이 낳은 하나의 상징 구도일 뿐이다. 그림자는 그 자체로 하나의 독립적 의미를 갖는다. 나아가 그림자 자체를 찬양하는 것은 무리라고 해도 한 가지 확실한 것은 그림자가 없이는 빛은 절대 정의될 수 없다는 것이다. 죽음이 있기 때문에 삶이 의미가 있고 사람들이 삶에 충실하게 되는 것과 같은 이치다. 사람이 죽지 않는다고 생각을 해보자. 삶은 지루하기 짝이 없다 못해 무의미해질 뿐이며 사람들은 상상도 할 수 없는 갖가지 이상 행동을 할 것이다. 나중에는 제발 죽게 해달라고 애원할 것이다. 삶에 대한 애착은 죽음이 있기 때문에 생긴다. 그림자도 마찬가지다. 그림자가 없고 빛만 있다면 이 세상은 어떻게 보일 것이며 어떻게 될 것인가.

그림자의 철학을 이해하게 되면서 서양 철학은 중요한 전환을 맞이했다. 서양 철학은 2,000여 년 동안 빛과 삶, 선과 희망에만 매달려왔다. 이것만이 의미가 있고 철학적 사유 대상이 될 자격이 있다고 여겼다. 그리고 그 속에서 완전하고 절대적인 진리를 찾았다고 자부해왔다. 하지만 이것은 반쪽에 불과하다. 빛은 그 자체로 모든 것도 아니고 완전한 상태도 아니다. 그림자가 더해져야 모든 것이 완성된다. 따라서 서양 철학은 그림자의 의미를 깨닫게 되었을 때에야 비로소 완성점에 이를 수 있었다.

그림자의 미학

■문양과 절제의 미덕   한옥은 이미 수백 년 전에 그림자의 의미와 중요성을 꿰뚫고 있었고 이것을 집에 실어냈다. 한옥은 그림자를 잘 살려내는 집이다. 빛만 잘 살리고 그림자를 경원한다면 진정한 지혜가 아니다. 그렇다고 그림자에만 매달리는 어두운 집이 아니다. 빛을 잘 살리면서 그림자도 함께 잘 살리는 것이 바로 한옥의 지혜다. 한옥이 얼마나 햇빛에 집중하고 햇빛을 소중히 여기며 살려내는지에 대

해서는 앞에서 충분히 살펴보았다.

중요한 것은 이것만이 전부가 아니라는 것이다. 한옥은 햇빛에 더해 그림자까지 둘 모두를 잘 살려서 그림자가 갖는 긍정적 가능성을 한껏 살려낸다. 그 이유는 아주 간단하다. 그림자 자체가 그렇게 나쁘고 피해야 할 대상이 아니며 긍정적 가능성을 갖기 때문이다. 그 가능성을 살리면 일상생활에 큰 도움이 될 것을 파악했기 때문이다. 이렇게 그림자를 살리면 그것은 다시 빛의 의미와 활약을 크게 돕는다. 한옥에서는 빛이 있어서 그림자가 있고 그림자가 있어서 빛이 있다. 그림자는 빛을 정의하기 위한 짝으로서만 존재 가치를 갖는 것이 아니다. 그림자 스스로도, 그림자 자체만으로도 충분히 훌륭한 존재 가치와 조형력을 갖는다. 그런 다음 햇빛과 동등한 자격으로, 동등한 반쪽으로 나란히 서서 집의 의미를 풍요롭게 해준다. 일찍이 이것을 알아채고 활용한 것이 한옥이었다.

한옥에서 그림자는 흰 회벽에 문양을 넣는 방식으로 살아난다. 거꾸로 한옥의 벽을 흰 회칠만 하고 끝낸 이유이기도 하다. 공포와 단청 같은 장식을 법으로 금하기도 했고 선비의 검소함 때문에라도 한옥의 벽은 어쩔 수 없이 희게 남을 수밖에 없었다. 물론 흰색만으로도 보기 좋았다. 선비의 미덕에도 합당했다. 하지만 그대로 놔두지 않았다. 한국 사람들은 그렇게 단순하지 않다. 심심하다고 느꼈을 수도 있다. 그렇다고 자국이 남는 장식은 가하지 않았다. 머물지 않는 무형의 장식을 넣었다. 바로 그림자가 드리우는 문양이다. 예안 이씨 종가 충효당을 보자.**3-32** 그림자가 드리우니 집이 훨씬 정겹다. 2차원 면이 3차원 입체

3-32 예안 이씨 종가 충효당. 흰 회벽에 지붕 그림자가 지면 집의 존재적 의미가 완성된다.

로 바뀐다. 그림자가 없었다면 체온 없는 멍한 평활면으로 남았을 것인데 그림자가 들어가면서 피가 돌고 표정이 생긴다. 그 표정은 해학적이고 소박하다. 친절하고 은근하다. 사람을 담아도 될 것 같다.

농암 종택 긍구당은 바닥에 붙여 작은 문을 아담하게 냈고 그 위의 넓은 면을 훤칠한 이마처럼 비운 뒤 흰 회벽으로 처리했다. 작은 운동장만 한 흰 회벽 면에 마음껏 문양을 그려넣는다. 마음껏이라 하지만 과하거나 교만해지지 않는다. 조심스럽게, 예술적 균형을 잡으며 그림자로 문양을 넣는다. 지붕 선은 사선으로 그림자를 내린다.[4-45] 길고 완만하게 내려오던 그림자는 끝 부분에서 각도가 급해지면서 확 떨어진다. 꺾이는 각도가 상당히 기하학적이다. 완만한 사선 끝에는 서까래

네 개가 벙어리장갑을 뚫고 나온 어린아이 손가락처럼 삐쭉 머리를 내민다. 무슨 장식이 더 필요 있으랴. 사람 손으로 색을 입혀 그린 단청보다 한 수 위다. 자연이 그린 것이기 때문이다. 이처럼 흰 회벽은 그림자라는 부정적 상태가 긍정적 조형력을 발휘할 수 있게 해주는 바탕 면이다. 햇빛을 그림자로 둔갑시키고 햇빛이 장식을 그려대는 바탕 면이다.

지붕 그림자를 벽에 지게 해서 각종 문양을 넣어 즐겼다. 처마 길이는 태양 각도와 합작해서 계절에 따라 그림자의 길이를 결정한다. 여름에는 위까지 바짝 올려 몽땅하게, 겨울에는 아래까지 내려뜨려 느슨하게 그림자를 지었다. 서까래와 막새는 그림자 끄트머리를 자글자글하게 만들면서 장식 효과를 높였다. 가끔 나뭇가지도 어울린다. 운조루 사랑채가 좋은 예다.³⁻³³ 그림자의 미학을 살리기에 모범적 구성이다. 흰 회벽의 면적이 충분하다. 그 옆에 창문이 딱 알맞게 거든다. 그림자는 충분히 짙고 왕성하다. 맑은 날임을 알 수 있다. 그림자 끄트머리를 솜씨 좋은 화가가 툭툭 쳐낸 것처럼 서까래와 막새의 윤곽이 정겹게 드러난다. 담 밖에 소담하게 서 있을 법한 나뭇가지가 성글성글한 그림자를 옅게 뿌린다. 바탕 면이 충분하고 옆에서 창문이 거들며 나뭇가지까지 살랑대니 그림자의 미학을 살리는 데 좋은 조건을 다 갖추었다.

운조루뿐이랴. 이런 장면은 대부분의 한옥에서 최소한 한 곳 이상 찾아볼 수 있다. 이런 장면은 한옥살이에서 매우 중요한 요소였다. 지금처럼 자극적인 유흥 문화가 없던 시절 이런 장면을 상상하는 일은 감각적 욕구를 보듬는 중요한 구실을 했다. 흰 회벽에 지는 지붕 그림자는 단청과 공포가 금지되었던 한옥에서 그 역할을 대신하는 중요한 장

3-33 운조루 사랑채. 바탕 면이 충분하고 옆에서 창문이 거들며 나뭇가지까지 살랑대니 그림자의 미학을 살리는 데 좋은 조건을 다 갖추었다.

식 요소였다. 사람 손으로 일부러 그린 것도 아니고 해가 그려주는 것일진대, 유교의 법도도 즐겁게 허락하고 즐겼을 것이다. 선비의 미덕 가운데 풍류가 들어 있었던 것과 같은 이치다. 자연과 벗 삼아 예술에 취하고 음주가무를 즐기는 것이 선비의 절제 덕목에 흠이 되지 않듯이 자연이 허락한 그림자는 얼마든지 허락될 수 있었다.

하지만 분명히 엄격한 절제를 전제로 허락했다. 그림자 장식은 어디까지나 하루살이다. 단청이나 일반 장식처럼 도장 찍듯 고정되지 않아서 손에 넣을 수 없다. 사람이 물감으로 그려넣는 것도 아니다. 철저히 무채색이다. 고형과 색을 경계하고 거부한다. 고형과 색은 탐욕을 일으키는 주범이다. 부질없을수록 인간의 마음에 찰싹 달라붙어 헛것을 짓게 만들어 인간을 망친다. 이것을 알았을 것이고 그래서 피했다. 그림자까지만 허락을 받아서 즐겼다. 선비에게 풍류가 허락되었어도 어디까지나 자연과 더 가까워지기 위한 범위 내에서이듯이 그림자도 마찬가지였다.

그림자는 해가 지면 안개보다 허무하게 사라진다. 오기는 다시 온다. 날씨가 맑으면 바로 다음 날 똑같은 모습으로 온다. 흐리면 며칠 기다려야 한다. 하루 이틀, 계절이 서서히 지나가면 그림자의 길이와 두께도 조금씩 바뀐다. 자연의 흐름에 맞춰 기다리며 즐겨야 한다. 지붕 그림자는 장식을 주되 탐욕을 경계하는 가르침과 함께 준다. 한규설 대감가 안채를 보자.*3-34 그림자 문양이 홍겹고 제법 감흥을 자극한다. 하지만 헛것을 짓게 하지는 않는다. 부질없는 것을 잘 알게 해준다. 바탕이 간결하고 절제하니 문양도 그렇다. 장식을 이렇게 즐길 수도 있는 것이다. 가히 선비의 절제 덕목에 조금도 부족함이 없다. 이쯤 되면 유가와 도가의 가르침을 굳이 이름 붙여 가를 이유가 없어 보인다.

절제의 산물이기에 농촌 사회의 세간과 잘 어울린다. 청풍 도화리 고가를 보자.*3-35 그림자는 벽에 걸린 각종 농기구와 잘 어울리면서 집의 전체 분위기를 만들어낸다. 단청이었다면 이렇지 못했을 것이다. 공포栱包를 짰어도 이렇지 못했을 것이다. 땅을 일구는 데 필요한 검소한 품목들 사이기에 이렇게 잘 어울린다. 농촌 사회의 세간 목록에 이름을 올릴 만하다. 집안 구성원의 당당한 일원이다.

3-34 한규설 대감가 안채. 흰 회벽과 갈색 문만으로 구성된 추상 미학에 그림자는 중요한 친구다.

3-35 청풍 도화리 고가. 그림자는 단청이나 공포보다 농촌의 세간과 잘 어울린다.

그림자와 여운의 미학

해가 넘어가면서 걷어간 그림자가 못내 아쉽다면 여운을 즐기면 된다. 어차피 있더라도 머물지 않을 무형이었다. 여운쯤은 남긴다. 그림자는 사라지지만 여운은 남는다. 이것을 즐기면 된다. 한 수 더 뜨자면 여운을 포함하는 집의 분위기가 중요하다. 집의 분위기는 여운까지 포함하는 큰 총합이다. 이쯤 되면 그림자에서도 온기가 느껴진다. 그림자는 졌지만 그 여운은 사람이 막 뜬 것 같은 체온처럼 느껴진다. 밤이 깊어 여운마저 사라지면 그때는 자면 된다. 각종 전자 기기의 노예가 되어, 부질없는 관계 놀이에 중독되어 잠 못 드는 밤을 보내며 몸과 마음이 병들어가는 현대인에게 주는 소중한 교훈이다. 눈에서는 사라졌지만 이것까지 즐길 수 있게 되면 한옥의 미학에서 최고수에 이른 것이다. 한옥의 위대한 지혜다.

동양 미학에서는 여운을 중요하게 여겼다. 음에서는 소리와 소리 사이의 쉼이 소리 자체보다 중요하다. 동양에서 음은 호흡이기 때문이다. 사람이 들숨만 쉬면 몇 분 만에 죽는다. 날숨이 중요하다. 들숨은 본능적으로 깊이 들이쉬게 되어 있다. 공기를 최대한 많이 들이키는 것이 좋을 것이라고 여기기 때문이다. 문제는 날숨이다. 욕심에 사로잡혀 있을수록, 흥분하고 화가 나 있을수록 날숨은 얕아지고 가빠진다. 이것은 마음의 평온을 깨뜨리고 몸의 노화를 촉진시켜 생명을 갉아먹는 짓이다. 날숨의 길이를 조절하면 명상이 되고 흥분된 교감신경을 가라앉히는 수양과 치유가 된다. 건축에서는 비움의 미학과도 통한다. 집이 살고 공간이 살려면 적절하게 빈 곳이 있어야 한다. 화려한 장식과 값비싼 집기로 꽉 찬 집은 가게이거나 박물관이지 사람 살 집은 아니다. 사람은 탐욕에 치여 병들어 나간다.

도가에서는 이런 여운의 미학을 대음희성大音希聲이라는 기막힌 사자성어 한마디로 요약했다. 진짜 큰소리는 들어도 들리지 않는 소리라는 뜻이다. 전율이 이는 수사학이다. 미학적 의미와도 통한다. 진짜 큰 아름다움이란 눈에 안 보이는 상태까지 포함해야 한다는 의미다. 그림자도 그 가운데 하나다. 여운이 비밀이다. 여운은 상상력을 자극하고 연상을 일으키기 때문에 뛰어난 심미 작용을 한다. 그림자는 고정된 형태나 색으로 넘쳐나는 장식을 거부하고 여운으로 아름다움을 짓는다.

지붕 그림자는 창이 작고 회벽의 면적이 넓을수록 선명하게 찍힌다. 회를 막 발라서 바탕이 처연하도록 희면 더 좋다. 공기는 파래야 되고 해는 붉을수록 좋다. 이것마저 부질없는 욕심이라면, 좀 오래되고 바래도 상관없다. 이제 지붕의 그림자놀이가 시작된다. 김동수 고택 안채를 보자.**3-36** 그림자가 없었다면 얼마나 단조롭고 심심했을까. 작은 창

3-36 김동수 고택 안채. 작은 창이 바닥에 붙어 작게 났고 그 위가 전부 벽으로 남았다. 그림자가 없었으면 지루하고 단조로웠을 것이다.

이 바닥에 붙어 작게 났고 그 위가 전부 벽으로 남았다. 그림자가 없었으면 지루하고 단조로웠을 것이다. 그림자는 처마선과 서까래와 막새의 합작품이다. 창을 밑으로 내려 그림자가 문양을 찍을 바탕 면을 마련했다. 친절이고 예절이다. 서까래와 막새의 그림자가 반복되면서 장식을 부린다. 일렬로 줄을 서지는 않는다. 중간에 여러 곳 뒤뚱거린다. 약간 서툰 맛이 오히려 정겹다. 아래쪽 창틀의 소박한 모습과 짝을 이룬다.

같은 건물의 다른 곳을 보자. 이번에는 반대로 벽만 있으면 안 될 뻔 했다. *3-37 그림자가 창과 어울린다. 창뿐 아니다. 벽을 지탱하는 중간

3-37 김동수 고택 안채. 그림자는 창과 보와 기둥과도 잘 어울린다. 모두 추상 미학에 속하기 때문이다.

보와 기둥과도 어울린다. 벽과 보가 면을 나누고 그 사이를 창으로 메우는 장면은 한옥 입면의 정수이자 그것만으로 완벽한 추상 미학이다. 여기에 그림자가 끼어들었다. 그런데도 제법 잘 어울린다. 한옥의 추상 입면이 워낙 절제를 전제로 나온 것이기 때문에 무채색의 그림자가 끼어도 흐트러짐이 없다. 구성 분할된 입면을 위아래로 한 번 더 쓱 나누었을 뿐이다.

회벽은 흰색이기 때문에 햇빛의 색깔을 받아 드러낸다. 김동수 고택 안채를 계속 보자. ▶3-38 해가 기세등등한 낮에는 회벽이 밝게 빛난다. 그러나 저물 때쯤에는 붉은 색으로 우는 것 같다. 해가 왕성할 때에는

3-38 김동수 고택 안채. 3-36과 같은 곳인데 해질녘이 되면서 우는 것 같은 붉은 빛을 띤다.

그림자도 왕성하다. 해가 붉은 노을빛으로 울면 그림자도 따라 운다. 안채의 왼쪽 바깥쪽 부분은 부엌의 뒷면인데 이 부분은 서향이다. 겨울 오후 짧은 해가 넘어가면서 마지막으로 비치는 햇빛은 다소 힘이 없긴 하지만 짙은 주황색의 차분하고 포근한 느낌을 준다. 집 안 곳곳이 이런 식이다. 이것만 보고 즐겨도 집은 하나의 추상 미술관이 된다. 서양의 추상화가들도 겉으로는 짐짓 가치중립적 완결성을 고집했지만 속내는 그렇지 않았다. 인간의 다질과 감성을 실어내고 싶었다. 한옥은 이것을 수백 년 전에 먼저 해냈다. 붓도 없이 그림자만으로.

채 사이의 간격이 좁고 구성이 복잡하면 옆채의 지붕 모습 전체가 그림자로 질 수도 있다. 한옥 지붕은 본래대로라면 엄숙하고 반듯하지만 그림자로 내려앉을 때에는 모양이 자유롭게 변한다. 태양 각도에 따라 왜곡이 일어나고 부분만 잘려져 보이기 때문이다. 수산 지곡리 고가를 보자.[3-39] 옆 건물의 지붕이 동물 모양으로 둔갑을 해서 흰 회벽 위에 둥지를 틀었다. 옆 건물의 흰 벽을 쿡 찌르듯 침범하기도 한다. 땅바닥에서부터 간지럼을 태우듯 스멀스멀 기어오르기도 한다. 모두 한옥에서 지붕 그림자를 보며 즐길 수 있는 놀이다.

운현궁은 그림자가 뛰어난 집이다. 노안당과 노락당 모두 그렇다. 지붕 그림자를 종합적으로 모아놓았다. 서까래와 막새가 그림자의 전형을 내리면 옆 건물의 그림자가 거든다. 옆 그림자는 마당을 가로질러 회벽 밑동을 두드린다.[3-40] 이 공간의 주인은 그림자라 할 만하다. 그림자는 버릴 대상으로만 알았지 공간의 주인이 되리라 누가 상상이나 했겠는가. 흰 회벽과 마당 모두에서 그림자의 활약이 눈부시다. 또 다른 곳에서는 왕릉의 석상처럼 한 번에 찍혀 무언으로 서 있기도 한다.[3-41] 지붕과 지붕을 만나게도 해준다. 이 건물의 일자 지붕과 저 건물의 맞배지붕이 모두 그림자로 나와 손을 뻗어 잡으려 애쓴다. 그림자는 둘을 실제 상태보다 훨씬 가깝게 이어준다.[3-42] 건물 이름에 '노老' 자가 들어가서 그럴까. 그림자의 지혜가 뛰어나다. 머물지는 않는다. 슬퍼할 것도 아니다. 내일 또 만난다. 지구가 자전을 멈추지 않는 한 그림자의 인연은 이어졌다 멀어졌다를 반복한다.

3-39 수산 지곡리 고가. 지붕 그림자는 일자로만 나지 않는다. 가끔 동물 모양을 만들기도 한다.

3-40 운현궁 노안당. 이 공간의 주인은 그림자라 할 만하다. 흰 회벽과 마당 모두에서 그림자의 활약이 눈부시다.
3-41 운현궁 노안당. 지붕 그림자는 햇빛 각도에 따라 다양한 형태로 변하기도 한다. 왕릉의 석상처럼 무언으로 서 있다.
3-42 운현궁 노안당. 이쪽 지붕과 저쪽 지붕은 그림자를 통해 서로 손을 뻗어 잡으려 애쓴다.

마당은 흰 회벽 다음으로 그림자에 중요하다. 마당은 그림자를 담아내는 그릇이다. 운현궁 노락당에서는 자칫 심심할 뻔한 너른 마당에 시원하게 선을 그어 영역을 가른다. ³⁻⁴³ 그림자가 있는 부분까지가 건물의 영역임을 알린다. 이것은 너무 기능적이고 흑백 가르기 같다. 나무 그림자를 마당에 담을 수 있다면 좀더 부드러워진다. 한옥에서는 대류와 복사 작용을 위해 원래 마당에 나무를 심지 않지만 가끔 방해하지 않는 선에서 한 구석에 조심스럽게 심는 경우가 있다. 담 밖에 심기도

3-43 운현궁 노락당. 그림자는 자칫 심심했을 마당에 영역을 가른다.

3-44 송소 고택 별당. 나무 그림자는 마당을 차지하지 않으면서 마당에서 나무를 즐길 수 있게 해준다.

한다. 송소 고택 별당을 보자. *3-44 나무는 구석에 서 있지만 그림자는 마당 가운데를 차지한다. 그림자가 지는 동안만은 당당하다. 집에서 빠질 수 없는 요소다. 하지만 그림자일 뿐이다. 마당을 정말로 차지하진 못한다. 그림자로라도 마당에 나무를 심고 싶었다.

귀촌 종택은 나무 그림자가 뛰어난 집이다. 빈 마당에서 존재를 확인하고 대청에까지 오른다. 한겨울 나목의 앙상한 가지가 마당에 그림자를 놓으면 훌륭한 예술작품이 된다. *3-45 심심한 마당에 옅은 화장을 한 것 같다. 그림자는 심재心齋에 이르는 과정으로 해석할 수 있다. 심재

3-45 하회마을 귀촌 종택.
3-46 하회마을 귀촌 종택. 나무 그림자는 손님처럼 마당을 가로질러 친구처럼 대청까지 오른다.

란 내 마음을 모두 비워 대상을 받아들일 준비가 된 상태, 혹은 대상과 실제로 일체가 된 상태를 의미한다. 그림자는 마당을 비워 심재에 이르렀음을 확인하는 중요한 증거다. 마당이 가득 차면 그림자는 존재를 드러내지 못하기 때문이다.

나무 그림자는 마당을 건너 대청까지 오르기도 한다. 해가 뉘엿뉘엿 지는 겨울 늦은 오후가 제격이다. 실제로 그림자 길이가 가장 길게 나오는 것도 이때다. 이번에도 귀촌 종택이다.[3-46] 대청에 오르는 본새는 예절 바르다. 나무 그림자는 손님처럼 마당을 가로질러 친구처럼 대청에 올랐다 돌아간다. 마당에 이어 대청까지도 비웠기에 가능하다. 한옥은 이처럼 빛만 살리는 것이 아니라 그림자에도 조형 역할을 부여한다. 양의 상태로서의 진짜 나무와 음의 상태로서의 그림자 나무, 둘을 모두 가질 수 있게 해주는 것이 한옥이다.

4장

포근한 집

창호지와
휴먼 스케일

창호지의 미학

창호지와 방의 분위기

앞 장에서 살펴본 창호지는 밖에서 본 모습이었다. 창호지의 미학은 계속된다. 이번에는 안에서 본 모습이다. 밖에서 시작된 빛의 미학은 '포근함'으로 발전한다. 안에서 보는 창호지는 아주 감각적이다 못해 사람의 속살을 보는 것 같다. 살갗을 비벼대며 사람을 포근하게 안아준다. 뽀얀 속살을 드러내 온기를 실어내고 방 안을 어머니 품처럼 포근하게 만들어준다.

하회마을 남촌댁을 보자. [4-1, 4-21] 창문은 투명하다 못해 사람의 살갗을 보는 것 같다. 그것도 어머니 품처럼 이 세상에서 가장 포근한 살갗이다. 한낮에 햇빛을 가장 많이 받을 때 창호지는 어머니 젖무덤의 뽀얀 속살 색을 띤다. 창문 재료를 의인화할 수 있는 비밀은 햇빛에 있다.

4-1 하회마을 남촌댁. 창호지는 방 안 분위기 전체를 결정한다. 창호지가 어머니 속살처럼 빛나면 방 안도 그렇게 된다. 방 안은 어머니 품처럼 포근하고 아늑해진다.

자연의 단순한 물리적 조건인 햇빛은 의인화를 통해 햇볕이라는 감성체로 발전한다. 이런 방 안에 누워 있으면 저절로 마음이 안정될 것 같다. 물리적 기준으로 따지면 유리보다 탁한 반투명이지만 심리적 기준으로 따지면 유리보다 투명하다. 시리도록 그리운 어머니 속살을 보는 것 같다.

창호지는 창호지 하나에 머물지 않는다. 창문 전체이기도 하기 때문에 방 안 분위기에 결정적인 영향을 끼친다. 창호지가 어머니 속살처럼 빛나면 방 안도 그렇게 된다. 방 안은 어머니 품처럼 포근하고 아늑해진다. 창호지가 하는 일을 방도 따라 함께하게 된다. 창호지가 다양하게 변한다는 것은 곧 방 안 분위기가 그렇다는 뜻이다. 창호지가 여러 연상 작용을 유발한다는 것 또한 방도 그렇다는 것이며 창호지가 감성적이라는 것도 마찬가지다.

창호지의 변화무쌍함은 전적으로 햇빛의 작품이다. 여름과 겨울, 맑은 날과 흐린 날 등 계절과 날씨에 따라 모습이 매번 다르다. 하루 중에도 아침 먼동이 틀 때, 한낮, 해 넘어가는 석양 무렵 등 해의 상태에 따라 수시로 변한다. 나는 만추 석양 때 창호지 빛이 가장 좋다. 내가 태어난 시각이라서 그런지 모르지만 잔잔한 붉은 빛으로 물든 창호지를 보면 마음속에 감성이 인다.

청풍 후산리 고가 안채를 보자. [4-2] 딱 이 색이다. 광목처럼 펄럭이는 흰 창 속에 겨울 석양을 받아 홍조 띤 작은 창이 중첩된다. 이 세상에서 가장 포근하고 따뜻한 색이다. 하루를 마감하는 시간에 차분한 휴식을 약속하는 색이다. 한겨울 오후 4시 반쯤, 이 장면을 보노라면 마음은 침

4-2 청풍 후산리 고가. 겨울 석양을 받은 창호지다. 굳이 붉은색이라고 이름을 붙이지만 사실 사람이 만든 단어로는 표현이 안 되는 색이다. 세상에서 가장 포근한 색이다.

잠해지고 옷깃을 여미 겸손한 마음으로 하루를 마감하고 방에 들고 싶어진다. 앞의 남촌댁이 중천에 뜬 해의 생명력을 발산한다면 이 색은 잠들기 직전에 안기는 어머니 품 같다. 곧 꺼질 감성이기에 마음도 곧 차분해진다. 창호지는 이처럼 시간을 매개로 사람들이 가지고 있는 감성에 부응하는 묘한 능력을 지녔다.

한옥은 햇빛에 대해 매우 과학적으로 대응하는데 창호지도 마찬가지다. 가장 대표적인 계절에 따라 필요한 분위기를 만들어내는 것이다.

비밀은 처마의 돌출 길이에 있다. 여름 햇빛은 쳐내기 때문에 창호지에는 그림자가 지고 창호지는 시원한 한색寒色을 유지한다. 방 안도 따라서 시원해진다. 여기에 바람길을 더하면 큰 어려움 없이 여름 더위를 이겨낼 만하다. 한옥에서는 보통 방 하나에 창문이 여러 개 있기 때문에 어떤 것은 활짝 열어서 바람길을 내고 또 어떤 것은 반쯤 닫아서 창호지의 한색을 즐기면 된다. ■4-3

4-3 한규설 대감가 안채. 한쪽은 창문을 닫아서 시원한 창호지 색을 즐기고 한쪽은 열어서 바람을 불러들인다.

겨울은 반대다. 햇빛을 통과시켜서 온통 받아들이기 때문에 창호지는 체온을 품은 것처럼 따뜻한 온색을 띤다. 용흥궁 사랑채를 보자. *4-4 숫자로 표시되는 온도는 그다지 높지 않을지 모르지만 창호지 한 장만으로 방 안 분위기는 따뜻해진다. 사람의 온기 비슷한 것을 느낄 수 있다. 포근함도 충분히 느낄 수 있다. 해의 존재를 넉넉한 어머니 품으로 느끼게 해서 마음을 포근하게 감싸준다. 누군가 나에게 무척 정성을 쏟는 존재가 우주 어딘가에 존재한다는 느낌이다. 내가 혼자가 아니라는 느낌이다. 살 수 있는, 살 만한 환경이 나에게 주어져 있다는 느낌이다.

창호지는 이처럼 햇빛을 분위기로 바꾸는 마술을 부린다. 신기하고 거대한 미학이다. 한옥은 창호지를 빼고서는 생각할 수 없다. 집에 온

4-4 용흥궁 사랑채. 겨울 햇빛은 창호지에 온기를 실어주고 창호지를 온색으로 바꾼다. 도처에 '온溫' 자다.

통 구멍을 낸 뒤 창호지로 칭칭 막았는데 창호지를 빼고 어찌 한옥을 이야기할 수 있으랴."[4-5] 창호지는 자신부터 섬세하다. 집의 부위, 향, 계절, 하루 시간대에 따라 햇빛의 효과를 다양하게 변화시킨다. 보는 이도 그만큼 섬세해야 창호지의 미학을 깨닫고 느낄 수 있다. 햇빛을 감각으로 즐길 수 있는 섬세한 심미 능력이 필요하다. 한옥은 이처럼 햇빛이라는 한 가지 주제를 가지고 사계절을 경험해보아야 가치와 참맛을 알 수 있다.

창호지는 햇빛을 받아 식구와 인격적 교류를 한다. 햇빛의 미학을 가장 따뜻하고 숭고한 방법으로 창출한다. 스스로 미학적 주체가 된다. 식구의 일원이 된다. 창호지의 미학이다. 겨울 맑은 날, 따스한 햇살이 그리워지기 시작하는 계절이다. 햇빛도 세는 단위가 있다. 한 줄기, 한 모금 혹은 한 아름. 한 줄기는 강한 집중을 내포하면서 다분히 신비적 의미를 갖는다. 한 모금은 소박한 의인화의 성격이 강하다. 한 아름은 넉넉하되 포근하다. 한옥은 이 모든 햇빛 단위를 담아내는 아주 섬세한 생활 그릇이다. 한옥은 햇빛과 가장 잘 어울리는 건물이다. 양과 질 모두에서 그렇다. 햇빛을 듬뿍 받아 집 안 구석구석까지 나눈다. 배산임수의 기분 좋은 남향이니 햇빛 또한 인심만큼 넉넉하다. 솟을대문을 거뜬히 지나 사랑채 대청을 가득 채운다. 중문 속 돌담에도 따뜻한 체온을 준다. 안쓰러운 행랑채에는 더 퍼준다.

햇빛을 다양하게 즐기는 비밀은 창호지에 있다. 해가 움직이는 시간에 따라, 날씨에 따라, 계절에 따라 창호지는 햇빛을 다르게 받아들인다. 겨울 석양을 받으면 붉다 못해 처연해진다. 가을 대낮 햇빛은 청

4-5 나상열 가옥 사랑채. 창문이 한 면을 다 막았기 때문에 창호지는 공간 분위기에 절대적인 영향을 끼친다.

명한 하늘만큼 투명하게 받아들인다. 하루 중에도 해를 따라 바뀐다. 먼동이 트는 아침이면 그 색을 닮아 신비한 청회색을 띤다. ▪︎1-17, 4-6 운강 고택 안채를 보자. 광목에 먹물을 뿌려놓은 것 같다. 먹물 알갱이 하나 하나가 선명하게 읽힌다. 맑은 겨울 오후 2시, 대청에 따스한 햇빛이 가득 차고 창호지에는 포근한 햇빛이 가득 찬다. ▪︎4-17 햇빛의 친절에 겨울 삭풍도 잠시 쉬어간다.

4-6 운강 고택 안채. 아침 먼동 틀 때 창호지는 먹물을 뿌려 놓은 것 같은 청회색이다.

한국 문학 속 창호지 (1)

■**낙화와 어릴 때 기억 정서**   이처럼 창호지는 매우 서정적이다. 단순히 필기도구의 종이나 건축의 창 재료가 아니다. 사람의 체온이 실리고 세월의 흐름을 일러준다. 이 때문에 창호지는 한국 문학에서 애용하는 소재다. 창호지는 전통 시대와 근대를 가르는 중요한 기준 가운데 하나다. 집에서 창호지가 사라지면서 전통 시대가 끝나고 근대화가 시작되었다고 할 만하다. 그만큼 창호지에 대한 그리움은 애틋하고 아련하다. 감수성이 예민한 문학가들이 이것을 놓쳤을 리 없다. 창호지를 소재로 한 작품은 무척 많은데 대표적인 것 셋만 소개하고자 한다.

조지훈의 「낙화」다.

꽃이 지기로서니
바람을 탓하랴.

주렴 밖에 성긴 별이
하나둘 스러지고
귀촉도 울음 뒤에
머언 산이 다가서다.

촛불을 꺼야 하리
꽃이 지는데

꽃 지는 그림자
뜰에 어리어

하이얀 미닫이가
우련 붉어라.

묻혀서 사는 이의
고운 마음을

아는 이 있을까
저허하노니

꽃이 지는 아침은
울고 싶어라

언젠가는 질 수밖에 없는 꽃을 노래한 시다. 낙화는 자연의 섭리이자 사람에게 적용하면 인생의 섭리이기도 하다. 이 시는 이런 섭리에 대해 일단 쓸쓸함을 노래하고 있다. 그러나 슬퍼하지만은 않고 그 속에서 자연과 인생의 아름다움을 찾아내어 심미적 언어로 읊고 있다. 억지로 희망을 노래하지 않는 대신 쓸쓸함 자체를 심미적으로 즐기는 것인데 이는 대표적인 한국 정서다. 창호지도 그 대상 가운데 하나다. 하얀 미닫이문에 비친 석양의 붉은 빛이 그것이다. 조지훈도 나와 마찬가지로 이 색을 창호지에서 나올 수 있는 가장 아름답고 서정적인 상태로 본 것이며 이것을 낙화의 이미지에 비유한 것이다.

김명수의 「겨울 아침 우리 집」이라는 시도 있다. 동시인데 겨울 시골집의 생활을 그리고 있다. 이 가운데 창호지 대목이 나온다.

    동생과 나는
    아랫목에서
    창호지에 부우옇게 먼동이 터도
    구수한 쇠죽 냄새 코로 맡으며

창호지가 한국의 주거 문화 전반에 걸쳐 폭넓게 사용되고 있음을 보여준다. 집의 종류를 보면 이 시의 배경이 민가나 초가에 더 어울리기 때문에 창호지는 반드시 양반들의 반가에만 사용한 것은 아님을 알 수 있다. 어른들만의 전유물도 아니었다. 형과 동생이 아침에 눈을 뜬 뒤에도 이불 속에서 나오지 않으면서 창호지를 통해 부옇게 먼동이 트는 것을 보고 있는 정겨운 장면을 노래하고 있다.

이런 기억은 어른이 되어서도 감성 구조에 중요한 영향을 끼친다. 일전에 창원대학교에서 한옥에 대해서 강연을 한 적이 있다. 관객 가운데에 그 대학교 교수님이 한 분 계셨다. 창호지 사진을 보시더니 자신이 어렸을 때 한옥에 살았는데 내가 보여준 사진 같은 창호지 장면을 보면서 컸다고 했다. 그리고 그때 본 창호지의 기억이 초로에 접어든 지금까지도 감성적으로 중요한 버팀목 구실을 한다고 했다.

나 자신은 창호지 낀 집에서 살아본 적은 없는데 그 대신에 어렸을 때 개인집에 살 때 이른바 '우윳빛' 유리를 낀 방에서 살았다. 창호지의 반투명성을 활용한 것으로 유리 표면을 거칠게 가공하거나 유리에 색을 입혀서 창호지의 느낌을 접목했다. 요즘은 거의 사라졌는데 전통 주거에서 서양식 주거로 넘어가던 1960~1970년대까지도 제법 사용하던 재료였다. 아마도 창호지의 기억이 아직 많이 남아 있던 시절에 그 기억을 유리로 표현하고 싶어서 만든 재료일 것이다. 이 방에서 자다가 아침에 일어나서 이불 속에서 바라보던 창의 모습은 이 시에서 노래한 것과 거의 같다.

한국 문학 속 창호지 (2)

■포근한 어머니 품 위의 두 시에서는 창호지가 부분적으로 나오는데, 창호지를 전체 소재로 삼은 글도 있다. 윤오영의 「소창素窓」이라는 산문이다. 윤오영1907-1976은 동양적 감성과 미학을 바탕으로 한국 수필 문학을 개척한 인물인데 창호지의 아름다움도 그의 미학 리스트에서 빠질 수 없는 대상이었다. 이 글은 기차 기적 소리의 낭만성을 창호지와 연관시켜 찾는 수필이다. 기적 소리는 간이역과 짝으로 작동하는 낭만 요소다. 간이역은 지금도 남아 있지만 기적 소리는 연대를 기준으로 하면 대체적으로 1950년대 이전의 문명이다.

따라서 이 글에서 찾는 창호지의 낭만성 역시 이 시기를 배경으로 삼고 있음을 알 수 있다. 이 글에서는 창호지를 '소창'이라 부르고 있는

데 제목부터 창호지의 특징을 잘 드러내고 있다. '소素'는 흰색이라는 한자어인데 확장하면 '한 빛깔의 무늬가 없는 피륙, 장식이 없는 기물'의 의미도 있다. 따라서 소창은 창호지를 색을 기준으로 부르는 다른 이름이다.

그의 글을 읽어보자.

창호지로 바른 소창은 은근한 정서에 소복이 차 있다. 분벽사창粉壁紗窓이란 중국 사람의 화려한 문자요, 유리창이란 이미 정서를 잃은 광물질이다. 일본 장자障子에 비치는 파초 잎은 가련한 풍정이 있지만 은근한 맛보다 엷고 간지러운 데가 있다. 우리 온돌에 두툼한 창호지로 바른 소창의 은밀, 그리고 따스하고 순박한 여운, 소창은 솔솔 하염없이 내리는 흰 눈을 생각하게 한다. 봄에 녹아내리는 낙숫물의 고요함을 일러주고 달밤이면 찾아주는 지붕 처마의 은비隱秘한 그림자와 멋진 나뭇가지가 던져주는 윤택한 묵화를 보여준다. 미풍이 지나간 뒤에, 소복한 여인이 창 밖에 고요히 서 있는 듯 정밀靜謐, 고요하고 편안함의 그림자를 보여준다. 아늑하게 가깝고 하염없이 요원하다. 낭만의 물결은 다시금 흔들어 요원의 나라로 인도해주는 것이다. 애수의 새가 깃을 벌리고 안식의 장막을 드리워주는가 하면 낭만의 물결은 다시금 흔들어 요원의 나라로 인도해주는 것이다. 뚜~ 하고 아득하게 울려오는 기적 소리, 여기서 오는 낭만의 환상은 진작 소창에 있었던 것이다.

창호지가 매우 낭만적인 재료이며 은비하고 고요하며 편안한 느낌을 준다고 했다. 온돌과 짝으로 본 점에서 매우 적확하다. 나아가 요원을 생각나게 해준다고 했다. 윤오영은 이런 특징을 기적 소리에 연계했지만 나는 어머니 품이 생각난다. 이런 특징을 다 모으면 어머니 품이 되며 결국 '포근함'이 된다. 나는 어머니 품을 그리는 마음을 창호지로 대신한다. 내가 한옥 가운데에서도 창호지에 집착하는 이유이기도 하다.

나의 어머니는 무척 엄한 분이셨다. 자신에게도 엄격하셨고 나 역시 매우 엄하게 키우셨다. 그래서 나는 자제력이라는 큰 선물을 받았다. 그 대신 따뜻하고 포근한 어머니 품에 안겨본 기억은 없다. 한동안 이런 어머니 품이 그리워서 무척 힘들었던 적이 있다. 그리고 이것을 찾아 사방천지를 헤맨 적도 있다. 물론 대체물이었다. 하지만 헛짓이었다. 어머니 품이라는 것이 나에게는 경험적 실체나 기억이 아니라 생각이나 글로만 존재하는 추상적 대상이기 때문이다.

그러다가 한옥 답사를 다니면서 창호지라는 것을 접하게 되었고 어릴 때 보면서 컸던 '우윳빛' 유리도 기억에서 캐냈다. 어느 순간부터 창호지의 '뽀오얀' 살갗이 어머니 품 같다는 생각을 하게 되었다.[4-7] 그리고 어머니는 이런 나를 남겨두고 그렇게 내 곁을 영영 떠나셨다. 이제 어머니 품이라는 것은 이 세상에서 영원히 가질 수 없게 되었고 결국 창호지의 '우윳빛' 속살이 어머니 품을 대체하는 지경까지 이르렀다. 맞는 것일 수도 있고 틀린 것일 수도 있지만 그 판정을 누가 내리랴. 추상적 대상으로 남은 어머니의 품을 대체할 것을 찾은 것만으로도 감사할 따름이다.

4-7 운강 고택 안채. 햇빛을 받아 우윳빛으로 빛나는 창호지는 어머니의 뽀얀 속살을 연상시킨다.

나는 몇 해 전에 쓴 『나는 한옥에서 풍경놀이를 즐긴다』라는 책에서 창호지의 미학에 대해 한 번 말한 적이 있다. 이때는 창문이 풍경을 담는 액자 형식에서 스스로 풍경 요소가 되어가는 과정을 설명했는데 창호지가 핵심에 있었다. 창호지가 햇빛을 받아 다양하게 변하는 모습은 그 자체가 한 폭의 한국화와 같다는 취지였다. 창호지의 이런 작용과 관련해서 붙인 소제목들이 '창살 문양에 감성을 실어 감상 대상으로 만들다'와 '한지에 난초 치듯 창에 풍경화를 그리다'였다.

하지만 그 비밀은 같다. 창호지의 이런 풍경 작용 역시 창호지가 갖는 서정적 온기와 포근함에서 비롯된다. 이런 느낌은 창호지의 '뽀얀 우윳빛'에서 나온다. 나는 이 책에서 "창호지의 '뽀얀 우윳빛'을 볼 때면 어머니의 젖무덤이 생각나 견딜 수가 없다. 어머니의 속살 색이다"라고 했다. 그리고 이런 속살 색을 다시 자연의 생명 작용에 비유했다. "맑은 대낮의 햇빛은 일 년 중, 하루 중 생명 작용이 가장 활발할 때의 자연 상태다. 생명 작용의 절정을 상징한다. 어머니의 젖무덤과 속살도 젖먹이를 기른다는 점에서 이에 뒤지지 않는 생명 작용의 상징성을 갖는다"라고 했다. 이는 모태와 모성의 상징성이다. 창호지가 포근한 이유는 바로 여기에 있다.

방의 농담을 조절하는 창호지

창호지는 이처럼 햇빛을 받아 뽀얀 속살을 드러내며 온기를 만들고 어머니의 품처럼 느껴진다. 여기에 더해 햇빛과 창호지의 중요한 기능이 하나 더 있다. 방 안의 명암 농도를 조절하는 기능이다. 한옥 공간은 인공 조명을 사용하지 않고도 매우 다양한 명암의 켜를 만들어낸다. 미술책에 보면 명암 10단계라는 것이 나오는데 한옥의 방은 이 10단계가 골고루 퍼져 살아 있다고 봐도 좋을 정도다. 비밀은 세 가지다.

첫째, 창문의 크기, 형상, 위치 등이 자유롭고 다양해서 이것을 이용해서 직접적으로 햇빛을 조절하는 기능이 뛰어나다. 창과 문을 구별하지 않아서 서양에는 없는 '창문'이라는 단어를 쓰는 데서 알 수 있듯이 아무 곳에 필요한 만큼 뚫으면 창이 되고 문이 되며 창문이 된다. 이렇다 보니 창문을 통해 들어오는 빛의 방향과 양도 불규칙적이 된다. 이런 빛이 방 안에서 자유롭게 섞이면서 다양한 켜의 명암이 만들어진다.

둘째, 창호지 자체의 조절 기능이다. 유리에는 없는 반투명이라는 중간 톤을 가지며 이런 재료를 두 겹 겹쳐 사용하는 이중창이라서 더욱 그렇다. 여닫이문만 두 장 다는 경우는 거의 없고 미닫이문과 여닫이문을 섞는 경우가 많으며 미닫이문 두 장을 겹치기도 한다. 두 경우 모두 명암의 농도 조절에 유리하다.^{4-7, 4-8, 4-9, 4-10} 명암 1단계가 필요할 때에는 창문을 열면 된다. 창문을 닫으면 3~4단계쯤 된다. 부분적으로 열고 닫으면 그 중간이 나온다. 둘 모두 닫으면 앞쪽은 6~7단계쯤 되고 방 안은 8~9단계쯤 된다.

한밤이 되면 10단계가 된다. 물론 미술에서는 완전히 검은색이 10단계이지만 실생활에서는 다르다. 이렇게 되면 사람이 활동을 할 수 없기 때문에 실생활에서 10단계는 어스름한 달빛이 창호지로 들어오는 한밤이 맞다. 이런 분류는 햇빛의 강도에 따라 수시로 변한다. 계절과 날씨와 하루 중 시간대에 따라 농도는 출렁이듯 변한다. 햇빛에 맞춰 창문을 조절해서 방 안 농담을 즐길 줄 알면 한옥 생활의 최고수에 오른 것이 된다.

셋째, 간접 반사광의 종류가 많다. 한옥은 수평적으로나 수직적으로 꺾임과 변화가 많은데 이런 구조는 여러 곳에서 햇빛을 간접 반사시켜 방 안으로 넣어준다. 수평적으로는 채 꺾임이 많고 수직적으로는 '기단-댓돌-마루-문지방' 등의 변화가 심하다. 재료와 색깔도 다양한데 이것은 반사율을 다양하게 만들어준다. 퇴나 대청은 짙은 색 나무이기 때문에 반사율이 낮은 반면 밝은 색 돌 재료인 기단과 댓돌은 반사율이 높다. 나무 문 하나가 칸 전체를 차지하면 벽에서 반사되는 햇빛은 약해지는 반면 흰 회벽 옆에 있는 방은 상대적으로 더 많은 간접 반사광을 받는다.

이상이 합해지면서 한옥 공간은 활짝 밝게 만들 수도 있고 은근하고 포근하게 만들 수도 있다. 이중창을 이루는 네 짝의 창문을 열고 닫는 다양한 경우의 수에 따라 방 안의 명암 농도도 다양하게 나타난다. 명암 단계가 그만큼 촘촘해서 선택권의 폭이 넓다. 서양이 유화와 대별되는 수묵화의 농담이라는 기법을 공간에 적용한 것이다. 서양 미술에서는 수채화가 여기에 해당된다. 하지만 수채화는 유채색이기 때문에 명암의 농담 차이가 무채색만 사용한 수묵화만큼 명확하게 드러나지 않는다. 한옥 공간은 먹물을 여러 겹 덧칠한 것 같은 느낌이다. 유화나 서양의 공간에는 없는 참으로 절묘한 분위기다.

공간의 켜가 세밀해진다는 뜻이다. 벽으로 막은 공간이 겹치면서 중첩에 의해 세밀해지는 것이 아니라 하나의 공간 내에서 빛의 양을 조절하는 것만으로 그렇게 된다. 그것도 전등 같은 인위적·기계적 조작 없이 오로지 창문과 창호지만을 이용해서 그렇다. 우리 조상이 햇빛을 대하고 받아들이는 감각이 그만큼 섬세하고 조밀했다는 뜻이다. 사람을 담아서 감싸주는 공간의 명암 켜가 이렇게 촘촘하고 세밀해지면 사람들은 그 공간 속에서 포근함을 느끼게 된다. 체성감각을 부드럽게 쓰다듬어준다. 감성적인 공간을 포근한 공간으로 발전시키는 것이다. 참으로 위대한 지혜다.

서양에서도 침실에서는 램프로 이런 분위기를 만든다. 하지만 그

4-8

4-8 운강 고택 안채.
4-9 정여창 고택 사랑채.
4-10 한규설 대감가 안채.
+
창호지는 창문의 겹 수와 햇빛의 강도 등에 따라 방 안의 농담 조절 능력이 뛰어나다.

차이는 엄연하다. 서양의 침실에서는 한밤중에 커튼을 치고 방 안을 완전히 어둡게 만든 뒤에, 즉 명암을 10단계로 만든 뒤에 램프를 켜서 부분적으로 농담을 조절한다. 조절 방향은 가장 어두운 상태에서 시작하는 일방통행뿐이다. 한옥은 반대다. 대낮에 자연 햇빛을 이용해서 조절한다. 조절 방향 역시 쌍방향이다. 아니, 쌍방향을 넘어 마음대로 할 수 있다. 램프 따위가 어찌 햇빛을 따를 수 있으랴. 농담 켜의 세밀한 정도나 질적 느낌 모두에서 비교가 되지 않는다. 한옥의 방은 참으로 포근하다. 체성감각을 부드럽게 쓰다듬어 주고 온몸을 어머니 품처럼, 자궁처럼 감싸준다.

물론 한옥에서 햇빛 즐기기는 제한적이고 선택적이 될 수밖에 없다. 사시사철 구별 없이, 밤낮 없이 살벌한 긴장감 속에서 일분 일초를 아껴가며 지구의 운명을 지키기라도 하듯 열심히 일하는 사람에게 앞에 한 이야기는 정말 비현실적일 것이다. 기계를 최대한 돌려서 한겨울에도 오로지 일에만 열중할 수 있게 만들어줘도 부족할 판에 웬 햇빛 타령이냐고 할 것이다. 곰팡내 나는 옛날 이야기이며 철없는 낭만이라 할 것이다. 어느 정도 맞을 수 있다. 이제 시대가 바뀌었다. 한옥에서 햇빛 즐기기는 극한에 몰려 느림의 미학 같은 극단적 역설에 마지막 의탁을 하는 사람에게만 어울리는 비현실적이고 후퇴적인 행위로 보일지도 모른다.

하지만 한 가지 확실한 것은 나이나 직종에 상관없이, 오히려 큰일을 하는 사람들일수록 느림의 미학을 찾는 사람들이 늘고 있다는 사실이다. 빡빡하고 빈틈없는 도시 생활 속에서 짬짬이 겨울 햇빛을 즐길 수 있게 된 사람은 슬그머니 그다음 단계의 햇빛 즐기기를 모의하게 될 것이다. 그렇다면 한옥으로 가라. 한옥은 햇빛과 친해지는 법을 가르쳐 주는 집이며 햇빛과 친하게 놀 수 있어야 잘 살 수 있는 집이기 때문이다. 단, 기계를 잠시 멈추고 기계가 퇴화시킨 인간의 감각 본능을 최대한 살려내어 온몸으로, 살갗과 체성감각으로 즐길 수 있어야 한다. 그렇지 못하면 그저 지루할 뿐이어서 한 시간도 채 견디지 못하고 뛰쳐나오게 될 것이다.

창호지와 창살 문양 (1)

■모태의 바탕과 '세살' 방 안에서 창호지를 볼 때 빠질 수 없는 것이 창살 문양이다. 창살 문양은 안과 밖의 모습이 다른데 여기에서 두 가지 건축적 의미가 발생한다. 하나는 창 밖에서 보았을 때의 모습으로, 우리가 보통 '창살 문양'을 지칭하는 상태다. 햇빛을 직접 받아 선명하고 뚜렷한데 이런 모습은 주로 질서 기능에 해당된다. 또 하나는 방 안에서 보았을 때로, 이때 창살 문양은 온기가 흐르는 창호지와 한 몸으로 작동하면서 감성적 감성의 대상이 된다. 이런 모습은 창호지의 포근함을 더해주는 구실을 한다.

방 안에서 본 창호지의 창살 문양은 다른 기준에서 보면 빛과 그림자의 산물이다. 햇빛의 미학과 그림자의 미학에 속하는 주제다. 창살은 창호지의 바깥 면에 붙이기 때문에 햇빛을 쬐이고 그림자가 발생하지 않으면 방 안에서는 보이지 않는다. 방 안에서 보는 것은 정확히 말하면 창살 자체가 아니라 바깥쪽 창살의 그림자다. 이처럼 방 안에서 본 창살 문양은 햇빛이 창호지에 작용하는 미적 형식 혹은 그 결과 만들어내는 미적 결과물이다. 햇빛을 이용해서 문양을 만들어내는 방법에는 두 가지가 있다. 첫 번째는 앞에서 나왔던 흰 회벽 위의 그림자 문양이다. 이것이 분명하고 노골적이라면 좀더 은근하고 은은한 두 번째 것도 있다. 바로 창호지 창살에 드리우는 문양이다.

창살의 매력은 단독으로 생기지 않는다. 창호지와의 합작품이다. 종이와 나무가 이렇게 잘 어울리는 작품을 나는 일찍이 본 적이 없다. 둘은 각자를 버리면서 하나가 되어 새로운 작품을 탄생시킨다. 나무 창살은 이제 나무임을 드러내지 않는다. 나무임을 포기하고 오로지 선을 그어 문양을 그린다. 창호지도 마찬가지다. 자신을 바쳐 이런 문양을 그리는 바탕 면으로 산화한다. 여기에 햇빛이 든다. 둘의 협력을 햇빛이 도와 문양의 파노라마를 펼친다.

흰 회벽과의 공통점도 있다. 모두 흰색을 바탕으로 삼는다는 점이다. 창살 문양은 흰 창호지를 바탕으로 그 위에 갈색의 나무 살이 가로지르면서 만들어진다. 흰색 도화지를 앞에 놓고 첫 연필을 대던 초등학교 시절 미술 시간이 생각난다. 도화지는 온전히 내 몫이고 내가 생각한 대로 나누면 그 속에 나만의 세계가 그려진다. 창살 문양이 이렇다. 시리도록 흰 창호지 위에 가느다란 나무 살이 추상 분할을 가한다. 추상 미술의 최고봉이다. 실제로 서양 추상 미술이 한쪽으로 극단화되면서 탄생한 1960년대의 미니멀리즘도 동양 공간에서 결정적 영향을 받았다.

창살이 창호지 위에 그리는 문양은 햇빛의 양과 각도에 따라 여러 쌍의 어울림으로 발전한다. 면과 선, 흰색과 갈색, 바탕과 구획, 대지와 생명 등 유추되는 것도 참 많다. 끝내 어머니의 뽀얀 속살을 상상해본다. 창호지는 모태의 바탕이요, 창살 문양은 그 위에 매달려 아기가 남긴 손자국이다. 물론 상상이다. 나는 매우 엄하게 컸기 때문에 더욱 처절하게 어머니의 뽀얀 속살을 상상한다. 물론 허구적 상상이다. 한 번도 가져본 적이 없는, 그러면서도 이 세상에 그런 것이 있다는 것은 아는, 그렇기 때문에 너무도 처절하게 그리운 그런 상상이다.

햇빛 잘 받은 창호지에 렌즈를 들이댈 때마다 상상에 겨워 방구석에 처박혀 울기를 여러 번, 버거운 창호지보다 문양을 좋아해 보려 애를 많이 썼다. 하지만 모태의 힘은 인간의 노력으로는 맞서지 못하는 법, 나는 오늘도 한옥의 문짝을 볼 때면, 문양보다는 창호지에 먼저 마음을 안긴다. 그러나 어찌 창호지와 창살이 별개이랴. 어머니를 하늘나라로 떠나 보낸 지금, 둘을 구분하는 것이 부질없음을 깨닫는다. 창살과 창호지는 한몸이다. 내가 어머니에게서 나왔듯이.

창살이 창호지 위에 그리는 문양은 다양하다. 상상을 초월하는 아름다운 장면들이 나온다. 가장 기본적인 것은 문양의 종류를 그대로 찍어내는 경우다. 한옥에서 가장 흔한 것은 '세細살'이다. 가느다란 살을 썼다는 뜻이다. 띠 살이 창문의 위아래를 수직으로 종단하고 창문의 중간쯤에서 수평 방향으로 6~7갈래가 직각으로 교차하면서 정자#字를 만든다.

정여창 고택 사랑채를 보자. *4-11 단순한 만큼 명쾌하고 분명하다. 수평-수직으로 곧은 살이 가지런히 달리면 창호지 위에는 여러 개의 깨끗한 직선이 평행선 열을 만든다. 방 밖에서 맑은 햇빛에 그림자를 실어내면 깨끗함은 더욱 선명해진다. 방 안에서 보는 창살이 뿌옇고 은은하며 아스라하다면 방 밖에서 보는 것은 깨끗하고 선명하다. 해가 좋아 그림자가 지면 더 좋다. 마음도 따라서 가지런해진다. 선비의 몸가짐을 깨우쳐주는 교육적 기능까지 갖는다.

4-11 정여창 고택 사랑채. 문양 가운데 세살 문양이다. 가느다란 살을 썼다는 뜻이다. 가장 흔한 문양이며 깔끔하고 명쾌한 특징을 보인다.

4-12 수애당 사랑채.
4-13 아산 맹씨 행단.
+
문양 가운데 만살이다. 작은 정사각형이 연속되는 것을 '만' 자로 본 것이다. 그림자의 미학을 즐기기에 좋은 문양이다.

세살을 가까이서 보면 창살 그림자가 크게 확대되면서 정사각형의 미학이 펼쳐진다. 수애당과 아산 맹씨 행단을 보자.[4-12, 4-13] 모두 '만(卍)살'이다. 작은 정사각형만으로 이루어진 격자 문양이다. 격자를 '卍'자로 읽으면 만살이 되고 '정#'자로 읽으면 정자 살이 된다. 정사각형은 그림자가 두 변 아래로 지기 때문에 그림자의 미학을 즐기기에 좋은 도형이다. 원래 정사각형이 있고 그림자가 지면서 그 속에 작은 정사

4-12

4-13

각형이 만들어진다. 마이크로 사각형의 파노라마다. 원래 정사각형도 사실 작은 조각들인데 그 속에 더 작은 정사각형들이 새끼를 친 격이다. 반듯한 정사각형이 아니어도 좋다. 약간 기우뚱하면 그것대로 또 멋이다.

정사각형 조각들은 날씨에 따라 분위기를 다르게 만든다. 그림자가 다르게 지면서 그 영향을 받는다. 맑은 날 한낮에는 그림자가 깨끗하게 잘리면서 정사각형의 파노라마는 건강해 보인다. 활기찬 격자다. 수애당이 그렇다. 시간이 아침저녁이거나 날씨가 조금 흐려지면 분위기가 금방 애잔해진다. 그림자 농도가 이곳저곳 달라지면서 격자 윤곽은 흐릿해지고 살짝 뭉개지는 부분도 나온다. 아산 맹씨 행단이 그렇다. 이것은 또 이것대로 은근한 멋이 있다. 창호지는 이 모든 것의 바탕을 제공한다.

그림자 크기에 따라서도 분위기는 달라진다. 수애당과 정여창 고택 사랑채를 비교해보자.[4-12, 4-14] 수애당은 그림자가 작아서 창살이 만드는 큰 정사각형과 창호지에 남은 작은 정사각형의 조합이 확실히 드러난다. 창살의 짙은 색과 창호지의 밝은 색의 대비도 뚜렷하다. 그림자가 작게 질 때는 일 년 중 여름이고 하루 중에는 한낮이다. 따라서 이 장면은 여름날 한낮이라는 시간이 만들어낸 작품이다.

정여창 고택은 좀 다르다. 그림자가 크고 풍성하게 지면서 주인 자리를 차지했다. 그림자의 부드러운 중간 톤이 중심이 된다. 창살의 짙은 색이 그림자 위를 격자로 가른다. 창호지의 밝은 색은 그림자를 밑에서 파먹어 들어간 형국이다. 그림자가 이렇게 질 때는 일 년 중 겨울

4-14 정여창 고택 사랑채. 그림자가 크게 지면 문양의 주인은 살에서 그림자로 넘어간다.

이고 하루 중에는 아침저녁이다. 창호지와 창살은 이처럼 좁게는 하루 내에서 시간의 흐름에 따라, 넓게는 일 년 내에서 시간의 흐름에 따라 아주 다른 문양을 만들어낸다. 기준을 바꿔서 보면 햇빛의 미학과 그림자의 미학 가운데 걸작에 속하는 작품이다. 창호지는 이처럼 세밀하게 관찰해야 한다. 햇빛을 섬세하게 받아 조밀한 차이를 즐기는 재료이기 때문에 보는 사람도 그래야 된다.

청풍 후산리 고가는 큰 만살과 작은 만살 혹은 큰 '정'자와 작은 '정'자를 조합했다.⁴⁻¹⁵ 띠 살에 정자 살을 더한 평범한 세살보다 안정적이다. 크고 작은 정사각형이 조화미를 보여준다. 정수 비례로 딱 맞추지는 않았다. 큰 정사각형 하나에 작은 정사각형 둘이 채 못 미친다. 그래서 더 정겹다. 소박하다. 하나 대 둘로 딱 맞추었으면 깔끔하기는

4-15 청풍 후산리 고가. 큰 만살과 작은 만살을 섞은 문양으로 정사각형의 미학이 뛰어나다.

해도 소박하지는 않았을 것이다. 너무 깔끔하면 정이 붙지를 않는다. 너무 계산적인 것은 한국의 전통 정서가 아니다. 조금 엉성했고 그 대신 소박미를 택했다. 사람이 들어갈 틈이 보이고 옆사람에게 내어줄 곁이 보인다.

창호지와 창살 문양 (2)

■ 기하주의   창살이 복잡해지면 기하주의로 발전한다. 정여창 고택 사랑채를 보자. ⁴⁻¹⁶ 이름을 붙이기 어려울 정도로 자유롭게 분할했

4-16 정여창 고택 사랑채. 숫대살을 변형시킨 '변형 숫대살' 쯤으로 부를 수 있다. 숫대살이 원래 자유로운 구성인데 거기에 변형을 가했으니 구성 분할은 법칙을 넘어 자유를 획득했다.

다. 굳이 이름을 붙이자면 숫대살을 변형시킨, 즉 '변형 숫대살' 쯤에 해당된다. 숫대살이 원래 자유로운 구성인데 이것을 변형시켰으니 그 분할은 규칙을 뛰어넘었다. 대체적으로 가장 작은 정사각형을 단위 요소로 삼아 이것의 배수로 다양한 사각형을 만들었다. 옆으로 좁고 길게 누운 사각형, 위로 급하게 발딱 선 사각형, 낯익은 1:2 비율의 사각형, 크고 넉넉한 정사각형에서 조금 벗어난 사각형 등 다양하다. 이 중간쯤에 안정적인 중간 크기의 정사각형이 이곳저곳에서 중심을 잡아준다. 몬드리안의 후반기 작품을 보는 것 같다.

한규설 대감가 사랑채를 보자. **4-17** '변형 숫대살' 이라는 말도 안 통

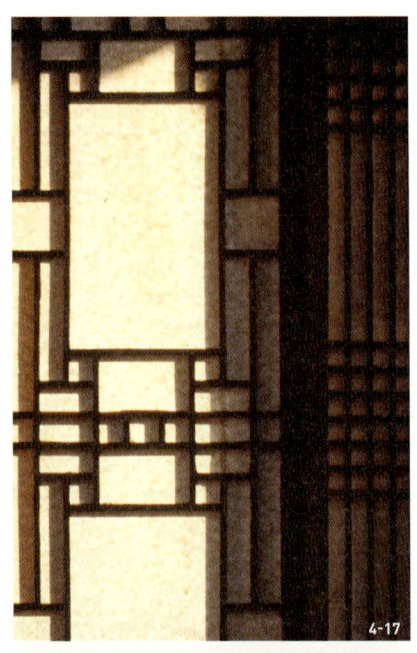

4-17, 4-18, 4-19, 4-20
한규설 대감가 사랑채.
+
한옥 가운데 가장 자유롭고 변화무쌍한 창살 문양이다. 사각형의 비율이 다양하고 끊어보기에 의해 대칭과 비대칭 등 다양한 기하주의를 즐길 수 있다. 햇빛이 그림자를 드리우면 다양함은 배가된다.

4-18

4-20

할 정도로 자유롭게 분할했다. 기본 방향은 정여창 고택과 같다. 그러나 비율이 더 극단적이다. 정여창 고택에서도 사각형의 크기와 비율과 형상에 편차가 제법 있었는데 이곳에서는 훨씬 심해졌다. 가히 기하 미학이라 할 만하다. 이번에도 가장 작은 정사각형을 단위 요소로 삼아 그 배수로 창호지를 분할했다. 중간 크기의 정사각형이 곳곳에서 중심을 잡는 것도 마찬가지다.

하지만 사각형들 사이의 크기와 비율과 형상의 편차는 극단까지 갔다. 젓가락처럼 긴 놈과 마당처럼 넓은 놈이 나란히 서서 겨룬다. 창호지 전체에 긴장감이 넘치고 중간 크기의 정사각형이 중심을 잡는 것도 버거워 보인다. 방 밖에서 보는 모습과 방 안에서 보는 모습이 동일하다.[4-18] 이것 자체로도 훌륭한 기하주의다. 분할의 고수가 창을 나누었을 것이고 구성의 고수가 거들었을 것이다. 물론 두 고수는 한 사람이었을 것이다. 분할 구성의 최고봉이다. 분할 구성은 기하주의의 핵심이다.

그림자를 실어 가까이서 들여다보면 여러 조합이 가능해진다. 끊어 보기에 해당된다. 중간 부분에서 중심을 잡아 자르면 좌우 대칭의 비교적 안정적인 구도가 나타난다.[4-19] 극단적 비례를 피하고 정사각형이 중심이 되어 안정적인 정수 비례의 조합을 즐길 수 있다. 그림자는 크지도 작지도 않고 적당해서 안정감을 더해준다. 비대칭으로 끊으면 안정감은 사라지고 급한 느낌이 난다. 정사각형은 사라지고 극단적으로 긴 직사각형의 파편이 난무한다.[4-20] 그림자도 이곳에서는 크고 짙고 저쪽에서는 작고 옅다.

가히 기하주의의 정수라 할 만하다. 서양의 추상 미술보다 몇 수 위다. 더 위대한 것은 한옥 창살의 기하주의는 리얼리즘의 산물이라는 점이다. 한옥 창살을 기하 미학으로 둔갑시키는 것부터 햇빛이라는 현실의 힘이다. 물론 그림자의 역할도 빠질 수 없다. 그림자도 또 다른 큰 현실이다. 구상 현실을 단순화시키고 또 단순화시키면 어느 순간 기하학적 추상 상태로 진입하게 되는데, 이것을 관념과 가정에 의존하는 회화가 아닌 실생활 공간에서 구현한 것이 한옥 창살의 기하주의다.

이중창을 활용하면 문양을 두 종류 병렬시키거나 겹칠 수 있다. 가장 많은 구성이 안쪽 창문을 용자用字살로, 바깥쪽 창문을 세살로 처리하는 것이다. 운강 고택 안채, 청풍 후산리 고가, 하회마을 남촌댁 사랑채가 이 경우다.[4-8,4-21] 이럴 경우 안쪽 창문을 열고 닫는 정도에 따라 바깥쪽 창문의 세살이 다양하게 잘린다. 이는 곧 두 종류 문양을 조합하는 경우의 수에 해당된다. 안쪽 창문의 창살이 단순하기 때문에 조합은 창살이 없는 창호지 면을 얼마나 확보하는지의 문제가 된다. 안쪽 창문을 다 닫으면 용자살이 넓은 면적을 차지하면서 분할 구성은 단순해지고 창호지 면이 넓어진다. 좌우 대칭도 조절할 수 있다. 대칭으로 열면 안정감이 나타나고 비대칭으로 열면 긴장감이 나타난다.[4-22] 열고 닫는 것을 조절한다는 것은 문양 종류를 다양하게 하는 것 이외에 햇빛 양을 조절한다는 뜻도 된다. 이는 방 안의 명암 농도와 연관된다.

안쪽 창문의 창살이 더 복잡한 경우도 있다. 정여창 고택 사랑채와 한규설 대감가 사랑채가 좋은 예다.[4-18,4-23] 두 집 모두 안쪽 창문은 '변형 숫대살'이고 바깥쪽 창문은 세살이다. 복잡한 창살이 여러 장 겹치면서 기하주의가 불꽃이 튄다. 분할 구성에서 분할이 우세해진다. 기하

조각이 파편처럼 튄다. 이런 이중창을 방의 앞뒤에 난 창에 중첩시켜서 보면 더욱 그렇게 된다.

　옆으로 나란히 난 두 장의 창문에 다른 문양을 사용하면 기하 파노라마는 절정에 이른다. 이중창에 사용하는 두 개의 문양을 두 장의 홑창에 각각 배정한 뒤 나란히 병렬시키는 구성이다. 이중창과는 또 다른 매력이다. 두 종류의 문양이 겹침 없이 선명하게 병렬된다. 아산 맹씨 행단에서는 세살과 만살을 병렬시켰다.⁴⁻²⁴ 세살의 촘촘한 간격과 만살의 안정적인 정사각형이 대비를 이룬다. 세살의 수직–수평 구도와 만

4-21 하회마을 남촌댁 사랑채. 이중창에서 안쪽의 미닫이문을 용자살로, 바깥쪽의 여닫이문을 세살로 처리했다. 두 종류의 문양이 병렬되면서 기하주의를 즐길 수 있다.

4-22 청풍 후산리 고가. 두 장의 서로 다른 창살 문양을 이중창으로 쓸 경우 안쪽의 미닫이문을 열고 닫는 데 따라 대칭과 비대칭을 원하는 대로 만들어낼 수 있다.
4-23 정여창 고택 사랑채. 안쪽 창문은 변형 숫대살이고 바깥 창문은 세살이다. 보통 안쪽을 더 간단한 문양으로 처리하는 것과 반대다.
4-24 아산 맹씨 행단. 세살과 만살을 나란히 병렬시켰다. 이중창과는 또 다른 매력이다.

살의 정사각형 균형은 조화를 이룬다. 사각형에서 파생된 작은 기하 조각들을 가지고 재미있는 놀이를 벌이고 있다.

운강 고택 안채에서는 세살과 변형 숫대살을 병렬시켰다.[4-25] 이번에는 선의 미학과 면의 미학이 충돌한다. 어울린다고 봐도 상관없다. 세살은 이름 그대로 가느다란 선이 급하게 반복하면서 조약돌 같은 작은 정사각형을 가지런히 뿌린다. 변형 숫대살은 넓적한 면 단위가 조합을 이룬다. 안정적인 직사각형과 기다란 직사각형이 깍지를 끼듯 서로 몸을 얽히면서 기묘한 분할 구성을 연출한다. 둘 모두 기하의 파노라마인데 이것으로도 부족해서 둘이 합해지고 파노라마는 더 현란해진다.

4-25 운강 고택 안채. 세살과 변형 숫대살을 병렬시켰다. 두 종류의 문양을 나란히 놓고 보면 기하주의는 중첩 없이 선명하게 드러난다.

창호지에 지붕 그림자가 더해지면 문양은 아연 활기를 띤다. 창살이 가느다란 선의 놀이라면 지붕 그림자는 면 단위로 넓적넓적 들어간다. 끄트머리는 막새와 서까래 두 종류로 갈린다. 막새에 그림자가 지면 끄트머리는 둥글둥글해진다. 나상열 가옥 사랑채를 보자."4-26 기분 좋은 곡선 덩어리가 순박하게 반복된다. 편하고 해학적이다. 수애당 사랑채는 좀 다르다."4-27 서까래가 그림자를 내리면 좀더 날카로워진다. 굵고 짧은 막대가 사선 방향으로 늘어선다. 그림자에 힘과 긴장감이 넘친다.

선교장 활래정은 두 경우를 합해놓은 것쯤 된다."4-28 지붕 그림자

4-26 나상열 가옥 사랑채. 창호지에 지붕 그림자가 더해지면 문양은 한결 다양해지고 부드러워진다.

4-27 수애당 사랑채. 창호지에 서까래 그림자가 더해지면서 긴장감이 만들어진다.
4-28 선교장 활래정. 지붕 그림자에 둥근 곡선과 직선이 섞였다. 흥겨운 리듬을 즐길 수 있다.

끄트머리는 막새 중심으로 둥글둥글 가다 가끔씩 서까래가 툭 튀어나온다. 규칙적이지 않아서 참 좋다. 하지만 이것은 눈속임이다. 규칙적이지 않을 리 없다. 서까래는 지붕을 받치는 중요한 구조 부재이기 때문에 규칙적으로 깐다. 그림자도 규칙적 간격으로 졌는데 중간에 문틀이 끼어들면서 불규칙적인 것처럼 보인다. 간격을 흐트러뜨렸고 아예 서까래를 가리기도 한다. 규칙성이 깨지면서 해학적 리듬감이 좋다. 어떤 놈은 혼자 있고 어떤 놈은 둘이 어울린다. 간격은 좁았다 넓어진다.

이런 것들은 모두 리듬이다. 지붕 그림자가 없이 세살만 있었다면 정좌하고 글 읽는 선비였을 것이다. 지붕 그림자가 들어가면 흥에 겨운 선비의 또 다른 모습으로 변한다. 이를테면 자연과 벗 삼아 풍류를 즐기는 것 같다. 여섯 짝의 긴 문이 급하게 반복되면서 긴장감이 심한데 리듬감은 이것을 풀어준다. 흑백이 팽팽하게 맞선 무채색의 대립 구도 속에서 지붕 그림자는 색깔 있는 스토리를 더해 넣는다.

창호지에 지는 이런 그림자는 원래 계절과 시간에 따라 해가 떠 있는 각도를 반영하는 과학적인 장면이다. 예를 들어 활래정이나 수애당쯤 되면 한겨울 해가 중천에 뜬 것을 알 수 있다. 나상열 가옥은 여름에 더운 해를 처내는 장면이다. 해는 방 끝에 걸리는데, 이 시기에는 이런 해 길이가 적절하다. 하지만 여기에 머물지 않는다. 창호지에 온기를 실어낼 뿐 아니라 문양까지 그린다. 굳이 흰 회벽이 아니더라도 방 안에서도 서까래의 문양을 즐길 수 있다.

휴먼 스케일 ● 내 몸에 맞춰 짜다

휴먼 스케일의 중요성

창호지의 포근함을 완성시켜주는 것이 한옥의 휴먼 스케일이다. 확장하면 앞 장에서 나왔던 종합 감각 작용의 효과를 높여주는 것 역시 휴먼 스케일이다. 휴먼 스케일이란 쉽게 이야기해서 포근하고 아늑한 공간이다. 맨발로 집안 곳곳을 돌아다니면서 햇빛과 바람을 받고 바닥에 살갗을 비비는 한옥 생활은 공간이 포근할 때 그 효과가 배가되며 비로소 완성된다고 할 수 있다. 한옥에서는 아늑한 공간이 온몸의 감각기관을 포근하게 감싸준다.

한옥은 정말 포근하고 아늑할까. 그렇다. 한옥은 집 밖에서 보면 작지 않아 보인다. 특히 과거 농촌의 초가 사이에 있는 양반집은 '고래 등 같은 기와집'이라는 말에서 알 수 있듯이 위압적으로 보이기까지 했다. 그런데도 한옥은 정말 포근하고 아늑할까. 그렇다. 한옥은 포근하고 아늑하다. 집은 클지언정 그 속의 건축 구성은 아기자기하고 공간은 포근하며 아늑하다. 실제로 조선시대에도 '집은 큰데 문은 아담'이 집과 관련된 선비의 덕목 가운데 하나였다. 밖에서 본 것과 실제 속에서 사는 것 사이에 차이가 있다는 말이다. 그 비밀은 어디에 있을까. 휴먼 스케일이 답이다.

집은 큰데 공간이 포근하고 아늑하다는 것은 집을 작은 단위로 잘게 나누었다는 뜻이다. 이렇게 작은 단위로 나눌 때 그 기준을 사람의 신체 부위에 맞추면 휴먼 스케일이 된다. 물론 단순히 잘게 자르기만 한다고 휴먼 스케일은 아니다. 잘게 자른 요소들을 사람의 동작에 맞게 짜야 한다. 몸의 각 관절 마디가 적절하게 작동하게 만드는 것이 가장 좋다. 종합하면 건축 부재를 자르고 공간을 짤 때 사람의 몸을 기준으로 크기를 정하고 구조를 조합하면 휴먼 스케일을 지킨 것이 된다.

휴먼 스케일의 의미를 좀더 살펴보자. 말 그대로 인간에게 맞춘 스케일이란 뜻이다. 그렇다면 '스케일'은 무슨 뜻일까. '그 사람은 스케일이 크다' 처럼 일상생활에서도 사용하는 단어다. 이때 스케일은 '일을 하고 생각하고 돈을 쓰는 등 행동거지의 규모'에 해당된다. 건축에서는 뜻이 약간 다르다. 우리말로는 보통 '척도'라고 번역하는데 이 단어도 적절하지는 않다. '척도'라 하면 '잰다' 거나 '재는 단위나 도구'라는 뜻이 강한데, 건축에서 스케일의 핵심 개념은 '상대적 비율'이다. 'x-y-z' 축으로 이루어지는 3차원 공간 내에서 세 방향의 크기가 상식적 범위 내에서 적절한 비율로 어울리는 범위, 혹은 그렇게 정해지는 상대적 치수라는 뜻이다.

　예를 들어 3.3제곱미터라는 넓이가 있을 때 건축에서는 이것 자체만으로는 아직 의미가 정해지지 않는다. 어디에 놓이느냐에 따라 의미는 천차만별이 된다. 광장에서는 큰 차이를 못 만들어내는 작은 면적이지만 화장실에 들어가면 의미가 큰 면적이 된다. 강남에서는 몇천만 원의 가격이지만 시골에 가면 몇만 원밖에 안 된다. 조금 다르게 해석하면 '상식적 범위 내에서 적절한 어울림'도 스케일 개념이 된다. 키가 크면 신발도 커지고 건물이 높으면 그 앞의 광장도 넓어지는 것이 여기에 해당된다.

　휴먼 스케일은 '상대적 비율'이나 '적절한 어울림'에서 한쪽이 사람의 몸이 되는 경우다. 둘 모두 짝 사이의 관계를 전제로 하는 개념인데 사람의 몸이 그 가운데 한쪽을 차지하면서 크기를 결정하는 기준이 된다는 뜻이다. 그렇다면 사람을 둘러싼 조형 환경에서 휴먼 스케일은 왜 필요하고 중요할까. 크게 세 가지 이유를 들 수 있다.

　첫째, 휴먼 스케일로 짠 공간은 사람에게 자신의 몸을 인식하도록 지속적으로 자극을 주며 이것을 통해 자신의 존재를 확인할 수 있게 해준다. 사람은 건물 속에 놓였을 때 자신의 몸을 기준으로 주변 환경을 파악할 수 있어야 한다. 민형기 가옥을 보자. [4-29] 담, 벽, 중문, 창문, 퇴, 기단 등 건물을 이루는 모든 요소가 사람 몸의 크기 내에 들어 있다. 중문을 제외하면 모두 사람 몸의 분수 크기로 이루어진다. 사람은 이런 공간 속에 있어야 존재감과 정체성을 잃지 않고 내가 나의 주인으로 남을 수 있다. 이것을 해주는 것이 휴먼 스케일이다. 요즘은 외국인들까

4-29 민형기 가옥. 담, 벽, 중문, 창문, 퇴, 기단 등 건물을 이루는 모든 요소가 사람 몸의 크기 내에 들어 있다.

지 서울의 도시 한옥 보존 운동에 가담하고 있는데 얼마 전 텔레비전에서 그런 분을 인터뷰한 걸 본 적이 있다. 그분이 자기 몸을 만지고 팔을 뻗어 한옥 공간과 견줘가면서 "한옥은 휴먼 스케일이 살아 있어서 좋다"라는 취지의 말을 하는 걸 보았다.

둘째, 휴먼 스케일 속에서 정체성과 존재감을 확보하면 공간과 사

4-30 운현궁 노락당. 기단, 계단, 퇴, 문지방 등이 모두 사람의 무릎을 기준으로 크기가 정해지고 조합되었다. 휴먼 스케일이 살아 있는 집이다.

람 사이에 상호 교감이 가능해진다. 사람은 생활 환경이 휴먼 스케일로 이루어질 때 비로소 공간과 자신을 한몸으로 느낄 수 있다. 일체화와 동일화다. 이렇게 되면 생활 환경과 지속적으로 교감하고 친해질 수 있다. 매일매일 평생을 지내는 생활 환경과 친해진다는 것은 매우 중요한 일이다. 이런 집에 살면 정서적 안정감은 더 확고해진다. 단순히 비싸

거나 편하거나 하는 수준을 넘어서서 집은 사람과 정서적·인격적 교류의 대상이 된다.

운현궁 노락당을 보자."4-30 기단, 계단, 퇴가 무릎 한 번 굽히는 정도의 스케일 차이를 보이며 어울린다. 채와 채가 살짝 어긋나고 그 차이를 기단과 댓돌과 퇴가 메우고 있다. 문도 마찬가지다. 사람 키 정도의 높이를 가지며 문지방 역시 무릎을 한 번 구부리면 넘기에 적합한 높이다. 모든 것을 사람의 무릎을 기준으로 짰다. 휴먼 스케일이 살아 있는 집이다.

휴먼 스케일과 포근함의 미학

셋째, 위의 두 단계를 거치면 마지막으로 집에서 포근함과 아늑함을 느낄 수 있다. 휴먼 스케일이 포근함을 주는 조건은 세 가지다. 일단 크기 자체가 아담하다. 당연하면서도 일차적인 물리적 조건이다. 움막 같은 것은 여기에 해당된다. 하지만 이것으로는 다소 부족하다. 움막은 답답할 수 있다. 오래 있으면 특히 더 그렇다. 다른 것이 더 필요하다는 이야기다. 여기에 휴먼 스케일의 구성이 더해지면 두 가지 효과가 나타나면서 비로소 포근함이 완성된다. 동년배 효과와 자궁 효과다.

동년배 효과란 자신과 동급의 동갑내기들 사이에 있을 때 느끼는 동질감, 연대감, 소속감 등이다. 이런 느낌을 가질 때 사람들은 편안해진다. 가장 대표적인 것이 초중고 때 친구와의 관계다. 나이가 같고 같은 학교에서 배우고 같은 동네에서 함께 뛰노는 등 나와 같은 조건을 가장 많이 갖춘 동년배들로 이루어진 그룹에 내가 소속되어 있다고 느끼면서 생기는 심리적 안정감 같은 것이다. 고등학교 때까지 형성된 이런 동년배 효과는 평생 지속된다. 어른이 되어서는 친구와 술잔을 기울이며 자신의 속 이야기를 털어놓을 때 동년배 효과를 느끼게 된다. 고등학교 동창은 졸업하고 30년이 지나서 처음 만나도 한두 시간만 지나면 금방 옛날로 돌아가서 웃고 떠들며 장난을 칠 수 있게 되는 것도 같은 이유다. 노후 준비 항목에 친구가 반드시 들어가는 것도 같은 이유다.

내 친구 중에 캐나다로 이민 간 녀석이 있었는데 타국 생활이 외로운지 나에게 방학 때마다 캐나다에 와 있으라며 몇 년을 조른 적이 있었는데 이것도 동년배 효과가 그리워서 나온 현상으로 볼 수 있다. 오래된 친구보다는 약하지만 자신과 비슷한 것을 공유하고 나눌 수 있으면 동년배 효과를 느낄 수 있다. 동갑내기는 처음 만나는 사람이라도 친근감이 가고 말을 놓고 친구가 되는 현상이 좋은 예다. 이보다 좀더 사회적 의미가 강하긴 하지만 이데올로기를 중심으로 뭉친 '형제애 fraternity'에 속하는 여러 결사단체 등도 비슷한 예다.

동년배 효과는 사람과 사람 사이에만 생기는 것이 아니다. 집에서도 동년배 효과를 얻을 수 있다. 사람과 공간, 사람과 건물 사이에도 생길 수 있다. 휴먼 스케일이 그 비밀이다. 휴먼 스케일로 된 공간 속에서는 이런 여러 예에 해당되는 느낌을 느낄 수 있다. 공간 환경을 자신의 몸에 빗대어 그 특징과 크기와 구성을 인식할 수 있을 때 그 집은 물리적 구조체가 아니다. 나와 인격적 교류가 가능하고 나를 포근히 감싸주는 동년배가 된다. 청풍 도화리 고가를 보자.[4-31] 벽을 나눈 비율과 창문 크기를 모두 사람 몸의 크기를 기준으로 삼았다. 창문이 어울리는 모습이 친구들끼리 재미있게 놀고 있는 것과 비슷하다. 이런 집에 살면 동년배 효과를 느낄 수 있다.

자궁 효과란 어머니 자궁 속에 들어앉아 있는 것처럼 조형 환경이 자신을 포근하게 감싸줄 때 느끼는 정서적 안정감이다. 한 사람이 평생을 살면서 자신의 존재를 가장 편안하고 안전하게 느낄 때는 태아 때 어머니 자궁 속에 있을 때다. 이때의 기억은 여러 형태의 무의식으로 한 사람의 기억에 강하게 자리 잡아 그 사람의 정서와 감성에 평생 영향을 끼친다. 자궁 효과는 태아가 세상에 태어나서 한 사람의 인격체로

4-31 청풍 도화리 고가. 창에 휴먼 스케일이 잘 살아 있다. 이런 집에서는 사람과 집 사이에 동년배 효과가 나타날 수 있다.

성장하고 살아가는 과정에서 자궁 속에 있을 때 가졌던 것과 가능한 한 비슷한 느낌을 가질 때 나타나는 효과다. 태아 때 어머니 자궁 속에서 자신의 몸을 직접 비비고 부딪히던 무의식도 깨울 수 있다. 온 우주가 자신의 몸과 딱 맞는 주머니였다는 기억을 깨울 수도 있다.

공간 환경이 이런 기억들을 깨우쳐줄 수 있다면 사람은 어머니 자궁 속에 든 것 같은 포근함을 느낄 수 있다. 한옥의 방들은 대부분 이런 스케일을 유지한다."1-1, 2-7, 2-23, 3-1, 3-19 김동수 고택 사랑채도 좋은 예다."4-32 방의 크기가 아담하며 천장도 거기에 맞춰서 아늑하다. 창문은 사람의 키보다 약간 낮으며 그 밖에 있는 마당도 몇 걸음이면 건너갈 수 있다.

4-32 김동수 고택 사랑채. 좌식 생활에 적합한 휴먼 스케일을 보여준다. 이런 방에서는 자궁 효과를 느낄 수 있다.

저 너머에 있는 행랑채는 손에 잡힐 듯 친근하다.

휴먼 스케일이 넘쳐나는 한옥

이처럼 동년배 효과와 자궁 효과는 소속감과 안정감을 줌으로써 사람의 정신과 정서를 편안하게 보호해주고 포근하게 감싸주는 관계 조건이다. 이것을 가능케 해주는 것이 휴먼 스케일이다. 이런 조건은 사람이 존재감을 확보하는 데 필수적이다. 공간 환경이 중요한 이유다. 사람들은 왜 춤을 추고 자기 몸을 씻고 문신을 새기고 자위를 할까. 표면적으로는 다른 이유가 있다. 스트레스 해소를 위해, 신나는 음악을 듣기 위해, 때를 벗기기 위해, 자신의 폭력성을 과시해서 주변을 겁 주기 위해, 성욕을 해결하기 위해 등이다.

맞는 말이다. 그러나 궁극적 해답은 아니다. 모두 기능적인 이유다. 그 속에 정신적인 이유가 숨어 있다. 궁극적인 해답은 이런 정신적인 것이어야 한다. 사람들은 자기 몸을 인식해서, 자신의 존재를 확인하기 위해서 이런 여러 행동을 한다. 결국 자기 몸을 바라보는 자기애의 발로인 것이다. 내 몸을 둘러싼 이런 행위들의 궁극적 목적은 내가 살아 있음을 느끼기 위한 것이다.

건물도 마찬가지다. 우리는 공간 속에 들어 있을 때 자기 몸을 인식하고 존재를 확인할 수 있어야 된다. 이래야 사람들은 정서적으로 안정되고 자신의 존재감을 잃지 않게 된다. 멍해지지 않고 뇌에 적당한 자극을 받으며 인식과 생각을 유지하고 심리적 안정감을 확보하게 된다.

주체인 나와 객체인 집 사이에 건강한 균형과 평등한 교류가 일어나야 된다. 집이 물질의 대상으로 한쪽으로 쏠려 있거나 사람을 위압하면 그 속에서 사람은 절대 행복할 수 없다. 사람이 교감을 할 수 있는 대상은 일차적으로는 같은 사람이지만 이것 이외에 자신을 둘러싸고 있는 모든 만물 환경이 교감의 대상이 될 수 있다.

이렇지 못할 경우 사람들은 공간 속에서 소외감을 느끼면서 정서적으로 불안해진다. 우리 현실을 보면 잘 알 수 있다. 휴먼 스케일이 깨진 대형 공간이나 반대로 좁은 각종 '방' 문화가 세상을 지배하면서 사람들의 정신적 불안 증세를 보여주는 각종 지표가 급속도로 나빠지고 있다. 최근 산업화의 폐해가 커지면서 생태주의가 등장하고 자연과의 소통을 중요하게 여기고 있는데 이에 못지않게 인간이 세운 조형 환경과의 소통도 매우 중요하다. 그 방법에는 장식이나 상징 같은 도상 요소를 통하는 방법과 휴먼 스케일을 통하는 두 가지가 있다. 전자는 시각적 방법으로 그것 자체로 중요하긴 하지만 자칫 물질적·과시적으로 흐를 수 있으며 미신이나 낭비 요소가 개입하기 쉽다. 후자는 감성적 방법으로 이와 달리 안전하고 안정적이다. 두뇌와 마음과 신체 모두를 골고루 사용하게 함으로써 사람을 친근하고 포근하게 감싸준다.

한옥은 휴먼 스케일이 살아 있는 집이다. 살아 있다 못해 곳곳에 넘쳐난다. 한옥에서는 휴먼 스케일이 주는 여러 효과를 잘 느낄 수 있다. 우선 방부터 보자. 한옥의 방은 아늑하고 포근하다. '아흔아홉 칸' 대감댁이라지만 정작 방들은 크지 않다. 요즘을 기준으로 하면 안방도 3~4평을 넘지 않는다. 요즘 집의 상식으로 보면 작아 보인다. 하지만 여러 이유가 있다. 앞의 1장에서 나왔던 기후 요소도 중요한 이유다. 마당과 공간을 구별하지 않고 하나로 사용하기 위한 목적도 크다. 여기에 더해 휴먼 스케일도 빠질 수 없는 이유다.[3-23] 이런 여러 이유와 목적을 종합적으로 파악해야 한옥의 방이 왜 작은지를 알 수 있다.

방 이외에도 곳곳에 휴먼 스케일이 넘쳐난다. 마당은 궁색하지 않지만 과도하지도 않다. 집을 감싸기에 넉넉하지만 사람을 감싸주는 범위를 넘지 않는다. 퇴는 사람의 무릎 높이를 잘 지켜서 걸터앉기에 딱 맞는 높이다. 녹우당 내 추원당을 보자.[4-33] 퇴의 소담한 스케일을 보여준다. 사람을 감싸는 공간이 아닐지라도 이런 스케일을 보는 것만으로 포근함과 아늑함을 느낄 수 있다. 이런 장면을 볼 때면 무릎을 인식하

4-33 녹우당 내 추원당. 퇴는 무릎을 구부리고 걸터앉기에 딱 알맞은 높이다.

4-34 한개마을 북비고택. 기단 높이는 계단 세 단을 넘지 않는다. 계단이 세 단 이상 넘어가면 힘이 들어서 휴먼 스케일이 깨진다.

게 된다.

누마루는 키를 넘지 않는다. 창문은 몸통만 한 것에서 키를 조금 넘는 것까지 내 몸 크기 주변을 떠나지 않는다. 기단도 마찬가지다. 지붕 높이와 본체 크기에 주눅 들지 않지만 사람 허리를 넘는 경우는 좀처럼 없다. 한개마을 북비고택을 보자. ⁴⁻³⁴ 한옥치고는 기단이 높은 편이지

4-35 창덕궁 연경당. '기단-댓돌-퇴'가 모두 무릎 한 번 구부리는 높이로 가지런하게 배열되었다.
4-36 김동수 고택 사랑채. 떡을 한 덩어리 떼어놓은 것 같은 댓돌은 스케일의 미학에서 최고봉이다.

만 계단 세 단을 넘지 않았다. 창덕궁 연경당을 보자.⁴⁻³⁵ '기단-댓돌-퇴'가 모두 무릎 한 번 구부리는 높이로 가지런하게 배열되었다. '후다닥', 무릎을 끼고 만들어지는 세 걸음의 리듬을 연상시킨다.

    계단은 많아야 두세 단이며 네 단을 넘는 경우는 예외적이다. 무릎을 세 번 굽히게 만들었다. 그 이상은 힘들어서 휴먼 스케일을 느낄 수 없다. 댓돌은 떡 덩어리 하나를 떼어놓은 듯 친근하다. 김동수 고택 사랑채를 보자.⁴⁻³⁶ 무릎을 크게 한 번 구부리면 한 걸음에 성큼 방 안이

나 대청까지 오를 수 있다. 이처럼 한옥을 구성하는 스케일은 모두 공간을 오를 때 사람이 즐거움을 느끼기에 딱 좋은 크기와 횟수의 범위 내에 들어온다. 사람을 위압하거나 힘들게 하지 않는다.

한옥의 크기와 구성은 모두 사람 몸의 부위, 특히 관절 단위로 환산된다. 휴먼 스케일의 종합체다. 한옥의 참맛은 곳곳에 넘쳐흐르는 휴먼 스케일을 즐겨야 비로소 느낄 수 있다. 머릿속으로 내 몸의 관절 단위와 견주고 빗대어 보며 실제로 몸을 사용해서 직접 경험해야 한다. 조금 익숙해지면 특별히 의식하거나 노력하지 않아도 한옥에서 살아가는 일상생활 자체가 휴먼 스케일을 인식하고 그것에서 자극을 받는 행위의 연속이다. 이렇게 1년, 2년, 3년을 살다 보면 휴먼 스케일이 주는 동년배 효과와 자궁 효과가 내 감성과 정서에 안착한다. 나는 집에서 포근함을 느끼고 내 정서는 안정된다. 정말로 지혜로운 집이다.

스케일의 미학

■**대청 천장은 높고 방 천장은 낮다**   한옥의 휴먼 스케일에는 포근함만 있는 것이 아니다. 앞에서 대청은 호탕하다고 했다. 포근함은 주로 방에 나타난다. 포근함과 호탕함은 반대되는 특징이다. 둘을 합하면 '대청 천장은 높고 방 천장은 낮다'가 된다. 이 말에서 두 가지를 알 수 있다. 하나는 우리 조상이 스케일의 원리를 잘 알고 있었다는 것이며, 하나는 스케일의 미학을 대비시키고 즐겼다는 것이다.

한옥에서 대청의 천장은 높고 방의 천장은 낮다. 당연하다. 대청은 넓고 방은 좁기 때문이다. 방이 넓으면 천장도 따라 높아야 하고 반대로 방이 좁으면 천장은 낮아야 한다. 스케일의 기본 원리인데, 일상 용어로 말하면 '제격'쯤에 해당된다. 대청 천장을 굳이 안 막고 구조를 다 드러낸 이유는 구조 미학이라는 목적도 있지만 스케일에 맞춰 천장을 높게 하기 위한 목적도 크다. 결국 방과 대청을 합해서 보면 스케일을 섬세하게 관리했음을 알 수 있다. 한옥에 들어가면 공간의 스케일과 관련해서 어색하지 않고 자연스러움을 느끼는 숨은 이유다.

한옥의 스케일이 섬세하다는 것은 곧 사람이 공간 속에서 느끼는 감성에 대해서 섬세하게 대응한 것이 된다. 천장은 머리 위에서 사람을 내리누르는 부재이기 때문에 감성에 미치는 영향이 크다. 너무 휑해도 불안해지며 너무 낮으면 답답해진다. 한옥의 방 높이는 이 중간을 적절하게 잘 지킨다. 대체적으로 2미터 안팎에 몰려 있는데 이는 한국 사람의 체형을 기준으로 했을 때 사람을 포근하게 감싸주기에 적합한 스케일이다.

한옥 방의 낮은 천장 높이는 물론 좌식 문화의 산물이다. 2미터 안팎이면 섰을 때는 낮게 느껴지지만 앉아 있을 때에는 포근함을 느끼기에 매우 적합한 높이다. 이 때문에 천장이 낮은 작은 방에서는 섰을 때 머리가 천장에 거의 닿는 경우도 있다. 하지만 좌식 생활에서는 실내 생활 대부분을 앉아 있기 때문에 천장이 낮아서 불편한 경우는 거의 없다. 오히려 겨울에 햇빛과 온돌의 난방 효과를 높이기에는 낮은 천장이 좋다. 낮은 천장이 주는 아늑하고 포근한 매력은 한옥에서 빠질 수 없는 특징이다. 창호지 문이라도 닫고 가만히 들어앉아 있으면 어머니 품

안에 안긴 것 같다. 좌식 생활이 불편한 점이 있지만 입식 생활에서는 절대 느낄 수 없는 공간적 특징이다. 종합하면 '좌식 생활-체성감각-낮은 천장'은 짝으로 함께 작동하는 원리다.

한옥의 섬세한 스케일은 방 사이에서도 관찰된다. 대청은 하나의 큰 단일 공간이니까 천장을 내는 데 어려움이 없다. 그렇다면 한 채 안에 큰 방과 작은 방이 섞여 있을 때에는 어떻게 할까. 해결책은 상황에 따라 다르다. 방의 크기 차이가 크지 않으면 대체적으로 천장 높이를 같게 한다. 한 채 내에서 천장 높이가 자주 달라지면 짓기도 어렵고 사후 관리도 까다롭기 때문이다. 다수의 한옥이 여기에 해당된다. 예를 들어 안채의 안방과 건넌방의 경우는 대개 천장 높이가 같다.

그러나 차이가 너무 크면 방 사이에서도 천장 높이를 달리한다. 그 방법도 두 가지다. 천장을 다르게 막는 직접적인 방법이 있고 경우에 따라서는 낮은 천장 쪽에 다락방 같은 것을 둔다. 채가 달라지면 방 사이에서도 높이에 차이를 주기가 쉬워진다. 대체적으로 행랑채에 작은 방들이 연달아 있게 되는데 이런 방들은 확실히 안채의 안방이나 사랑채의 사랑방보다 천장이 낮다.

스케일 관리가 섬세한 한옥의 특징은 요즘 아파트와 대비된다. 스케일의 원리를 기준으로 보았을 때 요즘 아파트는 두 가지 점에서 문제가 있다. 하나는 좌식 생활을 하기에는 천장이 높다는 점이고 하나는 넓은 거실과 작은 방이 모두 동일한 높이의 천장으로 구성된다는 점이다. 이 둘은 사실 같은 말이다. 거실 천장을 낮게 하면 답답하기 때문에 이것을 먼저 정한 뒤 방 천장을 여기에 맞추다 보니 높게 된 것이다. 사람들이 높이를 인지할 때 답답한 것은 금세 느껴도 조금 높은 것은 크게 문제 삼지 않는다. 아파트의 천장 높이가 대부분 2.3~ 2.6미터 사이에 들어가는 것은 이 때문이다.

이럴 경우 거실은 문제될 것이 없다. 제 넓이에 맞는 높이를 받았기 때문이다. 문제는 방이다. 이 높이는 방에는 안 맞는다. 너무 높다. 입식 생활에도 다소 높은 치수이며 좌식 생활이라면 더 말할 필요도 없다. 물론 요즘은 책상, 침대, 소파 등이 필수품이 되면서 입식 생활로 많이 넘어가긴 했다. 하지만 아직 완전 입식은 아니며 좌식은 여전히 주도적 생활방식이다. 방이 작으면 천장이 낮아야 사람은 심리적으로나 정서적으로 안정감을 느끼게 된다. 아파트 방은 그렇지 못하기 때문에 사람들은 그 속에서 안정감을 느끼지 못하고 밖으로 나가고 싶어진다.

좌식 생활을 기준으로 했을 때 한옥의 대청 천장은 중요한 스케일 조절 기능을 갖는다. 대청은 좌식 생활과 입식 생활이 함께 일어나는 곳이다. 실내도 아니고 실외도 아닌 전이 공간이라는 곳인데 좌식의 실내 생활과 입식의 실외 생활이 교차하는 중간 지대다. 그렇기 때문에 천장 높이를 입식 생활에 맞게 높게 냈다. 대청은 한옥을 완전한 앉은뱅이 공간만으로 놔두지 않는 구실도 한다. 작은 방들이 다닥다닥 붙어 있고 꺾임이 많은 한옥에서 분명히 가장 장쾌한 공간이다.[3-5, 3-29] 식영정을 보자.[4-37] 높이도 장쾌하지만 천장을 구성하는 구조를 그대로 드러내서 장쾌함을 더해준다. 굵은 나무 몸통이 살아 꿈틀거리는 대들보는 가히 양반집의 체통을 그대로 보여준다.

방과의 스케일 대비가 심하기 때문에 그 효과는 그만큼 커진다. 가

4-37 식영정. 높은 천장에 꿈틀거리는 대들보를 노출시켜서 장쾌한 공간을 만들었다.

부장제 아래에서 주인마님의 체통을 잘 살려서 영숆과 면面을 세워주는 장면은 사모관대를 쓴 양반이 대청에 서서 호령하는 장면일 것이다. 어머니 품처럼 아늑한 방과 양반의 체통을 살려주는 장쾌한 대청은 스케일의 미학을 대표하는 좋은 예다. 이 둘을 한 채 안에 나란히 둬서 대비의 미학을 살려낸 것은 스케일의 미학을 제대로 구사해서 응용할 줄 아는 단계에 이르렀음을 보여주는 증거다. *4-38, 4-39

이처럼 한옥은 알면 알수록 인간과 친밀하다. 휴먼 스케일에 '인간'이라는 단어가 들어간 데에서 알 수 있듯이 사람이 먼저이고 집이 다음이다. 집을 사람에 먼저 맞춘다. 집을 지을 때 사람이 편안하게 느끼게 하는 데에 우선권을 둔다. 이를 위해 집을 구성하는 공간 요소와 부재의 크기를 사람 몸에 맞춰 정한다. 물론 산업화 이전의 수공업 시대 때 이야기다. 이제 먼 과거의 비현실적인 이야기가 되어버린 것이 사실이다. 하지만 산업, 경제성, 표준화 등이 사람보다 우선권을 가지면서 공간과 부재 크기를 사람에 앞서 먼저 정해버리는 요즘 아파트에서 사람들의 마음과 정신이 병드는 것은 어떻게 설명할 수 있을 것인가.

선비의 덕목과 휴먼 스케일 (1)

■ 포근한 마당   조선시대 선비들이 집 지을 때 지켜야 할 사항들 가운데에는 스케일과 관련된 것이 많다. 주택에는 다섯 가지 허虛와 네 가지 실實이 있는데 허가 있으면 기운이 쇠퇴하고 실이 있으면 기운이 번성한다고 했다. 다섯 가지 허란 "집은 큰데 사람이 적은 것, 문은 큰

4-38

4-38 김기응 가옥 안채.
4-39 윤증 고택 사랑채.
+
대청의 높은 천장과 방의 아늑한 천장을 대비시킨 것은 스케일의 원리를 잘 알고 있었다는 뜻이다.

데 방이 작은 것, 담이 전혀 고르지 못한 것, 우물 위치가 제자리에 있지 않은 것, 대지는 넓은데 집은 작은 것" 등이다. 반면 네 가지 실은 "집은 크고, 문은 아담하고, 담은 집과 잘 어울리고, 물이 잘 흐르고, 우물은 제자리에 있어야 한다" 등이었다.

모두 아홉 가지 사항 가운데 스케일에 관한 것이 다섯 가지나 된다. 다섯 가지 허에서 세 가지, 네 가지 실에서 두 가지다. 나머지는 우물이나 물에 관한 것이 세 가지이고 집의 반듯함에 관한 것이 하나다. 우물이나 물은 상하수도가 발달하지 않았던 때라 생존과 직결된 중요한 사항이었기 때문에 세 가지나 들어갔을 것이다. 그런데 스케일에 관한 것은 이보다 훨씬 많은 다섯 가지나 된다. 우리 선조들이 집에서 스케일을 얼마나 중요하게 여겼는지를 알 수 있는 대목이다.

그 내용을 압축하면 '대지-집-사람-방-문'의 네 요소가 기준으로, 주로 이것들 사이의 비율 관계에 신경을 썼다. 대지와 집 사이, 집과 사람 사이, 방과 문 사이, 집과 문 사이, 담과 집 사이 등의 적절한 스케일 관계에 따라 집의 허실이 결정된다고 했다. 단순히 감성적으로 영향을 끼치는 것을 넘어서서 한 가문의 흥망성쇠까지 연관이 있는 것으로 파악했다. 이것은 스케일의 의미를 곰곰이 따져보면 쉽게 이해가 간다.

스케일이란 곧 자기 분수를 아는 균형의 미학이자 이것을 바탕으로 제격을 지키면서 남과 어울릴 줄 아는 조화의 미학이다. 균형과 조화는 동양에서는 유교, 서양에서는 고전주의의 핵심 강령이다. 유교에서는 균형과 조화를 예의 출발로 보았으며 선비의 절제 덕목에서 완성된다고 보았다. 스케일은 집에서 이것을 지키라는 것이다. 네 가지 실의 항목에 스케일이란 단어를 직접 쓰지는 않았지만 그 내용은 바로 스케일의 미학에 해당된다.

　이것을 깨고 과욕을 부리면 단순히 집의 문제에 머물지 않고 한 집안이 망하는 지경에 이르는 것은 인생의 순리이자 이치다. 자고로 동서고금을 막론하고 개인이건 조직이건 나라건 토건 공사를 크게 벌였다가 안 망한 예가 없다. 세계 경제 위기를 촉발한 미국의 서브 프라임 모기지 사태도 집을 끼고 돈 욕심을 부린 결과다. 우리 사회는 더 적나라하다. 투기 목적으로 큰돈을 바라고 은행 대출 얻어서 집을 샀다가 이른바 '하우스 푸어'가 속출하면서 개인과 나라가 모두 홍역을 치르고 있다. 나 개인적으로도 주변에 하우스 푸어가 되어 고생하는 사람을 여럿 보았다. 이런 현상들은 모두 스케일의 미학이 사회 도덕윤리로 발전한 것에 해당된다. 포근함의 미학은 사회미와도 깊이 닿아 있는 것이다. 한옥은 이것을 경계하고 있으니 얼마나 지혜로운 집인가.

　선비가 집 지을 때 특히 경계했던 것이 지나치게 큰 스케일이다. 집이 사람에 비해 크거나 문이 방에 비해 크거나 대지가 집에 비해 큰 경우에는 집이 허해진다고 경계했다. 한옥의 방이 아담하고 포근한 이유이며 마당이 이것을 도와 비슷한 분위기를 유지하고 있는 이유다. 한옥의 건평이 생각보다 작은 이유이며 마당과 집 사이의 면적 비율이 통상적으로 1:2에서 1:3 사이를 오가는 이유이기도 하다.

　마당도 마찬가지다. 이런 덕목이 있어서 그런지 한옥의 마당은 스케일이 아담하다. 한옥은 농업 문명에서 지배 계층의 주거였기 때문에 마당은 곡식을 정리하고 큰 잔치를 여는 등 용도가 많은 공간이었다.

이런 기능에만 초점을 맞추면 마당이 지나치게 커질 수 있는데 선비의 덕목에서는 이것을 경계한 것이다. 마당을 여백이나 저장 공간 같은 기능적 측면으로만 본 것이 아니라는 뜻이다. 마당이 갖는 심리학적 작용에 대해서도 깊게 고민했음을 알 수 있다. 예를 들어 대청에서 햇빛을 받으며 차 한 잔 마시거나 책이라도 볼 때 마당의 크기가 미치는 영향 같은 것이다. 한옥의 마당은 이런 정서적 행위에 잘 맞는 스케일을 유지한다.³⁻⁴⁶

민형기 가옥을 보자.⁴⁻⁴⁰ 사랑채를 세 면에서 마당이 에워싸는데 그 폭이 건물 높이와 거의 비슷하다. 일단 건물과 잘 어울리는 스케일이다. 나아가 사람과도 어울린다. 사람이 포근함을 느낄 수 있는 마당 스케일이다. 하회마을 귀촌 종택을 보자.⁴⁻⁴¹ 두 채가 마주보며 'ㄱ'자로 꺾였고 그 사이에 아담한 마당이 만들어졌다. 그 밖으로 같은 폭이 한 번 더 반복되면서 마당은 건물 크기에 어울리는 스케일을 유지했다. 이런 크기는 선비의 덕목에 합당하다.

선비의 덕목과 휴먼 스케일 (2)

■아담한 문　　방과 마당 다음은 문이다. 문의 크기에 대해서 특히 신경을 많이 써서 항목이 두 가지나 된다. "문은 큰데 방이 작으면 집이 허해진다"고 했고 "집은 크고 문이 아담하면 집이 실해진다"고 했다. 허와 실 두 가지 사안에 모두 문의 크기가 들어가 있으며 문의 크기를 아담하게 정하라고 가르친다. 문의 크기는 집의 크기나 방의 크기와 견주

4-40 민형기 가옥. 마당은 우선 건물과 잘 어울리며 나아가 사람도 포근하게 느끼게 해주는 스케일을 유지하고 있다.

4-41 하회마을 귀촌 종택. 'ㄱ'자로 꺾인 사이 공간을 출발점으로 삼아 마당을 정했기 때문에 건물과 잘 어울리는 스케일을 유지한다. 이런 크기는 선비의 덕목에 합당하다.

게 되는데 두 경우 모두에서 겸손한 스케일을 지키라고 가르친다.

그 이유는 두 가지일 것이다. 하나는 겨울에 열 손실을 막기 위한 목적이다. 문이 크면 열 손실이 많은 것은 상식이기 때문이다. 하나는 인체와의 휴먼 스케일을 고려해서다. 문은 사람 몸이 드나드는 구멍이다. 이것이 지나치게 크면 사람이 위압을 당하고 방 안의 포근한 분위기가 헐렁해진다. 사람이 문의 눈치를 보게 된다. 그 반대로 큰 문을 드나들면서 허황된 욕심을 키울 수 있다. 또한 문에는 창살이 들어가면서 자잘한 분할이 많이 일어난다. 이 때문에 문은 인체의 감각 반응을 강하게 유발하는 요소다. 따라서 문이 커서 휴먼 스케일을 위협하게 되면 사람의 감각과 감성을 해치거나 허황된 욕심을 갖게 된다. 선비들은 이 것을 '허'하다고 본 것이다. 문의 크기를 아담하게 지킬 것을 두 번이나 반복해서 강조함으로써 이런 위험을 예방하고자 했던 것이다.

이런 덕목이 있어서 그런지 한옥의 문은 아담하다. 드나들면서 몸을 수그려야 되는 문도 많다. 자신의 몸을 낮춰 항상 겸손하라는 가르침이다. 겸손함의 미덕을 따로 시간내서 특별히 주의를 기울여 실행하지 말고 방문을 드나드는 일과 속에서 생활의 일부로 체화시키라는 가르침이다. 마당보다 아담하다. 양진당 행랑채를 보자.[4-42] 문지방을 낮게 하고 문을 최대한 낮추었지만 문 높이는 여전히 사람 키를 넘지 않는다. 중간 보와의 사이에 작은 여백까지 넣었다. 문 높이는 어린아이 키 정도를 넘을까 말까 한다. 벽체 전체 높이의 절반을 조금 넘는다. 그 옆에서 수평 방향으로 누운 작은 창이 짝을 이루었다. 휴먼 스케일은 확고하게 자리 잡았다. '집은 크고 문이 아담하면'이라는 조건을 잘 만

4-42 양진당 행랑채. 문 높이를 최대한 낮추려는 노력이 엿보인다. 그 옆에서 작은 창이 휴먼 스케일을 거든다.

족시켰다.

　아담한 문은 한옥의 대표적인 장면이라 거의 모든 한옥에 넘쳐난다. 한 집에서도 사람 키를 넘는 문은 그리 많지 않다. 대부분 어른 키보다 낮다. 양동마을 이향정과 운조루 안채를 보자.*4-43,4-44* 이향정의 문은 아담하다 못해 앙증맞다. 놀이동산의 난쟁이 나라나 어린이 장난감 놀이 세트를 보는 것 같다. 운조루는 이보다는 좀 커 보이지만 여전히 소담한 크기를 유지한다. 둘 모두 넓은 벽면 위에 혼자서 작은 문을 뚫어 지키고 있는 장면이다. 문을 언급한 선비의 덕목대로라면 이 집은 실하게 되어 있다.

이렇게 작은 문을 드나들다 보면 휴먼 스케일이 작동하게 된다. 허리를 구부려야 하기 때문에 관절 마디를 쓰게 되고 이것은 뇌에 자극을 주어 자신의 몸을 인식하게 만든다. 문 옆에서는 휴먼 스케일을 유지하는 다른 부재들이 함께 어울린다. 이향정에서는 댓돌 하나가 덩그러니 놓였다. 넓적한 자연석을 거의 다듬지 않은 채 둬서 앙증맞은 문과 아주 잘 어울린다. 둥글넓적한 댓돌과 아담한 수직 창이 비례 대비를 만

4-43 **양동마을 이향정**. 댓돌과 함께 보면 무릎을 크게 구부리면서 허리까지 구부려야 문으로 들어갈 수 있다. 모두 몸을 많이 쓰게 하는 동작으로 휴먼 스케일이 작동하는 원리다.
4-44 **운조루 안채**. 댓돌 대신 퇴를 달았지만 사람 몸을 쓰게 하는 데에서는 이향정과 동일한 조건을 이룬다.

4-45 농암 종택 긍구당. 작은 문을 바닥에 붙이면 위쪽에 넓은 회벽 면이 나오고 그 위에 지붕이 그림자를 그린다. 문의 휴먼 스케일을 돕는 자연 장식이다.

들어낸다. 기단에서 댓돌, 댓돌에서 문을 오르는 발걸음은 무릎을 크게 쓰는 동작이다. 모두 휴먼 스케일이 작동하는 구성이다. 문으로 들어갈 때에는 무릎을 크게 구부린 상태에서 허리마저 구부려야 한다. 훌륭한 스트레칭 동작이다. 운조루 안채에서는 댓돌 자리에 퇴를 달았다. 퇴는 건물 전면을 가로지른다. 바닥에서 문으로 오르는 발걸음은 이향정과 같다. 휴먼 스케일이 작동하는 방식도 같다.

'집은 크고 문이 아담' 하면 집 어느 곳에선가 넓은 벽면이 나오게 된다. 이곳을 흰 회벽으로 처리하면 그림자 놀이를 벌이기에 좋은 곳이 된다. 농암 종택 긍구당을 보자. [4-45] 문은 이향정이나 운조루 안채처럼 사람 키보다 많이 작다. 문을 바닥에 바짝 붙이면 위쪽으로 넓은 회벽 면이 나온다. 그 위에 지붕 그림자가 사선으로 지고 서까래가 살짝 얼굴을 내밀었다. 휴먼 스케일을 돕는 장식이다. 화려하고 얼룩덜룩한 단청이었다면 아래의 작은 문은 눌려버려서 초라해졌을 것이다. 자연이 그리는 무채색의 장식이기 때문에 아담한 문은 휴먼 스케일의 의미를 잘 지켰다.

5장

화목한 집

어울림의
미학

화목한 가족을 표현하는 한옥의 창

창과 어울림의 미학

창의 미학은 계속된다. 앞 장에서는 아담한 창이 갖는 포근함의 미학에 대해서 살펴보았다. 창은 이것에 머물지 않는다. 창은 어울림의 미학을 통해 가족의 화목함을 표현한다. 구성을 통해서다. 창은 벽을 구획하며 대개 여러 개가 함께 어울린다. 우선 벽을 분할한다. 벽은 일차적으로 기둥과 보에 의해 분할된다. 이렇게 분할된 큰 면 단위를 창이 한 번 더 분할한다. 여기까지는 분할에 의한 구성미다. 벽면을 분할하면서 나타나는 구성미로 둘을 합해서 구성 분할이라 한다. 추상 미학의 한 형식이다. 이를테면 몬드리안의 작품과 같은 개념이다.

여기에 머물지 않는다. 구성 분할에서 한 발 나아가 어울림의 미학이 나타난다. 구성 분할은 비례나 조화 같은 고전 미학이나 기하 미학에 머문다. 여기까지는 추상 미학이다. 한옥의 창은 이것보다 한 단계 나아간다. 어울림의 미학이라는 것이다. 흰 회벽에 나무색으로 사각형 단위를 만들며 이런 사각형이 형태와 크기를 달리하며 어울린다. 구성 분할을 뛰어넘은 것일 수도 있다. 한옥의 창은 서양의 추상미술처럼 분할이 정밀하지는 않다. 몬드리안처럼 비례를 엄밀히 따져 손을 대서는 안 되는 절대 상태를 제시하지 않는다. 서양 건물처럼 같은 창이 반복되지도 않는다. 창은 제각각이며 분할도 엄밀하지 않다. 비례 규범에 강하게 천착한 고전 미학은 분명 아니다. 아주 쉽게, '쓱쓱' 나눈 것 같다.

쉽지 않다. 비례를 따져서 분할하는 것이 숫제 더 쉽다. 물론 그렇다고 비례를 따지지 않는 것이 늘 어려운 것은 아니다. 아무렇게나 나누면 쉬울 것이다. 한옥의 입면은 그렇지 않다는 뜻이다. 아주 높은 수의 고수가 오랜 경험을 바탕으로 때로는 한 번에, 또 때로는 꽤나 고민 끝에 만든 엄연한 작품이다. 단, 자를 들고 센티미터를 따져가면서 나누지 않았다는 뜻이다. 무상무아의 상태에서 약간의 해학과 한국다운 정과 마음을 담아 상황과 대상에 충실해서 나눈 것이다.

그래서 풋풋하고 엉성하다. 그 대신 창끼리 어울리는 다양한 형식을 연출한다. 어울림은 정겹고 친근하다. 아기자기하고 리드미컬하다. 개수는 두 개에서 많게는 대여섯 개까지 다양하다. 문 크기는 편차가 크다. 사람 몸통보다도 작은 놈에서 키를 넘는 것까지 천차만별이다. 형태는 사각형을 기본으로 하지만 비율 역시 천차만별이다. 상식적인 비율의 범위 내에 드는 직사각형이 가장 많지만 수직으로 긴 것부터 수평으로 누운 것까지 다양하다. [5-1, 5-2] 물론 정사각형도 있다. 이런 창들이

5-1 충효당 안채. 한옥의 문은 수평 비례에서 수직 비례에 이르기까지 다양하다.
5-2 한규설 대감가 사랑채. 한옥의 문은 형태와 비례 등이 다양하지만 서로 어울려 화목한 분위기를 표현한다.

어우러진 모습은 사람 사이의 관계를 연상시킨다. 어울림의 미학이다.

한옥의 창은 때로는 덩그러니 문 하나만을 갖는다. 이럴 경우 문은 대부분 아담하다. 앞에 나왔던 '아담한 문'이다.[4-43, 4-44, 4-45] 혼자이지만 혼자가 아니다. 한국의 문은 이미 혼자일 때부터 어울림을 준비한다. 아담할수록 좋다. 간혹 사람 키마저 넘어버리는 큰 문이 혼자 있기도 하지만 이러면 어울림을 만들어내기 어렵다. 관가정 사랑채를 보자.[5-3] 바닥에서 천장까지 가로지르며 벽 높이를 다 차지한다. 대청의 호탕한 높이에 격을 맞춘 것이기는 하지만 사람들은 문의 눈치를 보며 얼른 드

5-3 관가정 사랑채. 벽 높이 전체를 가로지르는 큰 문은 호탕은 하지만 어울림의 미학을 만들어내지 못하고 혼자서 외롭게 서 있어야 한다.

5-4 귀봉 종택. 아담한 문은 혼자 있을 때라도 휴먼 스케일을 작동시켜 사람의 몸과 어울린다. 남는 여백에는 구성 분할을 가한다.

나들기에 바쁘다. 옆에 손바닥만 한 작은 측문이 있긴 하지만 너무 멀리 떨어졌고 중간에 기둥이 한 줄을 그어버렸다. 이런 큰 문은 혼자서 고독의 미학을 즐겨야 된다.

 아담한 문은 다르다. 휴먼 스케일을 유지하기 때문에 일단 사람 몸과 어울린다. 사람 몸을 인식시켜 자극을 주고 사람을 끌어들여 어울린다. 그래서 혼자이되 이미 혼자가 아니다. 어울리는 것은 사람 몸만이 아니다. 아담하니 주변에 여백이 많이 생길 것이고 그곳으로 이런저런 것을 불러들여 즐긴다. 앞에 나왔던 그림자는 좋은 예다. 구성 분할이라는 것도 있다. 귀봉 종택을 보자. ⁵⁻⁴ 여백 사이를 기둥과 보와 문지방이 가로지른다. 한두 개 선이 쓱쓱 지나가면서 지루하지 않은 절묘한 변화감을 느끼게 해준다. 하지만 이번에도 아무렇게나 쉽게 자른 것이 아니다. 절묘한 균형감과 아름다운 구성 솜씨를 자랑한다. 수평선 세 개가 간격을 달리하면서 나란히 가고 그 사이를 수직선이 자른다. 안정적이면서도 리드미컬하다. 고전적이면서도 소박하다.

어울림의 미학

■**가족 사이의 관계를 표현하다**   이것으로 끝나지 않는다. 한옥의 창문은 한국의 전통적인 민족 정서나 인간관계를 은유적으로 표현한다. 리얼리즘의 정수다. 한옥의 창문들을 보고 있노라면 한국의 여러 전통적인 정서가 물씬 느껴진다. 고즈넉한 겸손과 아기자기한 자유로움, 넉넉한 여유와 은근한 짜임새 등 다양하다. 소박해서 무상하고 풋풋해서 무심하다. 그 많았던 한옥의 창이 모두 다르니 그만큼 한국인의 정서를 모두 담아냈을 것이다. 이런 정서를 가장 잘 느낄 수 있는 것이 가족 생활에 유추될 수 있는 인간관계. 한옥의 창에는 한국 특유의 여러 인간관계가 표현된다. 한옥의 창을 보고 있노라면 한국 사람끼리 살아가는 모습을 보는 것 같다.

친구끼리 어깨동무하는 것 같다. 관가정 행랑채를 보자.**5-5** 나무문과 창호지문이 나란히 서 있다. 모두 두 짝짜리 문인데 크기는 엇비슷해 보인다. 자세히 보면 한 놈은 조금 토실토실하고 한 놈은 날씬하다. 각자 주간株間 거리 하나씩을 차지하며 독립적이면서도 한 놈이 다른 놈

5-5 관가정 행랑채. 크기가 비슷하면서 조금 다른 두 문은 어깨동무하고 있는 친구 사이의 다정한 관계를 연상시킨다.

을 부르면 언제라도 뛰어나가 어울려 놀 기세다. 나무문과 창호지문이 나란히 서 있는 구성은 한옥에서 자주 나타나는데 언뜻 보면 둘은 서로 다르게 느껴질 수 있다. 이것을 어떻게 해석하느냐가 중요한데 이처럼 친구 사이의 관계를 표현하는 것으로 해석하는 것이 좋다. 좀더 구체적인 친구 관계도 있다. 선교장 동별당은 위로 긴 문과 옆으로 누운 문이 홀쭉이와 뚱뚱이를 보는 것 같다.⁵⁻⁶ 둘은 코미디 파트너처럼 사이좋게 어울리며 조화와 협력의 모습을 보여준다.

본격적인 가족 관계는 부부의 연부터 시작된다. 충효당 안채를 보자.⁵⁻⁷ 똑같은 문이 나란히 서 있다. 거리가 조금 떨어져 있긴 하지만 혼자서는 안 될 것 같다. 드러내지는 않지만 서로를 향하는 마음을 읽을 수 있다. 언뜻 똑같아 보이지만 조금 다르기도 하다. 한쪽이 그림자를

5-6 선교장 동별당. 수평으로 누운 창은 뚱뚱이 같고 수직으로 선 창은 홀쭉이 같다. 코미디에 자주 등장하는 파트너 관계다.

5-7 충효당 안채. 같지만 조금 다른 두 창은 거리가 있지만 서로를 의지하는 부부 관계를 잘 드러낸다.

더 받고 댓돌도 갖추었다. 일심동체이면서도 영원히 남남인 부부 관계를 잘 표현하고 있다. 분명히 화목해 보인다.

향단은 문 둘이 아예 한 몸으로 붙었다. "5-8 흔히 보는 두 짝짜리 문인데 창살 문양을 달리해서 차별했다. 차별은 부부 관계로 읽을 수 있다. 두 개의 문은 부부가 서로 의지하며 살가운 연을 과시하는 것 같다. 다정해 보인다. 왼쪽의 만자살이 굵은 정사각형을 두르고 남편 같다면 그 옆에서 섬세한 세살로 치장한 아내가 다소곳이 함께했다. 혼자 있어도 괜찮을 법해 보이지만 어울림의 미학은 만들어내지 못한다. 두 개의 문양이 어울리는 모습이 영락없는 부부의 연이다. 화목한 부부 관계를

5-8 향단. 창살 문양이 다른 문 두 짝이 한 몸으로 붙었다. 남편과 아내를 보는 것 같다.

잘 표현했다.

위치와 기능에 따라 좀더 분명하게 부부 관계로 읽히기도 한다. 나상열 가옥 행랑채를 보자. *5-9 5-5처럼 창호지문과 나무문이다. 이번에는 친구 관계가 아닌 부부 관계로 읽는다. 우선 크기가 다르고 분위기도 다르다. 나무문이 더 크고 둔탁하다. 남편의 이미지다. 창호지문은 세살인데 섬세하고 호리호리한 모습이 여성적이니 아내의 이미지다. 위치도 거든다. 나무문은 광문이다. 열심히 일하는 남편의 덕목과 일치한다. 창호지문은 아담한 퇴를 갖추고 방을 품는다. 집안 살림을 책임지는 아내의 덕목과 일치한다. 둘을 합하면 농업시대의 이상적인 부부

5-9 **나상열 가옥 행랑채**. 광문은 열심히 일하는 남편을, 방문은 집안 살림을 책임진 아내를 각각 상징한다. 둘을 합하면 농업시대의 이상적인 부부 관계가 된다.

관계가 된다. 둘은 거뜬히 서로를 믿고 의지할 만하다. 화려하지도 거창하지도 않지만 이것이면 족하다.

한옥의 창이 나타내는 가족 관계 가운데 으뜸은 친자의 정이다. 크고 작은 두 창이 함께 있을 때다. 다 그런 건 아니고 조건이 있다. 크기 차이가 분명히 나야 되지만 너무 심해도 안 된다. 둘 사이의 거리는 가까워야 한다. 모양과 형태도 너무 다르면 안 된다. 쉽게 이야기해서 사람 사이에서 부모와 자식의 관계에 해당되는 조건들이다. 판박이로 닮으면 가장 좋고 그렇지 않더라도 부모 자식은 어딘가 모르게 비슷한 분위기를 풍긴다. 한옥의 창에는 신기하게도 이런 분위기를 나타내는 짝이 많다.

예안 이씨 종가 백원당을 보자. **5-10** 어미가 새끼를 품는 형국이다. 큰 문이 작은 문을 데리고 나란히 나 있는 모습을 보면 가슴이 훈훈해진다. 실제 어미의 심정과 너무나 닮은 모습으로 친자의 정을 표현한다. 아마도 집 주인이나 집을 지은 장인이 마음속에 어미가 새끼를 거느린 모습을 상상하며 지었기 때문일 것이다. 한국 사람들에게는 이것 하나면 충분하다. 모든 한국인이 가슴 시려하며 똑같이 나누어 갖고 있는 가장 보편적인 정서다.

큰 방이 어미 방이고 작은 방이 자녀 방이면 이런 비유는 완벽해진다. 오죽헌 안채를 보자. **5-11** 오른쪽은 어머니 방이고 왼쪽은 자녀 방이다. 어머니 방의 문은 크고 자녀 방의 문은 작다. 안채에서 자주 관찰되는 구성이다. 방의 주인과 관련된 기능 형식이 은유적 구성으로 발전했다. 작은 문은 고개를 수그려야 하기 때문에 불편할 수 있지만 이렇게

5-10 예안 이씨 종가 백원당. 친자의 정을 표현하는 문이다. 문의 크기 차이가 확실히 나면서 큰 문은 어미, 작은 문은 자식이 된다.
5-11 오죽헌 안채. 큰 문은 안방이고 작은 문은 자녀 방이다.

만든 것은 친자의 정을 표현하기 위한 것 이외에는 설명이 어렵다. 두 문이 다른 비대칭 구성이지만 친자의 정이라는 더 큰 것을 얻었다.

급기야 가족 사이의 관계를 보여주는 데까지 발전한다. 창이 셋 이상 있을 때다. 아산 맹씨 행단을 보자. *5-12 누가 봐도 가운데 큰 문은 어미이고 양옆의 작은 문은 자식이다. 이렇게 모이면 화목한 가족이 된다. 작은 문 두 개에 미묘한 차이를 줘서 이런 관계를 명확히 했다. 문짝은 왼쪽 것이 넓적하고 오른쪽 것이 길쭉한데 자식 중에도 이런 몸집 차이가 나게 마련이다. 왼쪽 것은 문틀이 거의 없고 오른쪽 것은 두꺼

5-12 아산 맹씨 행단. 가운데 큰 문은 어미이고 양옆의 작은 문은 두 자녀다. 이렇게 모이면 화목한 가정이 된다.

위서 전체 크기는 차이가 제법 난다. 그래서 오른쪽 문이 첫째이고 왼쪽 문이 둘째다. 세 문의 높이와 위치도 조금씩 다른데 여기에서 나오는 리듬감은 그대로 가족들이 화목하게 어우러진 모습을 반영한다. 화목한 가족은 줄지어 서 있지 않지만 조화로운 신뢰와 안정적 기품을 드러낸다.

창 세 개를 이용해서 가족 관계를 표현하는 예는 앞에 나왔던 예안 이씨 종가 백원당도 해당된다.「5-13 왼쪽의 두 문은 친자의 정을 표현하는데 오른쪽에 문 하나를 더하니 영락없는 가족이 되었다. 왼쪽의 두

5-13 예안 이씨 종가 백원당. 5-10의 두 문에 세 번째 문을 더하면 가족 관계가 된다. 세 번째 문은 조금 떨어져 있지만 가족의 정을 표현하는 데에는 아무 상관없다.

문은 크기 차이가 확실해서 어미와 자식 사이를 드러내는 데 모자람이 없다. 자식은 아직 어린아이다. 세 번째 문은 그 크기가 두 문의 중간이 되었다. 좀 커서 서서히 부모에게서 독립하는 나이쯤 되어 보인다. 문 사이의 거리도 조금 떨어졌다. 하지만 상관없다. 가족의 정은 차고 넘친다. 정말 절묘하다. 가족을 노리고 짜지 않았다면 이렇게 될 수가 없다. 아마도 처음에는 리드미컬한 구성미를 표현하려 했을 것이다. 하다 보니 아주 분명하게 가족 관계를 표현하게 되었다. 이런 경우는 대개 집을 짓는 사람 마음속에 화목한 가족이 잔뜩 들어 있을 때다.

창이 셋을 넘으면 가족 관계는 더욱 확실해진다. 물론 숫자만 많다고 되는 것은 아니다. 창들이 어울리는 모습이 실제로 가족을 보는 것 같아야 한다. 양진당 안채가 최고다.⁵⁻¹⁴ 비단 가족 관계의 표현에서뿐 아니라 창 구성 전체를 통틀어서 현존하는 한옥 가운데 최고다. 한옥 창의 백미다. 창은 모두 다섯 개다. 모두 다르고 다양하기 짝이 없다. 이런 창을 모으기도 쉽지 않아 보인다. 옆으로 누운 놈 셋과 반듯한 표준 문 둘을 교대로 배치했다. 크기와 비례와 형태도 가급적 교대를 유지했다. 그래서 흥겹고 역동적이다. 반듯한 두 짝짜리 문과 정갈한 세 살 문이 중심을 잡고 그 사이를 옆으로 누운 창이 교대로 드나들며 흥을 돋운다. 옆으로 누운 창은 아무래도 흥겹게 보이게 마련인데 만살의 간격까지 달리해서 이런 분위기를 강화했다.

이렇게 모인 다섯 개 창은 분명히 가족이라고 외치고 있다. 이번엔 대가족이다. 안채이기 때문에 비유는 제격이다. 두 짝짜리 문을 어미라고 하고 싶다. 위쪽에 난 창호지문 두 개는 우리를 키운 어미의 젖가슴

5-14 양진당 안채. 각기 다른 다섯 개 창이 가족 관계를 나타낸다. 구성미의 절정이자 가족 관계의 백미다.

이다. 정갈한 세살 문은 이미지로는 여자이지만 여기에서는 아비로 해석되어야 한다. 그 사이에서 자식 셋이 자유롭게 놀고 있다. 여러 개의 문이 방 안에서 식구들이 뒹굴며 편하게 있는 모습을 투영하고 있다. 건강한 가족이 그렇듯 자유로우면서도 균형과 질서를 유지한다. 화목한 가족 스토리를 들려준다.

리얼리즘의 미학

■**살림살이 이야기를 전해주는 한옥의 창**　　한옥은 이처럼 창을 통해 어울림의 미학을 표현하고 이를 통해 궁극적으로 화목함의 미학을 표현한다. 창은 벽에 뚫은 구멍이라는 물리적 구조일 뿐인데 어떻게 이런 정서적 가치를 표현할 수 있을까. 바로 의인화 덕분이다. 거꾸로 정서적 가치는 의인화로 발전한다. 건물이 사람이나 사람 사이의 관계를 표현하는 미학 작용을 하는 것이다. 서양식 기준으로 하면 휴머니즘의 좋은 예다. 이런 일련의 미학 작용이 가능한 데에는 두 가지 배경이 있다. 하나는 리얼리즘이고 하나는 구상적 추상이다. 리얼리즘에 대해서 먼저 살펴보자.

　한옥의 창이 만들어내는 어울림의 미학은 비례를 따져서는 나올 수 없는 미학이다. 자로 재서도 안 된다. 머릿속으로 너무 재고 따져서는 안 된다. 정갈한 멋은 있을지언정 자연스러울 수는 없다. 추상미는 있을지언정 어울림의 미학은 기대하기 힘들다. 화목함의 미학은 더더욱 그렇다. 인간이 노리고 만든다고 되는 것이 아니다. 화목한 가족 관계의 핵심은 편하고 소박한 자연스러움이다. 이것은 재고 따진다고 되는 것이 아니다. 그 반대다. 되는 대로, 흘러가는 대로 놔두는 것이 가장 좋다. 그 비밀은 리얼리즘이다. 한옥의 창은 리얼리즘의 극치다. 한옥의 창이 보여주는 어울림의 미학은 리얼리즘의 산물이다. 그 의미를 살펴보자.

　리얼리즘의 핵심은 비대칭 혹은 불규칙한 구성에 있다. 한옥의 창문은 불규칙하다. 행랑채처럼 기능이 중시되는 채를 제외하고 같은 창이 반복되는 일은 드물다. 사랑채건 안채건, 앞면이건 뒷면이건 창은 제각각이다. 똑같은 창이 가지런하게 반복되는 것이 미덕인 요즘을 기준으로 보면 특이하다. 부정적으로 보이기까지 한다. 정돈이 안 되어서 비효율적으로 보인다. 대칭으로도 부족해서 동일성이 지배하는 현대 산업사회에서 보면 박물관에나 가 있어야 할 재래 유물처럼 보인다. 정말 그럴까.

그렇지 않다. 한옥 창의 비대칭 구성에는 위대한 비밀이 숨어 있다. 어울림과 화목함의 미학이 바로 이 비대칭에서 나온다. 물론 비대칭이라고 다 그런 것은 아니다. 일부러 만든 비대칭은 안 된다. 한 가지 조건이 있다. 그냥 그게 좋아서, 그리고 당연하게 만들어진 비대칭이어야 한다. 이것이 한옥의 창이 비대칭으로 나타나는 이유인 동시에 어울림과 화목함의 미학을 만들어내는 비밀이다. 아주 빤하기 때문에 아주 위대한 이유이자 비밀이다.

조금 따져보자. 한 집에는 각기 다른 다양한 구성원이 있다. 이들이 자신들의 방에서 생활하고 바라는 것들은 모두 다르다. 각 방들이 처한 상황이 모두 다르며 방 안에서 일어나는 일도 다르다. 집의 중심에 있으면서 남향을 한 큰 방이 있는가 하면 모퉁이에 서향을 한 작은 방도 있다. 좌식 생활이기 때문에 바닥에 가까운 곳에 아담한 창을 내고 싶어 하는 식구가 있는가 하면 벽의 중간에 당당하게 창을 내고 싶어 하는 식구도 있다.

식구들이 각자 방을 차지하고 생활한다는 것은 이처럼 여러 변수를 가지고 있다. 식구들 개개인의 개성만큼 다양한 변수가 있다. 창은 이런 변수가 표출되는 통로 가운데 하나다. 다양한 변수를 수용할 수는 없다고 하더라도 절대 한 가지 같은 패턴으로 고정되어서는 안 되는 이유다. 한옥처럼 각 방의 창들이 제각각 다르게 나타나야 하는 이유다. 이 창문이 이 크기 이 형상으로 이쪽 구석에, 저 창문이 저 크기 저 형상으로 저쪽 위에 난 이유는 그것이 그 방 속에 사는 사람이 원하는 바이기 때문이며 그 사람에게 가장 잘 맞기 때문이다.

상식적이고 당연한 이유다. 이것이 왜 위대한가. 창문은 방 안에 사는 사람이 외부와 소통하는 숨통이다. 경치나 옆방 같은 주변 환경에 대한 태도에서부터 햇빛, 하늘, 바람 같은 자연 환경에 대한 태도를 결정하는 중요한 요소다. 이런 태도들은 방 안에 사는 사람에 따라 각기 다르다. 이것이 존중되고 맞춰져야 사람들은 정신적·심리적·정서적으로 건강을 유지할 수 있다. 방 안에 사는 사람들이 각각의 인격체로서 모두 다른 개성이 있고 그런 다름이 존중되고 지켜져야 되는 것과 똑같이 창문도 크기, 형상, 위치, 개수 등에서 자유롭게 구성되어야 한다. 창 자체를 위해서가 아니다. 창을 이용하는 사람들을 위해서다. 창은 방 안에 사는 사람이 일상생활에서 원하는 것을 만족시켜주는 아주 중요한 매개이기 때문에 이것에 맞춰 자유롭게 나야 된다. 이런 자유가 한옥에 나타난 리얼리즘의 첫 번째 요체다.

눈은 마음의 창이라고 한다. 그렇다면 정작 창은 무엇일까. 창은 시대를 반영한다. 창을 보면 한 시대 혹은 한 문화를 대표하는 가치관을 읽어낼 수 있다. 창에는 사람들의 사는 모습이 나타나기 때문이다. 한옥의 창은 가족이 사회의 기본 단위였던 조선시대의 가치관을 그대로 반영한다. 물론 일차적으로는 양반들의 가치관이었을 것이다. 가족과 문중을 권력의 기반으로 삼았고 이렇게 형성된 여러 그룹이 다시 왕권을 받치면서 사회 질서와 국가 권력을 유지했다. 따라서 가족의 안정이 국가와 사회를 유지하는 첫 번째 조건이었다. 가족이 급속도로 해체되어도 경제와 기술만으로 국가 발전을 이룰 수 있다고 믿는 현대 사회와 다른 가치관이다.

여기에 한국 특유의 '정情의 문화'가 더해졌다. 가족의 안정이 단지 정치적, 기능적 목적만 가졌던 것은 아니다. 지금의 군대 문화보다 심한 절대복종을 강요했던 조선 유교의 효도 이데올로기 가운데에서도 '부자유친'이라는 말에서 보듯이 친자의 정은 매우 각별했다. '장유유서'라며 나이에 따른 순서를 정했어도 '부자유서'라고는 안 했다. 부모와 자식 사이를 서열의 관계가 아닌 '친'의 관계로 본 것이다. 사회 이데올로기는 유한하고 일시적 목적을 갖는 데 반해 친자의 정은 적어도 한국 사회에서는 시대를 초월한 항상성을 갖는 가치관이자 생활 문화였다. 권력 유지를 최대 목적으로 추구했던 문중 중심의 양반들에게도 예외가 아니었으며 문중을 이루지 못했던 중산층 이하의 평민들에게도 마찬가지였다. 가족을 둘러싸고 형성되었던 이런 여러 상황을 하나로 통합하는 것은 '어울림'과 '화목'이었다.

한옥의 창이 어울림과 화목함의 미학을 물씬 풍기는 것은 이런 사회적 배경이 있었기 때문이다. 물론 창은 일차적으로 집 속에 사는 사람들이 밖과 호흡하는 숨구멍이다. 바람과 빛이 들어오고 나간다. 환기나 채광 같은 물리적 기능이다. 사람이 드나드는 문도 이와 같다. 그러나 이것만 있는 것이 아니다. 물리적 기능은 정서적 기능으로 발전한다. 창을 통해서 하루의 흐름이 들어오고 계절이 들어온다. 맑음과 흐림이 들어오고 비와 눈도 들어온다. 이것들은 시가 되어 나가고 '마지막 잎새'가 되어 나간다.

정서적 기능은 사회적 기능으로 발전한다. 창은 그 속에 사는 사람을 숨김없이 드러낸다. 집 속의 사람살이가 아름다우면 창도 아름답다. 세계에서 가장 아름다운 창은 한옥의 창이다. 한옥의 창은 집안에서 일어나는 훈훈한 가족 이야기를 가장 솔직하고 담백하게 전해준다. 한옥의 창에는 사람의 냄새가 묻어 있기 때문에 휴머니즘이며 그 속의 살림살이 이야기를 읽어낼 수 있기 때문에 또한 리얼리즘이다. 여기에서 어울림과 화목함의 미학이 나온다. 이런 휴머니즘과 리얼리즘의 자연스러운 결과로 비대칭이 만들어질 때 어울림과 화목함의 미학을 느낄 수 있다. 재고 따진 비대칭으로는 안 된다. 몬드리안의 그림도 비대칭이지만 추상같은 정갈함은 있어도 어울림과 화목함이 없는 이유다.

한옥은 반대다. 앞에서 보았던 예들이 모두 해당된다. 관가정 안채를 보자. "5-15 이 집은 안채의 문이 만들어내는 어울림의 미학이 뛰어나다. 각 문은 각자의 상태와 쓰임에 맞는 가장 적합한 형태를 갖는다. 이는 본성을 잘 지킨 것이다. 본성은 세상의 사공事功보다 먼저 있는 것이다. 본성을 지킨 개체는 공교로움 없이도 자연스럽게 잘 어울린다. 개체들 사이에는 본성에 맞는 관계가 형성된다. 때론 동기 사이의 우애를, 때론 부부 사이의 신뢰를, 때론 친자의 정을 표현한다. 이것을 다 모

5-15 관가정 안채. 문은 방의 상황과 방 안 사람의 형편에 맞춰냈으니 이는 곧 본성을 지킨 것이다. 본성을 지키면 자연스럽게 가족 관계가 표현된다.

으면 가족이 된다.

엄격하지만 친근한 한옥의 입면

■**구상적 추상**   이상의 리얼리즘의 의미를 추상미와의 관계에서 생각해보자. 한옥에는 회벽과 목재 이외에는 다른 어떤 것도 절제되어 있다. 창도 꼭 필요한 만큼만 나 있다. 인색할 정도로 정갈하고 검소하다. 그러나 거기에는 사람의 체온이 있다. 꾸미지 않은 자연스러움과 가식 없는 솔직함이다. 한옥의 모습은 우리네 생활 모습을 모두 담고 있는 이야기보따리다. 한옥의 창은 소박하고 검소하지만 천천히 뜯어보면 우리네 생활만큼 다양하고 변화무쌍하다. 그러나 절대 과하거나 현란하지 않다. 오만하지도 않고 수다스럽지도 않다. 바람 한 점도 무서워하고 흙 한 톨하고도 친했던 우리 조상의 세계관이 반영된 결과다.

한옥의 창이 절제되어 있으면서도 생활사의 다양한 이야기를 담아낼 수 있는 이유는 필요한 만큼만 그대로 만들어지기 때문이다. 이 방 속에 사는 사람과 저 방 속에 사는 사람이 다르면 방 속에서 일어나는 일도 다르다. 방 속에서 일어나는 일이 다르면 요구되는 창도 다르다. 창의 크기와 위치, 개수 등이 모두 달라야 한다. 한옥의 창은 그렇게 다르다. 이렇게 다르기 때문에 방 속에서 일어나는 다양한 일을 있는 그대로 모두 담아낼 수 있다. 창은 사람 따라 만들어진다. 한옥의 창은 이처럼 두 가지 색과 몇 개의 선만 가지고 이 모든 이야기를 다 담아내고 있으니 이것은 요술이요, 마술이다.

한옥의 입면은 엄격하면서도 친근하다. 벽을 흰색 회반죽으로 마감한 것은 여러 가지로 해석될 수 있는데 적어도 백색의 순결주의와도 연관이 있는 것은 확실해 보인다. 일단 컬러 코드에서 엄격한 편이다. 그 사이를 외장 마감을 별도로 하지 않은 나무 기둥과 보가 가르고 지나가면서 구성 분할을 해댄다. 백색 바탕 면이 엄격하고 살결을 그대로 드러낸 나무가 한 번 더 엄격하다. 가름의 정도가 꼭 필요한 것 이상의 쓸데없는 욕심은 없어 보이니 흰 회벽에 더해보면 이 또한 엄격한 몸가짐의 선비 행색을 보는 것 같다.

청풍 도화리 고가를 보자.^{*5-16} 이 집은 선이 아름답다. 선은 지붕의

5-16 **청풍 도화리 고가.** 흰 회벽과 나무만으로 구성했다. 지붕과 보와 기둥이 어우러져 만들어내는 선이 아름답다. 그 사이를 창이 또 나누었다.

곡선과 흰 회벽의 직선으로 나누어진다. 필요한 곳에 세운 기둥과 보, 필요한 곳에 뚫은 창과 문만으로 추상 구성의 심미성에 도달한다. 이것은 집의 본성만으로 이루어진, 집의 본성에서 비롯된 미다. 오채五彩로 꾸미지 않았으니 이는 그 바탕이 지극히 아름다운 것이어서 다른 물건으로 꾸밀 필요가 없기 때문이다. 내실이 두터운 자는 외모가 엷으니, 사물에서 꾸밈을 기다린 후에 행하는 자는 그 바탕이 아름답지 못한 것이다.

하지만 이렇게 단정지어 끝내 버리기에는 뭔가 미진하다. 틀림없이 한옥 입면의 인상이긴 하지만 이것 말고 뭔가 더 있는 것 같다. 여기까지는 전형적인 추상미다. 몬드리안의 그림과 비슷한 느낌이다. 파르르한 추상미라고 부르기에는 비집고 들어갈 틈이 느껴진다. 말하자면 한옥의 입면과 비슷하게 생긴 몬드리안의 구성 시리즈에서 보는 것 같은 옴짝달싹 못할 이상미는 아니라는 뜻이다. 가장 완벽한 비례의 한 가지 상태를 포착해 얼음처럼 굳혀 놔서 도대체 비집고 들어갈 틈이 없는 '추상같은' 추상미와는 다른 종류다. 자의적 해석을 허락해주는 여유 같은 것이 느껴진다. 집만 무너지지 않는다면 기둥 하나쯤 한두 자 옆으로 슬쩍 옮겨도 야단맞을 것 같지는 않다. 짐짓 눈이나 한 번 흘기고 다시 제자리로 되 옮기면 전부일 것 같다. 그나마 그 위치도 정확히 처음의 그 자리가 아니어도 개의치 않을 것 같다.

왜 이럴까. 흰 회벽을 갈색 나뭇결의 기둥과 보가 가르고 그 사이에 창이 들어가는 장면은 한옥이 만들어내는 2차원 평면 장면 가운데 백미일 수 있다. 이것만 보고 있어도 마음이 차분해지고 깨끗해지는 것 같다. 참으로 간결하고 꼭 필요한 것만 갖춘 추상미의 정수다. 커지면 또 커질 수밖에 없는 지배 계층의 탐욕을 제어하는 구실을 분명 했을 것 같다. 세도가로 흘러갈지라도 처음 출발은 글 읽는 선비였을 터, 그 검소함의 초심을 간직하고 있는 것 같다. 그래서 엄격하다.

보는 나도 그랬다. 마음이 흐트러질 때, 차를 달려 대문을 박차고 중문을 뛰어 이놈의 한옥 입면 앞에 서면 불같던 욕망은 스르르 잦아들었다. 한옥은 신기하게도 종교 건물인 사찰이나 교육 시설인 서원보다 마음을 정리해주는 기능이 뛰어났다. 엄격함으로 따지자면 더 엄격했을 사찰이나 서원에서 못 느끼는 정갈함이 있기 때문일 것이다. 그만큼 엄격하다. 하지만 불필요한 것을 찾아내 칼로 베어내는 것 같은 서늘한 아방가르드 추상과는 다른 온기랄까, 소탈함 같은 것이 느껴진다. 그래서 친근하다. 한옥 입면은 엄격하면서도 친근하다.

왜 이럴까. 형성 과정부터 그렇다. 추상의 영어 어원을 따져보면 '추출해서 없앤다'다. 구상의 지칭 가능한 개별성을 찾아내 없애고 또 없애다 보면 어느 순간부터 아무것이나 갖다 붙여도 말이 되는 보편성의 단계로 넘어가게 되는데 이때부터 보통 추상이라 부른다. 한옥의 입면은 다르다. 그 지향점이 개별성을 지워 없애려는 추상과 오히려 반대다. 개별성을 존중해서 개별 요소의 가치를 드러내도록 해준다. 개별의 가치가 전체에 눌려 소멸되지 않게 해서 개별 요소가 조형적 결정권을 가질 수 있게 해준다. 이런 점에서 한옥의 추상은 구상적 추상이다.

유고 형식미

■**인과 예**　　왜 그럴까. 앞에 이야기한 대로 한옥 입면의 분할에서 기둥과 보, 창의 위치는 철저하게 방 안 사용자의 형편에 따라 결정되기 때문이다. 황금비나 모듈, 표준화나 대칭 같은 선험적 가치를 들이대지 않는다. 어느 곳에서나 항상 최고의 심미성을 잃지 않는 이상적 비례가 있으니 이것을 지상에 구현해야 한다거나, 산업을 일으켜 더 빨리 더 많이 지어 더 많이 가져야겠다며 모든 방을 동일한 규준으로 자르고 좋아한다거나, 이 둘을 합해서 다 가지려 데칼코마니처럼 집을 상하 전후 좌우로 동일하게 만든다거나 하는 일이 없기 때문이다. 이 가운데 어느 것 하나 방 안에 사는 사람의 생활과 어긋나지 않는 것이 없을진대, 이런 선험적 가치를 우선하다 보면 사람들은 매번 자신이 원하는 형편과 생활을 포기하고 전체 가치에 맞춰야 한다.

　한옥에는 이런 것이 없다. 우리 선조는 이런 것을 횡포라고 보았을 것이고 적어도 집은 그래서는 안 된다고 보았을 것이다. 한옥은 이와 반대다. 방은 필요한 크기로 자르면 되고 그 위치가 한정하는 기둥과 보는 그대로 입면에 구성 분할을 그린다. 지킨 것은 딱 하나, 기둥 간격이다. 주간 거리라고 부르는 것으로 이는 구조를 위해서 지켜야 했다. 나머지는 정해진 것이 하나도 없었다. 모두 그때그때 형편에 맞춰 정했다. 각 방이 처한 상황을 존중했고 그 속에서 사는 사람의 생활을 존중했다.

　리얼리즘이다. 선험적 이상주의에 반대되는 귀납적 리얼리즘이다.

안방은 안방대로, 건넌방은 건넌방대로 집 속에서 있는 지점과 형편이 달랐다. 문을 열면 마주하는 상황도 당연히 달랐다. 활짝 대하고 싶은 것이 있었을 것이고 모른 척 피하고 싶은 것이 있을 터, 창문을 그에 맞게 내면 그만이었다. 아니, 그에 맞게 내야 했다. 반쯤 가려서 선택적으로 대응하는 것이 좋은 경우도 있을 것이다. 문을 통해 오가는 발걸음의 방향을 이쪽에 두는 것이 좋은 식구도 있을 것이고 저쪽에 두기를 원하는 식구도 있을 것이다. 그러면 가능한 한 그렇게 해주었을 것이며 그 결과 한옥에서 창문은 이렇게 자유롭게, 그러면서도 일정한 질서를 지키도록 났던 것이다.

외관은 비대칭으로 나타났지만 이것이 무질서로 흐르지 않았던 것은 그 속에 사는 사람이 원해서 만들어진 것이었기 때문이다. 어떤 면에서는 이것이 더 효율적일 수도 있다. 왜냐하면 사용자가 원하는 것에 맞춘 구성이기 때문이다. 자기가 원하는 대로 사용했을 것이고 적어도 한옥에서는 이것이 효율과 질서의 원천이었다. 한옥에서는 사용자와 상관없이 먼저 정해져서 강요되는 대칭과 동일성은 오히려 비효율적이고 무질서였다. 지금의 상식과 가치관과 반대처럼 보이는데 이는 기준을 어디에 두느냐에 따른 것이다. 기준을 산업 경제에 두면 지금의 상식이 맞을 수 있다. 그러나 사용자에 두면 반대가 된다. 한옥이 그랬다.

한옥의 리얼리즘과 구상적 추상은 인과 예의 가치를 내포하면서 유교 형식미로 발전한다. 그 과정은 이렇다. 우선 틈을 내주고 친근하게 느껴진다. 장식과 화려한 마감을 절제해서 선비의 근검을 지켰지만 이것이 인정을 잃고 파르르한 결기가 되었을 때의 위험성을 잘 알고 온기를 품을 틈을 내준 것이다. 식구 구성원 각자, 즉 사람의 요구가 집의 전체 질서보다 우선시된다.

이것은 곧 유교의 인仁의 정신에 바탕을 둔 한국다운 인본주의와 리얼리즘의 장면이다. 창문이란 방 안 사람이 방 밖에 대해서 필요로 하는 형편을 맞춰주기 위해 벽에 뚫는 구멍이다. 한국 사람들은 선험적 가치가 이런 현장의 필요성에 우선해서 사용자의 손해를 강요하는 상황을 도저히 이해하지 못했던 것이다. 그래서 한옥의 창은 그렇게 자유롭고 친근하게 난 것이다. 이유는 단 하나, 그렇게 하는 것이 가장 좋기 때문이다. 아주 당연하기 때문에 가장 위대한 상식이다.

유교에서 인은 예보다 우선하지만 때로는 예로 발전한다. 한옥의 창도 마찬가지다. 선교장 안채 주옥을 보자. [5-17] 이 집은 기단과 몸채의 어울림이 뛰어나다. 돌 기단, 나무 기둥과 보, 황토색 벽, 갈색 문, 지붕 등이 어울려 자연스러운 구성미를 만들어낸다. 창이 그 중심에 있다. 창은 방 속 살림과 방 밖 구성 사이에 내재적 일체를 보여준다. 방 속 본성에 따른 자연스러움만으로 얻어지는 문文과 질質의 일체이니 이것을 참다운 예禮라 할 수 있다. 예가 번거로운 것은 실로 내심이 빈약하기 때문이다. 창은 큰 질서 속에서 어울려 구성미를 만들어내니 가족 관계가 사회 질서로 발전하는 유교 형식미의 대표적 예다.

5-17 선교장 안채 주옥. 한옥의 창은 어울림과 화목함의 미학을 넘어 유교의 인과 예의 가치를 표현하는 데까지 발전한다.

채의 어울림과 화목함의 미학

예별이

■**채 구성을 통해 계급 질서를 표현하다**   유교 형식미는 계속된다. 이번에는 채의 어울림을 통해서다. 원리는 창과 같다. 창의 구성이 단순한 물리적 배치에서 벗어나 어울림과 화목함의 미학을 표현하고 나아가 인과 예라는 유교 형식미를 표현했다. 건물 단위인 채도 마찬가지다. 한옥은 여러 개의 채로 구성된다. 행랑채, 사랑채, 안채, 별채가 기본 단위다. 각 채는 다시 여러 개의 작은 공간 단위로 한 번 더 나누어진다. 행랑채는 방·광·우사·창고 등으로, 사랑채는 대청과 방 등으로, 안채와 별채는 대청·방·부엌·광·안 행랑채 등으로 나눈다. 이런 여러 구성 단위는 각자 개별 지붕을 따로 가지면서 그대로 조형 단위가 된다. 가장 흔한 것은 채 하나가 그대로 조형 단위가 되는

것이다. 때로는 채를 구성하는 더 작은 단위들이 조형 단위가 되기도 한다.

한옥은 이처럼 집을 여러 개의 크고 작은 단위로 나눈 뒤 조합하는 형식으로 구성된다. 공중에서 보면 가장 잘 알 수 있다. 한규설 대감가를 보자. **5-18 중앙에 'ㄱ'자로 꺾인 큰 집이 안채다. 오른쪽 모퉁이에 역시 'ㄱ'자로 꺾인 조금 낮은 건물이 별채, 왼쪽 모퉁이의 큰 단일 건물이 사당이다. 사당 위쪽의 낮은 건물이 안 행랑채다. 오른쪽 가장 안쪽의 팔작지붕 건물이 사랑채이며 그 왼쪽에 'ㄱ'자로 꺾인 낮은 건물과 일자 건물이 행랑채다. 'ㄱ'자 건물은 중문채, 일자 건물은 대문채로 한 번 더 분류하기도 한다.

보통 큰 건물 하나 안에 모든 시설을 다 집어넣는 서양식 구성과 큰 차이다. 차이를 넘어 반대된다고까지 할 만하다. 그 이유는 세 가지로 생각할 수 있다.

첫째, 사회적 배경이다. 신분 계급에 따라 행랑채와 본채를 나누었고 다시 남녀유별에 따라 사랑채와 안채를 나누었다.

둘째, 건축적 배경이다. 한국인은 건물을 지을 때 작은 덩어리 여럿으로 나눈 뒤 합하는 것을 좋아한다. 이 과정에서 크고 작은 여러 종류의 공간이 나오며 특히 마당을 다양하게 즐길 수 있다.

셋째, 정서적 배경이다. 크고 작은 조형 단위들의 어울림을 통해 가족 관계, 특히 화목함을 표현하고 싶어서다. 이렇게 구성되는 전경에 어울림의 미학이 나타나고 이것은 창과 마찬가지로 그대로 화목함을 드러낸다. 화목함은 대가족이 사는 모습을 잘 표현해준다. 큰 채가 웅

5-18 한규설 대감가 공중 전경. 여러 채로 나눈 뒤 재조합하는 한옥 구성을 잘 보여준다.

장한 팔작지붕과 큰 몸집을 드러내며 중심을 잡는다. 그 옆으로 작은 채나 구성 단위들이 붙으면서 어울린다. 때로는 다소곳이 복종하듯, 때로는 적극적으로 응대하며 어울린다. 큰 채는 작은 채를 누르거나 겁박하지 않는다. 몰아내지도 않는다. 몸과 살을 맞대고 품으며 함께 어울린다. 작은 채들끼리는 더 말할 필요도 없다. 몸과 살을 맞대고 섞으며 옹기종기 모여 화목하게 어울린다.

학봉 종택 전경을 보자. **5-19** 안채, 사랑채, 중문채, 대문채, 솟을삼문 등 한옥을 이루는 기본 채들을 잘 갖추었다. 중요한 것은 지붕 높이다. 위계를 나타내지만 정치사회적 의미의 신분 계급처럼 엄격하지 않다. 위압이나 착취보다는 어울림의 미학을 표현한다. 굳이 채를 구별하고 여기에 신분을 대응시킬 수는 있겠지만 부질없어 보인다. 10여 개의 크고 작은 지붕이 사이좋게 어울리는 화목한 모습을 즐기는 것이 가장 좋다. 지붕은 그냥 어울리지 않는다. 그 속에 사는 사람들이 어울리기 때문에 이것이 가능하다. 지붕이 드러내는 어울림은 곧 가족 구성원들 사이의 어울림이다.

여기까지는 창과 같다. 차이도 있다. 채가 어울려서 만들어내는 전경 구성은 가족 관계를 표현하는 정도가 창보다 약하다. 한옥은 채나 채의 하부 단위 등 조형 단위가 많기 때문에 전경에서는 친구, 부부, 친자 등 창 두 개가 만들어내는 것 같은 관계는 표현하기 쉽지 않다. 그 대신 종합적인 가족 관계를 표현하는 것은 창보다 강력하다. 유교 형식미 역시 더 확실하게 표현된다. 한옥의 전경 구성이 갖는 건축적 의미는 유교 미학으로 해석할 수 있다. 크게 두 가지로 인과 예다. 흔히 유교 정

5-19 학봉 종택 전경. 10여 개 지붕이 높이 차이를 보이는데 이것에 따른 신분 계급을 읽어내기보다는 지붕들이 함께 어울려 만들어내는 화목한 모습에서 행복을 느끼는 것이 더 좋다.

신을 압축해서 인의예지라 한다. 이 가운데 한옥의 전경 구성과 관련이 있는 것은 예와 인의 미학이다.

예는 계급 구조를 건물에 반영한 것이다. 멀리서 한옥의 전경을 보면 지붕을 통해 집의 전모를 가늠할 수 있는데, 여기에는 몇 가지 법칙이 있다. 수평 지붕이 두 장이나 세 장 위아래로 겹치며 그 사이로 이것

5-20 창덕궁 낙선재. 한옥 전경에서 몇 개의 수평선이 겹치고 그 위로 지붕이 솟는 구성은 행랑채–안채–사랑채에 따른 신분 계급을 표현한 것이다.

보다 하나 적거나 동수인 삼각 박공이 솟아오른다.[5-20] 이런 구성은 이유가 있다. 가부장적 계급 사회였던 유교 시대 때 신분 계급을 반영하는 것이다. 계급은 건축을 통해서도 드러난다. 지붕, 몸통, 구조, 장식 등 여러 요소를 통해서 가능하다. 신분이 높은 사람이 사는 건물은 이런 요소들이 더 크고 화려하며 형식 위계도 높다.

전경 구성은 이 가운데 지붕과 관계가 있다. '행랑채-안채-사랑

5-21 의성 김씨 종택. 왼쪽의 안채가 그 앞의 행랑채를 거느리는 형국은 지붕 차이에서 분명히 드러난다.

채' 순서로 지붕이 크고 높다. 형식도 마찬가지다. 한국 지붕에서는 팔작지붕이 맞배지붕보다 계급이 높다. 행랑채에는 팔작지붕을 쓰지 못했다. 안채는 둘 다 가능했으며 사랑채는 팔작지붕이었다. 종합하면 한옥의 전경은 대부분 담과 행랑채의 낮은 수평선이 가장 아래에 깔리고 그 위에 안채의 높은 수평선과 낮은 박공지붕이 올라가며 다시 그 위를 마지막으로 사랑채의 높은 박공이 마감한다. [5-21]

이상은 전경을 본 것이고 실제로 집 속으로 들어가보아도 이런 위계는 명확히 드러난다. 수애당을 보자. [5-22] 사랑채는 팔작지붕을 활짝 펴며 앞의 행랑채를 거느린다. 처마 선은 양반의 도포자락 같고 박공은 사모관대 같다. 두벌대 기단을 깔고 그 위에 퇴마저 올려서 몸통 높이를 높였다. 지붕과 합쳐서 보면 양반의 위용을 과시한다 할 만하다. 그 앞의 행랑채는 기단도 있는 둥 없는 둥 낮으며 맞배지붕에 그쳤다. 집에 사는 사람의 신분을 그대로 드러낸다.

건축을 이용해서 계급 질서를 반영하는 구성을 미학에서는 사회미 혹은 사회적 형식미라고 부른다. 동서양이 공통이다. 서양에서는 주로 고전 오더가 이런 구실을 한다. 독립 원형 기둥이 반원 벽기둥보다, 반원 벽기둥이 사각 벽기둥보다 각각 위계가 높으며, 같은 사각 벽기둥 사이에서도 절반 돌출이 사분의 일 돌출보다 위계가 높은 식이다. 사회미를 포괄적으로 정의하면 한 시대를 대표하는 사회 질서, 도덕률, 법도 등의 문명 가치를 건축으로 표현해서 공고히 해주는 미학을 통칭하는데 동서양 모두 주로 계급 사회 때 강하게 나타난 공통점이 있다. 이 때문에 지배자의 권익을 대변하는 정치적 봉사의 성격을 띠기 쉽다.

5-22 수애당 사랑채와 행랑채. 전경에 드러난 계급 차이는 안에 들어가보면 확실히 알 수 있다. 사랑채와 행랑채 사이의 건축적 차이는 그대로 신분 차이에 해당된다.

한옥에 나타난 지붕의 위계 차이를 동양 미학으로 환원하면 '예별이禮別異'의 유교 가치를 표현한 것으로 볼 수 있다. '예별이'란 말 그대로 '예절은 차이를 구별하는 기능을 갖는다'라는 뜻인데, 여기에서 차이는 다름 아닌 신분 계급인 것이다. 예별이는 계급 질서를 바탕에 깐 유교 가치의 대표적 예다. 의식주를 비롯해서 공예품 등 일상생활의 모든 점이 계급에 따라 다른데 집이 가장 중요한 요소였다.

지위가 높은 사람이 더 크고 화려한 집에서 사는 것은 일면 상식적이긴 한데 이것을 계급 질서를 표현해서 굳건히 하는 수단으로 적극 활용한 것이다. 하인 계층은 집의 구성에 나타난 차이를 보면서 자신의 계급적 처지를 깊이 깨달아 말썽 안 부리고 지배 계급에 더욱 순종했을 것이며 같은 논리가 여성과 남성 사이에도 마찬가지로 작용했을 것이다. 계급 사회에서는 이런 것들이 모여서 사회적 안녕을 이룰 수 있다고 믿었다.

부부의 화목

■**사랑채와 안채의 관계**   이것은 그대로 한옥을 구성하는 세 계급인 하인, 여자 주인, 남자 주인에 대응시킬 수 있다. 하인의 공간인 행랑채는 높이가 가장 낮으면서 형식도 낮은 맞배지붕으로, 여자 주인의 공간인 안채는 중간 높이의 맞배지붕이나 팔작지붕으로, 남자 주인의 공간인 사랑채는 높은 팔작지붕으로 각각 처리했다. 안채와 사랑채의 팔작지붕은 높이에서만 차이가 나는 것이 아니라 박공의 크기에서도 차이가 나서 보통 사랑채 것이 더 크다. 지붕이 높은 것은 보통 몸통이 큰 경우이기 때문에 스케일의 원리에 따라 박공도 따라서 커진다. 안채와 사랑채 사이의 이런 차이는 남녀유별을 남존여비로 해석하면서 남녀 사이에도 계급을 적용한 경우다. 한옥을 멀리서 보면 지붕 여러 장이 복잡하게 얽혀 있는 것 같지만 사실은 이런 신분 계급을 충실히 반영한 데 따른 결과인 것이며 찬찬히 뜯어보면 집의 구성을 읽어낼 수 있다.

약간의 예외도 있다. 행랑채가 가장 낮은 것에는 예외가 없었는데 안채와 사랑채 사이에는 예외가 있었다. 안채에 팔작지붕을 사용했으며 몸통도 안채가 더 크고 지붕도 더 높은 경우도 있었다. 이런 경우는 보통 가문이나 집주인의 성격에 따라 집안에 대소사가 많아서 이를 관장하는 안채의 구실과 기능이 커졌을 때다. 혹은 처가의 가문 규모나 지위가 더 높아도 이런 일이 생길 수 있었다. 거느리는 식솔도 많아지고 면적도 넓어지니 몸통이 커졌고 여기에 스케일을 맞추다 보니 지붕도 크고 높아졌다. 크고 높은 지붕에는 맞배지붕보다 팔작지붕이 어울린다. 이런 과정을 거쳐 안채가 자연스럽게 사랑채를 품는 형국이 되기도 했다.

확장하면 한옥에서 사랑채와 안채 사이의 관계는 좀 각별한 데가 있다. 일단 조선 유교 문명에서 부부 관계부터가 그랬다. 양반들의 결혼은 가문 사이의 결합이었지 당사자들의 사랑은 변수가 되지 못했다. 가문 어른끼리 이야기가 되면 흔히 말하는 '얼굴도 못 보고 결혼'하는 것이 보통이었다. 부부 사이의 관계는 당사자들 간의 사적 감정보다는 결혼을 통해 가문의 권력을 유지하고 이를 통해 사회 안정을 지키려는 공적 성격이 강했다.

부부가 잘 맞아서 금슬이 좋으면 다행이었는데 그렇더라도 남녀유별에 의해 거처 공간이 사랑채와 안채로 갈렸다. 요즘으로 치면 '각방'을 쓰는 것이었다. 남편이 아내라도 보고 싶으면 내외문을 통해 밤에 도둑 들 듯 안채에 들어야 했다. 물론 내외문은 형식적인 것이긴 하지만 당시 부부 사이의 관계가 공적인 성격을 가졌음을 보여주는 예다. 거꾸로 아내가 남편을 보고 싶은 마음을 전달하는 통로는 더 막혀 있었

다. 아내는 평생 동안 안채를 벗어나는 일이 쉽지 않았다. 안채는 아내에게는 단순한 거처를 넘어서 인생 전부였고 세상 우주 전체였다. 정여창 고택 안채를 보자.[5-23] 한옥 안채의 전형적인 장면인데 아내는 이곳을 나와 바깥나들이를 하기가 쉽지 않았다. 최근에는 조선시대 때 양반

5-23 **정여창 고택 안채.** 한옥 안채의 전형적인 구성이다. 안주인은 안 행랑채를 거느리며 집안일을 총괄했지만 이 공간을 벗어나 바깥나들이를 하는 일은 많지 않았다.

집 여자들의 바깥 나들이가 생각보다 많았을 것이라는 연구 결과도 나오고 있지만, 그 정도가 여전히 충분하지는 않았을 것이다. 안주인은 이곳에 머무르며 안 행랑채를 거느리고 집안의 대소사를 책임져야 했다.

얼굴도 못 보고 결혼했으니 서로 안 맞는 경우가 더 많았을 것이다. 이혼이 완전히 금지된 것은 아니었지만 거의 불가능했기 때문에 이런 경우에 배우자를 통한 사랑의 감정은 가져보지 못한 채 가문 사이의 공적인 관계만 유지하면서 평생을 살아야 했다. 가부장제였으니 남편들은 다른 경로를 통해 이성에 대한 갈증을 풀 수 있었지만 여성은 전혀 불가능했다. '비녀로 허벅지를 찔러가면서 긴긴 밤을 참는다' 라는 말이 여성이 지켜야 할 미덕으로 칭송될 정도였다.

두 경우 모두 부부에게는 쉽지 않은 상황이었다. 결혼이 아무리 가문끼리 결합하는 정치행위라고 하지만 남녀가 만나서 부부의 연을 이루고 자녀도 낳고 살아가다 보면 오만 가지 복잡한 감정이 생기지 않을 리 없었다. 사랑채와 안채 사이의 건축적 관계는 이런 상황에 대한 우회적 돌파구였을 수 있다. 건축적으로 보았을 때 사랑채와 안채가 애틋한 분위기로 배치된 경우가 많은 것이 이런 사실을 뒷받침해준다. 원래는 서로 완전히 분리된 뒤 담을 치고 중문을 다는 것이 남녀유별의 오륜에 맞는 것이다. 정여창 고택 사랑채가 전형적인 예다.[5-24] 대문을 들어서면 사랑채가 전면을 드러내며 당당히 맞는다. 바깥세상에 대해 가문을 지키는 남편과 가장의 구실에서 나온 배치다. 안채는 담으로 분리되어 그 뒤에 두었다.

하지만 한옥 전체를 놓고 보면 두 채가 꼬리를 물고 연결되거나 아

5-24 정여창 고택 사랑채. 사랑채는 안채와 분리되어 바깥세상과 직접 대면하는 위치에 두었다.

예 팔짱을 낀 듯, 혹은 남편이 아내의 어깨를 감싼 듯 사이좋게 나란히 서 있는 경우도 많다. 둘 중 하나일 것이다. 마음 놓고 드러낼 수 없었던 부부 사이의 사랑을 표현한 것이거나 아니면 사이가 안 좋을 경우 금슬 회복을 바라는 마음을 담은 것이다. 두 경우 모두 집의 배치를 통해 부부의 정과 연을 표현하고 좋게 만들 수 있다는 믿음을 바탕에 가지고 있다.

어쨌든 이런 배치는 어울림과 화목함을 보여주는 최고의 예다. 내외문은 이처럼 완전 분리의 원칙을 어겼을 때 남녀유별의 오륜을 지킨 척하기 위해 단 것이다. 사랑채와 안채 사이의 배치는 이렇게 사이좋게 어울리는 장면이 진수다. 어울림과 화목함의 미학을 바탕에 가지기 때문에 한국인의 정서에 가장 잘 맞는다. 사랑채가 안채를 거느리는 것은 남존여비를 드러내는 것으로 계급 차별의 성격이 아주 강하다. 그 반대로 안채가 튀는 경우는 안채에 부가된 역할을 만족시킨 것으로 단순히 기능적인 의미를 드러낼 뿐이다.

사랑채와 안채가 화목하게 어울리는 집은 귀봉 종택이 좋은 예다. **5-25** 오른쪽이 사랑채이고 왼쪽이 안채. 보통 사랑채가 앞에 나서고 안채가 그 뒤로 숨는 것이 일반적인 구성인데 이 집에서는 둘이 나란히 선 것부터 부부 사이의 화목을 드러내려는 의지로 읽힌다. 사랑채가 전체적으로 좀 높은데 그 차이가 크지 않다. 보통 남녀의 키 차이를 옮겨 놓은 정도다. 사랑채의 기단이 조금 높지만 이 차이 역시 의미를 부여할 정도는 아니다. 두 채 모두 기단과 퇴를 갖추었다.

한 가지 아쉬운 점은 나란히 선 두 채 사이를 중문이 가르는 것이다. 이 정도는 남녀유별을 지킨 예절로 볼 수 있다. 지붕끼리 손을 뻗듯 만나고 있으니 상관없다. 정말로 부부가 손잡고 서 있는 모습을 보는 것 같다. 남녀유별은 사람이 만든 사회적 관습일 뿐, 남녀가 서로를 그리는 애틋한 마음이 이보다 우선이며 본능적이라는 사실을 말해주고 있다. 지붕끼리 어울림은 더 절묘하다. 사랑채는 팔작지붕의 전형을 보여준다. 가장의 권위에 해당된다. 권위만 부리는 것은 아니다. 한국 아버지의 권위 뒤에는 바깥세상에 맞서는 가장의 책임감이 있다.

안채는 좀 다르다. 맞배지붕의 낮은 수평선 위에 박공 두 개가 다소곳이 어울린다. 아낙네 둘이 담 너머 고개를 살짝 내밀고 바깥세상을

5-25 귀봉 종택. 안채와 사랑채가 옆으로 나란히 서 있는 구성이다. 다정하게 손잡고 서 있는 부부를 보는 것 같다.

훔쳐보는 호기심을 연상시킨다. 혹은 이 박공 두 개 자체가 부부의 애틋한 어울림을 형상화한 것일 수 있다. 여자란 그렇지 않은가. 한 남자를 받아들이면 혼자가 아니다. 마음속에 원앙 한 쌍을 품고 평생을 산다. 스스로 안에 쌍을 키운다. 박공 두 개가 그렇다.

운조루는 특이하다. 안채의 바깥 두 면에 큰 사랑채와 작은 사랑채를 붙였다.^{5-26, 5-27} 5-27에서 앞으로 튀어나온 것이 작은 사랑채이고 왼쪽에 길게 뻗은 것이 큰 사랑채다. 안채는 오른쪽에 살짝 보인다. 사랑채를 이원화한 것은 물론 남편의 공간을 넓혀서 다양하게 쓰기 위해서

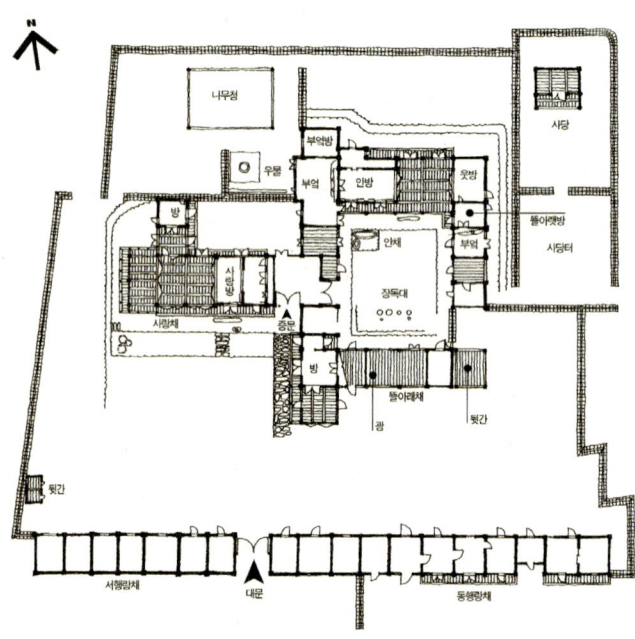

5-26 운조루 평면도. 안채를 안쪽 깊숙한 곳에 배치하고 그 바깥쪽 두 면을 큰 사랑채와 작은 사랑채가 에워싸는 구성이다.

5-27 운조루 사랑채. 이런 구성은 안채를 보호하려는 책임감의 발로다.

였다. 하지만 이것이 단순히 남편만을 위한 것은 아니었다. 안채를 두 면에서 호위하는 형국이 되었다. 안채는 속에 'ㅁ' 자형을 하며 한가운데 큰마음 하나를 품고 숨었다. 그 밖을 사랑채가 두 면을 오가며 거뜬하게 지켜주고 있다. 따라서 사랑채와 안채의 건축적 배치에 유추해서 본 이 집의 부부 관계는 이렇다. 아내는 매우 여성스러워서 남편 뒤에 다소곳하게 숨는 반면 남편은 호탕하게 숫기를 부리며 앞에 나서서 아내를 지켜준다. 조선시대 남녀의 전형적인 성 역할 혹은 젠더 미덕에 해당된다. 좀더 직설적으로 해석하면, '♀' 주위를 '♂'이 돌다가 찌른 형국이다.

예보다 인이 우선

행랑채의 조형 구성   이것이 전부가 아니다. 예별이만 있는 것이 아니다. 물론 예는 중요하다. 예별이도 중요하다. 왕조 사회에서 계급 질서를 지키는 것은 현실적 당위성을 갖는다. 계급 사회가 옳은지에 대해서 현재 시점에서 여러 논의가 가능하나 당시로서 계급은 엄연하고 당연한 현실이었다. 수백 년에 걸쳐 평등 사회로 발전해간 것과 별개로 당시에 계급 질서를 지키는 일은 현실적 당위성을 가졌다. 한옥에 예별이의 가치를 표현하는 것도 마찬가지였다.

그러나 예별이가 유교의 본질은 아니다. 유교의 본질은 어진 마음, 즉 인이다. 인을 건축 구성으로 표현한 것이 바로 어울림과 화목함의 미학이다. 사실 예별이까지는 상식적인 이야기다. 지위가 높고 재산이 더 많은 사람이 더 크고 더 화려한 집에 사는 것은 어떤 면에서는 당연한 세상의 이치다. 문제는 이런 차이를 어떻게 조형적으로 다듬어내느냐에 있다. 한옥은 계급 차이가 강압으로 공고히 굳는 것을 경계했다. 그 대신 '어울림'이라는 균형 잡힌 조형 처리로 잘 풀어냈다. 구성원들 사이를 구획 짓거나 가르지 않고 서로 잘 어울리게 했다. 높은 위계의 공간이 낮은 쪽을 억누르거나 진압하지 않고 한 울타리 내에서 같이 어울리게 했다. 상하 구별이 분명하고 남녀가 유별했던 실제 생활과는 차이가 있겠지만 적어도 집을 기준으로 보면 이런 계급 구도를 중화시켜 최소화하고 싶어했던 마음을 읽을 수 있다. 이는 한국인 특유의 국민성이나 조형 의식의 발로로 볼 수 있으며 그 바탕에는 유교의 또 다른 가르침인 '인'이 있다.

인은 한마디로 어진 마음, 즉 인자함과 관용이다. 좀더 풀어보면, 자신이 처한 위치에서 자신의 본무를 다 하면서 주변에 대해 측은한 마음으로 정성을 다해 조금이라도 도움을 주고자 하는 보살핌이다. 밥집 주인이 밥 만들어 파는 일을 돈벌이 수단으로 보면 인의 정신이 없는 것이다. 반대로 자기 집을 찾은 손님에게 최고의 음식을 서비스해서 사람들이 맛있게 배불리 먹는 것을 보고 즐거워한다면 인의 정신이 있는 것이다. 이 원리는 사람 사이의 모든 관계에 적용할 수 있다. 부모가 자식을 자신의 체면을 위한 수단으로 보면 인의 정신이 없는 것이다. 반대로 자식을 소중한 인격체로 보고 자식이 진정으로 원하고 자식에게 진정으로 맞는 것을 찾아줘서 자식이 행복하게 사는 것을 보고 감사한다면 인의 정신이 있는 것이다.

지배 계층과 피지배 계층 사이도 마찬가지다. 하인을 기계적 수단으로 보고 오로지 나의 이익만을 위해 부리고 착취한다면 인의 정신이 없는 것이다. 반대로 계급이 구별되긴 하지만 하인도 하나의 인격체로 본다면 인의 정신이 있는 것이다. 계급 질서를 해치지 않는 범위 내에서 각자의 본분을 지키면서 더불어 살고 이것에서 지배 계층과 피지배 계층이 함께 행복할 수 있다면 아주 훌륭한 인의 정신이다. 이럴 경우 피지배 계층은 진심에서 계급 질서를 인정하고 온 정성으로 주인을 섬기게 된다. 주인은 계급 질서를 유지하는 범위에서 이에 합당하게 보답을 하고 온정을 베풀어야 한다. 이것이 인의 정신이다.

한옥의 채 구성은 이런 인의 정신이 이끈 것이다. 행랑채의 구실이

이를 잘 보여준다. 세계 어느 나라 상류층 주거를 봐도 높은 권력의 주인이 하인과 이렇게 어깨를 맞대고 옹기종기 몰려 사는 것은 보지 못했다. 하인의 공간이 조형 구성에서 적지 않은 지분을 차지하면서 그 모습을 드러내는 경우는 한옥밖에 없을 것이다. 서양을 보자. 하인들의 공간은 사실 존재감이 거의 없다. 조형 구성에서는 더욱 그렇다. 건물 전체 구성에서 하인들의 영역은 조형적으로 아무 구실도 하지 못한다.

　서양은 원래 큰 건물 하나 안에 모든 시설을 다 집어넣기 때문에 주인과 하인이 한 건물 안에 살 수는 있다. 하지만 두 계층이 사는 공간은 한옥처럼 함께 어울려 화목함을 드러내지 않는다. 계급 차이를 명확히 표현한 뒤 영역을 갈라서 차별했다. 잘해야 일정한 거리를 뗀 뒤 단순 병렬하는 정도였다. 이는 지극히 계급적이고 기능적인 처리일 뿐이다. 이 과정에서 하인의 공간은 존재감을 드러내지 못했다. 조형적 구실도 부여받지 못했다. 조형적 구실은 차치하고라도 주인 공간과 함께 어울려 화목함을 만들어내는 일은 처음부터 생각할 수도 없었다. 서양에서 피지배 계층은 '채'라는 독립적 공간을 갖지 못하고 큰 건물 한 구석에 조그만 방을 부여받는 정도였다. 건축 구성에서 보았을 때 지배자의 전체 건물 속에 아주 작은 일부분으로 들어가기 때문에 별도의 조형적 구실은 없었다.

　한옥은 다르다. 물론 조선시대에도 주인마님은 하인의 생사여탈권을 쥐고 있었으며 이에 따라 한옥 내에서 과도한 계급 차별이 자행되긴 했을 것이다. 하지만 한국의 정이란 것이 그렇게 단순하지가 않다. 일단 내 집에 같이 살면 하인이라도 내 식구처럼 생각하는 경우도 많았다. 한국 특유의 정의 문화가 계급을 초월한 것이며 이것이 집에 반영되어 나타난 것이 어울림과 화목함의 미학이다.

조선시대는 아주 먼 옛날이기 때문에 계급 사이에 나눈 인을 지금 시점에서 추측하기는 어렵다. 하지만 그 잔재는 비교적 최근까지도 남아 있었는데 이것을 통해 우회적으로 추측해볼 수는 있다. 내가 어렸을 때에는 '식모'라는 직업이 있었다. 지금으로 치면 '거주 도우미'쯤 된다. 남의 집에서 먹고 자면서 집안일을 거드는 것이다. 먹고살기 힘든 경제 상황에 전통 시대 때 하인 개념이 더해져 탄생한 직업이었다. 지금의 가사 도우미처럼 당당한 직업으로 인정받지 못하고 다분히 계급 잔재가 남아 있었다.

내가 어렸을 때 우리 집은 잘 사는 편이어서 식모 언니가 있었다. 절대 자랑할 거리는 못되고 식모라는 단어조차 입에 올리는 것도 썩 좋은 일은 아니지만 말이다. 이 언니가 우리 집에 처음 온 날 식구들이 모여 밥을 먹는데 같이 와서 먹으라고 했더니 이 언니가 방바닥에 주저앉아 엉엉 우는 것이었다.

나중에 안 건데, 운 이유는 두 가지였다. 하나는 쌀밥을 보니 고향에 두고 온 엄마와 동생들 생각이 나서였다. 당시 시골에서는 감자나 옥수수로 끼니를 때우던 때였고 이 언니 역시 이런 가난에 조금이라도 도움이 되고자 무작정 상경해서 남의 집 식모살이를 한 것이었다. 두 번째 이유는 식구들이 자기랑 같이 밥을 먹는 것이 고마워서였다. 계급 개념을 넣어서 보면 식모는 보통 부엌에서 남는 밥을 혼자 먹어야 했다. 하지만 당시 식모를 둔 많은 집에서 같은 밥상에서 함께 밥을 먹었다. 우리 집만 그런 것이 아니었다. 생일도 챙겨주고 명절 때면 선물을 마련하고 차비를 줘서 고향에 다녀오게 해준 집도 있었다. 일단 내 집에 들어와서 같이 살면 모두 내 식구라는 생각에서다. 썩 좋은 예는 아니었지만 아무튼 이런 것도 인의 정신이다.

한옥에서는 하인들의 공간인 행랑채까지도 중요한 조형 요소로 살려서 전체 구성에 참여시킨다. 멀리서 전경을 보았을 때 행랑채의 존재는 실제 계급의 값어치보다 높게 표현되고 있다. 안채나 사랑채보다 분명히 아래에 있지만 그 차이가 심하지 않다. 더욱이 행랑채가 빠지면 집의 전경이 만들어지기가 어렵다. 한옥 전경의 모범 답안은 아무래도 행랑채가 담과 함께 집 전면에 걸쳐서 긴 수평선을 깔아주고 그 위로 사랑채, 안채, 별채 등의 몸통과 지붕이 산봉우리처럼 오르락내리락하면서 아기자기한 스카이라인을 형성하는 것이다.

한옥의 전경

■**행랑채가 집의 주인**　　낙선재를 보자.[5-20] 담과 행랑채의 수평선이 참으로 명쾌하고 확연하다. 담은 원래 그런 것이려니와 여기에 행랑채가 가세해서 비로소 완벽한 조형미가 나타났다. 행랑채의 수평선을 뚫고 박공이 솟았다. 박공은 주인의 위계를 알리니 예별이를 통해 유교 문명의 사회적 형식미를 표현하고 있다. 하지만 이것이 전부는 아니다. 행랑채의 수평선이 받쳐주지 않았다면 박공은 아무런 조형적 역할을 하지 못했을 것이다. 사랑채는 자신의 가부장적 존재를 과시

5-28 향단 전경. 사랑채와 안채는 자신의 존재를 위압적으로 드러내지 않는다. 행랑채의 수평선 위에 조형적 어울림을 통해 드러낸다.

적으로 드러내지 않는다. 다른 채와의 어울림을 통해 자신의 존재를 결정한다.

향단이 더 좋은 예다. *5-28* 행랑채의 수평선은 맞배지붕에서 나온다. 양쪽 끝이 일직선으로 떨어지기 때문에 길고 안정적인 수평선이 나온다. 이것이 아래에서 튼튼하게 받쳐주니 그 위에서 팔작지붕의 박공이 마음껏 활개를 친다. 삼각형이 춤을 추며 아래쪽 맞배지붕의 수평선과 대비를 이룬다. '안정 대 역동'의 대비 구도다. 박공은 사랑채와 안채의 것이다. 권위적이지 않다. 행랑채의 멍석이 있어야 존재가 결정된다.

스카이라인이 반드시 오르락내리락할 필요는 없다. 수애당 전경을 보자. **5-29** 낮은 담이 안정적인 수평선을 길게 드리우고 그 위로 행랑채가 몸통의 절반 이상을 드러낸다. 그 위로 다시 행랑채 지붕이 굵은 수평선을 일획 긋는다. 전경의 주인은 행랑채다. 조형적 어울림의 구성 요소로 참여하는 정도를 넘어서 전경의 대부분을 차지한다. 바깥세상

5-29 **수애당 전경.** 이 전경에서 주인은 앞쪽의 행랑채다. 낮은 담 위로 모습을 드러내며 바깥세상에 대해 집의 존재를 정의해준다.

을 향해 집의 존재를 결정해주는 구실을 하는 것은 사랑채도 아니고 안채도 아닌 행랑채다. 사랑채는 행랑채 위로 머리끝만 살짝 내민 정도다.

집의 인상을 결정하는 것 역시 이런 행랑채다. 긴 수평선 몸통 속에서 창이 가지런하게 반복된다. 이런 모습은 공리적 질서를 표현하는데 이것이 바로 이 집의 인상이다. 행랑채가 일차로 이런 인상을 잡으면 그 뒤의 사랑채는 이것을 좇는다. 실제 계급과 반대 방향으로 작동하는 것이다. 사랑채도 비슷한 분위기로 가세하면서 굵고 안정적인 수평선이 중첩되고 반듯한 품새가 잡힌다. 탕탕한 기운을 집의 인상으로 보여준다. 누가 행랑채를 머슴의 방이라며 비하했던가.

독락당도 비슷하다.⁵⁻³⁰ 이번에는 담이 높다. 행랑채 턱 밑까지 올라가서 몸통을 다 가렸다. 그 대신 지붕선이 여러 겹 급하게 반복된다. 담이 가장 밑에서 수평선을 치고 그 위로 '행랑채-사랑채-안채-사당'이 군인들처럼 앞뒤로 나란히 한 줄을 이룬다. 행랑채가 수애당처럼 중심 역할은 하지 않지만 최소한 중요한 역할은 하고 있다. 행랑채를 뺀 전경은 생각할 수 없다. 행랑채는 사랑채와 안채와 동격이다. 수평선이 급하게 반복되면서 나타나는 긴장감 넘치는 구도에서 어느 것 하나 빠질 수 없는데 행랑채도 마찬가지다. 긴장감을 만들어내는 다섯 개의 수평선에는 계급이 남아 있지 않다. 모두 동등한 조형 요소로 협력해서 집 주인이 원하는 전경 분위기를 창출한다.

물론 하인들의 영역을 행랑채라는 독립 채로 분리시킨 것이 오히려 계급 차이를 더 공고히 한 것으로 볼 수 있는 측면이 있는 것도 사실이다. 한 공간 안에 섞이기 싫어서 아예 우마간이나 광과 한 묶음으로 분

5-30 **독락당 전경.** 수평선 다섯 개가 급하게 반복되면서 긴장감을 만들어내는데 행랑채는 여기에서 빠질 수 없는 조형 요소다.

리시켜 버린 것일 수 있다. 하인들의 실제 생활이 얼마나 비참했을지는 대감마님의 성격이나 집안 분위기에 따라 편차가 컸을 것이기 때문에 단정적으로 말하기는 어렵다. 그러나 적어도 한옥을 기준으로 보면 집 전체에서 일정한 구성 요소의 구실을 당당하게 부여해주고 있다.

 행랑채는 하인들의 영역이기 때문에 보통 한옥에서 가장 심심한 부분에 해당된다. 창 구성도 단조로워서 같은 창이 동일하게 반복된다. 아마도 창을 통한 가족 관계를 표현할 필요가 없었기 때문일 것이다.

적어도 창을 기준으로 하면 하인은 식구의 일원이 아니었다. 동일한 창이 반복되는 장면은 공리성을 상징하며 이것은 하인들은 열심히 일해야 된다는 계급 논리로 귀결된다. 지붕도 낮은 맞배지붕이고 문살도 평범한 세살이 주를 이룬다. 우사와 창고가 같이 있기 때문에 조형미는 더욱 떨어진다.

하지만 전경에서는 이야기가 달라진다. 행랑채는 전경에서 혁혁한 구실을 한다. 창에서 식구로 받아주지 않았다면 전경에서는 식구로 받아 주는 정도를 넘어서서 중요한 구실을 맡긴다. 전경을 아예 행랑채만으로 구성하는 경우도 있다. 충효당이 좋은 예다.⁵⁻³¹ 행랑채가 담을 겸

5-31 **충효당 행랑채**. 사랑채와 안채는 행랑채 뒤에 숨었다. 바깥세상을 향해 집을 대표하는 것은 행랑채다.

하면서 높아졌고 사랑채와 안채가 그 뒤에 숨었다. 바깥을 향해서 집을 대표하는 것은 행랑채다. 솟을대문조차도 삼문을 피하고 소박한 일각문으로 처리했다. 사랑채는 대문을 통해 일부만 살짝 보인다.

충효당 전경에서 행랑채는 여러 가지 일을 한다. 구성미가 뛰어나다. 긴 일직선의 반복 구성을 기본으로 삼아 창의 위치와 솟을대문으로 변화를 주었다. 일직선 반복은 노동 효율을 높이기 위한 공리적 기능을 갖는다. 하지만 강요나 착취는 느껴지지 않는다. 엇박자를 넣어 해학적 율동을 준다. 솟을대문마저도 겸손하다. 원래 솟을대문은 양반 권력의 상징이었다. 예별이를 통해 반가의 위상과 유교 질서의 준엄함을 표징한다. 그러나 이곳에서는 반대다. 행랑채가 펼쳐놓은 아름다운 수평선 사이에서 소박과 겸손을 넘어 수줍어하기까지 한다. 위압 같은 것은 처음부터 없었다. 온 백성과 하인마저 함께 끌어안고자 했던 서애 류성룡의 무르익은 유교 사상을 말해준다.

나눈 뒤 재조합하는 한국인의 조형 의식

인은 무작정 용서하고 남에게 다 퍼주자는 것은 아니다. 인도 엄연히 사회 질서를 유지하는 기능을 가졌다. 아니, 가장 효율적이고 확실한 최고 수준의 질서 유지 이데올로기였다. 사회 질서는 법이나 권력만으로는 되지 않았다는 뜻이다. 서로가 서로를 측은히 여기며 돕고자 하는 마음이 사회 질서를 유지하는 최고의 방법이다. 왕이 세상을 다스릴 때 법이나 힘으로 다스리는 질서는 복종을 이끌어낼 수 있지만 진심에서 나오는 자발은 되기 힘들다. 사람들의 진심 어린 참여와 자발적인 순응을 이끌어내는 것은 어진 마음, 즉 인밖에 없다. 이 때문에 동양에서는 어진 임금을 최고로 쳤다. 부모와 자식 사이도 마찬가지다. 유교에서는 엄한 교육을 강조하지만 이것도 자식을 사랑하는 인자함이 없다면 위험한 무기밖에 되지 않는다.

이렇게 보았을 때 한옥 구성에 나타난 어울림의 미학은 그 자체가 최종 목적이었을 수 있지만 어떤 면에서는 가문 내에서 계급 질서를 유지하기 위한 전략적 수단이었을 수도 있다. 단, 화목을 통해 한 울타리 안에 사는 모든 구성원이 함께 정을 나누는 방식을 택한 것이다. 이것이 더 안정적이고 효율적이라는 공리적 목적도 있었지만 매일 얼굴을 마주치는 가족 구성원들과 정을 나누는 것 자체에서 행복을 느꼈던 우리의 전통 정서가 가장 큰 배경이었다. 이것이 바로 인의 정신을 건축적으로 해석한 내용인 것이다.

한옥 구성은 확실히 오밀조밀하고 아기자기하다. 서양이나 중국의 상류층 주거가 보이는 위압감이나 권위 의식은 약하다. 당연하다. 건물을 여러 채로 나눈 뒤 오밀조밀, 아기자기하게 재조합했기 때문이다. 세계적으로도 특이한 구성이다. 마당 면적도 많이 필요하고 열 환경에서도 불리하다. 마당 면적을 많이 할당하지만 마당 역시 집 따라 여러 영역으로 쪼개지기 때문에 보기에 따라서는 효율이 떨어진다. 서양식으로 번듯하게 꾸민 정원이 나올 수 없다. 그렇지만 이런 구성을 한 이유가 있었을 것이다. 그 가운데 하나가 화목한 구성을 표현하기 위해서였다.

전경 구성에 나타난 예별이를 어울림으로 읽어내고 다시 이것을 화목함으로 연결하는 해석 구도는 앞에 나왔던 창에 적용하면 더 확실해진다. 안방에 큰 문을 쓰고 자녀 방에 작은 문을 쓴 구성이다. 이것도 기본적으로는 부모에 대한 효의 예를 표현한 것이다. 밥상에서 아버지가 상석에 앉고 고기반찬이나 생선반찬을 아버지 앞에 놓는 효의 예를 문 구성에 적용한 것이다. 하지만 여기에만 머물지 않았다. 이런 구성은 부모와 자식 사이의 각별한 애정, 즉 친자의 정을 표현했다.

밥상 비유는 계속된다. 자기 앞에 놓인 고기반찬이나 생선반찬을 혼자 다 먹는 아버지는 세상천지에 없을 것이다. 아버지의 권위를 인정해주는 표식으로 고맙게 받아들인 뒤 자신의 젓가락으로 직접 집어서 자녀들 밥 위에 올려준다. 이때 인자한 미소를 더하면 최고다. 자녀들은 그 엄한 가부장제 아래에서도 이런 보살핌 하나, 그리고 그 기억 하나로 평생 사랑을 가슴에 품고 살 수 있었다. 창 구성도 마찬가지다. 큰 문은 전혀 위압적이지 않고 작은 문과 정으로 어울리는 모습이다. 작은 문을 업고 안 듯 품고 보살피는 형국이다. 이것을 유교로 환산하면 '인'이 되고 문화적으로 해석하면 '정'이 된다. 한국인의 가장 기본적인 정서인 정이다. 유교의 인이 한국의 가족 관계에 와서 친자의 정으로 익은 것이다.

'어울림'은 한국인 특유의 사회적 형식미이자 조형 의식이다. 큰 것 하나로 뭉치는 것보다 작은 것 여럿으로 나눈 뒤 그것들을 이리 짜고 저리 모아보는 것을 좋아하는 조형 의식이다. 통합보다는 조합을 좋아한다는 뜻이다. 한국 전통 건축에 거대 구조나 거석 구조가 없는 이유이기도 하다. 지배 계층의 주거가 이렇게 자잘한 구성 요소들의 어울림으로 이루어지는 경우는 드물다. 서양에서는 큰 육면체 하나로 전체 윤곽을 잡고 속으로 잘라 들어가는 경우가 보통이다. 채를 나눈다고 해도 중심이 되는 큰 건물이 있고 거기에서 즉 동이나 측랑이 부속 건물로 갈라져 나온다. 더욱이 부속 건물은 본체와 붙어 있다. 한옥처럼 별채로 완전히 분리하지 않는다.

이렇게 보았을 때 채로 나눈 뒤 다시 조합하는 한옥의 구성은 특별한 목적이 있었고 나름의 가치를 표현하기 위한 것으로 볼 수 있다. 이런 경향의 이유나 배경에 대해서는 여러 가지를 생각할 수 있다. 20세기 산업자본주의의 관점에서 산업 기술력이 열악하거나 배짱이 없는 탓으로 돌리는 시각도 있으나 조형적 선호에 기인한 점이 크다. 바로 어울림이라는 것이다. 각자의 존재를 인정하면서 동시에 여럿이 함께 어울려 '지지고 볶는' 것을 기본적으로 좋아했다. 이런 정서를 생활 곳곳에 반영했는데 건축 구성도 그 가운데 하나였다. 한옥이 대표적인 예이며 모든 유형이 다 그랬다. 사찰도 일주문에서 대웅전에 이르는 긴 길이에 걸쳐 여러 전각으로 나누어 구성했다. 왕궁과 서원도 마찬가지다. 거대한 건물 하나에 다 집어넣은 서양과 분명히 다르다.

건축 구성을 기준으로 했을 한국의 조형 의식은 확실히 통합보다는 조합을 선호한다. 선교장을 보자. **5-32** 어울림의 최고봉이다. 어울림을 조형적으로 환산하면 절묘한 균형감이 된다. 크고 작은 여러 덩어리가 균형을 이루면서 어울리고 있다. 큰 것은 너무 크지 않게, 그러나 작은 것도 너무 작지 않게 적절한 범위를 유지하면서 서로를 구별하지만 궁

5-32 선교장 전경. 어울림을 보여주는 한옥 전경 가운데 최고봉이다. 조형 단위의 개별성이 살아 있으면서 함께 어울려 기묘한 변화를 보여준다.

극적으로 비슷한 분위기를 유지하면서 어울려 흥겨운 안정감을 만들어 낸다. 흥겨우면서도 안정적이라는 상반되는 특징이 동시에 나타나는 양면성이 한국의 조형적 균형감의 요체다.

여러 채가 어울려 구성되는 한옥의 전경은 인상 기능을 통해 반가의 기품을 상징한다. 이 집은 한옥의 구성을 각 채들 사이의 수직 중첩으로 보여주는 구성 형식미가 뛰어나다. 낮은 산기슭을 배경으로 독립

채들을 적당히 배치하고 각 건물의 구조도 소박하게 처리했다. 집안의 화목한 가족 관계가 건물 구성에 드러나 활기찬 모습으로 나타난다. 개념으로조차 규정할 수 없는 기묘한 변화와 생동적인 매력을 갖춘 화신化神의 경지에 이르렀다.

혹자는 이런 구성을 보고 무질서하다거나 한국의 병폐인 파벌을 보는 것 같다고도 한다. 모두 부정적 평가다. 일본인이 한국인을 비하하기 위해 만들어낸 "한국인은 단결력이 없어서 모래알처럼 흩어진다"라는 말을 떠올리는 사람도 있다. 하지만 이것은 사실을 제대로 파악하지 못한 것이다. 조합이 일어나기 위해서는 일정한 나눔을 전제로 해야 되기 때문에 자칫 파벌이나 분열로 빠질 위험이 큰 것이 사실이다. 그러나 조합은 통합뿐 아니라 분열과도 엄연히 다른 또 하나의 독립적 조직 원리이며 이것을 조형적으로 구현하면 어울림의 미학이 된다.

유교의 인과 한국의 정

합종연횡과 이합집산이라는 말을 보자. 보통 한국인의 파벌 의식이나 분열 현상을 부정적 의미로 일컫는 말이나 원래 뜻은 조합이라는 또 하나의 세상 이치를 일컫는 중립적인 말이다. 이 두 말을 잘 보면 '합-연-합-집' 등 모인다는 뜻의 말이 주축을 이루기 때문이다. 분열을 나타내는 말은 '이-산' 두 개밖에 없다. 다만 모이는 방식에서 중앙 통제에 의해 큰 한 덩어리로 통합되느냐 아니면 구성원 각각이 일정한 힘을 가지면서 힘겨루기와 타협을 통해 조합되느냐의 차이일 뿐이다.

이런 성향의 배경으로 한반도의 자연 지형을 들 수 있다. 국토의 70퍼센트가 산이기 때문에 수없이 많은 작은 부락이 생겨났으며 개별 부락만으로는 자생력이 부족하기 때문에 일정한 연합이 필요했을 것이다. 연합은 일단 자연 지형에서 영향을 받았다. 산이 가르고 강이 가르는 방향 따라 연합 대상을 골랐을 것이다. 하지만 연합을 하다 보면 뜻이 맞지 않게 되고 그러면 다른 쪽에서 연합 대상을 찾았다. 이런 방식이 수천 년 동안 내려오다 보니 국민성도 여러 개의 작은 덩어리를 조합하는 쪽으로 굳어졌다.

이때 어떻게 조합할 것인가, 즉 조합을 이끈 방향이 중요한데 한옥에서는 어울림과 화목함이 조합을 이끈 가치관이자 원리이자 방향이었다. 두 겹의 배경이 있었으니 일차적으로 유교의 인이 있었고 궁극적으로는 한국 특유의 정의 문화가 있었다. 결국 '어울림-화목함-인-정'의 네 요소가 스크럼을 짜고 하나의 문화와 가치관을 형성하면서 우리의 전통 시대를 지배했다.

'인'의 가치는 중국과 우리가 사회적으로 조금 다르게 형식화했는데 우리는 이것을 '정의 문화'로 발전시켰다. 대표적인 것이 가족주의다. 가족주의는 일차적으로 정치적 기능을 가졌다. 씨족 문화와 문중 문화를 이루는 씨앗이며 이것이 모여 집권층을 이루고 왕권을 지탱하는 신권臣權이 되었다. 하지만 이것은 일차적인 것일 뿐, 더 큰 것이 있었다. 정의 문화는 유교의 계급 질서가 너무 삭막한 착취로 흐르지 않게 하기 위한 중화 작용 혹은 견제 장치 구실을 했다. 전제 왕권 시대였기 때문에 피지배 계층의 권익을 나라의 법으로 확보해주기는 불가능했을 것이고, 이것을 어떤 식으로든지 구현하고 싶었을 터인데, 결국 사람들 사이의 정이라는 비공식적 마음 나누기로 이것이 가능할 수 있었다.

확장해서 보면 법에 위촉되지 않으면서 법의 경직성을 피해가는 한국인 특유의 묘한 잔재주의 하나일 수도 있다. 현재까지도 한국 사람들이 습관처럼 말하는 '세상이 법만으로 되나'라는 말이 이런 정서를 잘 보여준다. 현대 사회에서는 이것이 법 질서의 정착을 가로막는 위험하고 부정적인 재래의 잔재로 여겨진다. 이것을 청산하는 것이 선진국이 되기 위한 첫 번째 조건으로 인식된다. 물론 맞는 말이지만 문화적으로 보면 좀 다른 해석이 가능하다. 사회 만사를 법과 매뉴얼에 의해 선험적으로 운용하기보다는 다양한 비공식적 융통성과 조절력에 의해 경험적으로 풀어가는 것을 좋아하는 국민성이라는 뜻이다.

이런 국민성이 건축에 반영되어 나타난 것이 채로 나눈 뒤 재조합하는 구성이다. 이때 그냥 재조합하는 것이 아니라 오밀조밀하게 구성해서 어울림과 화목함을 최대한 표현했다. '오밀조밀'의 사전적 정의를 보면 '사물에 대한 정리의 솜씨가 세밀하고 자상하다'다. 세밀한 것까지는 알겠는데 이것이 자상하기까지 하다. 자상이라는 상태가 바로 어울림과 화목함을 표현한 상태다. 인의 가치와 정의 정서를 조형적으로 구현해낸 것이다.

고성 왕곡마을을 보자.[5-33] 선교장보다는 규모가 작지만 오밀조밀하고 아기자기한 화목함의 미학을 보여주는 또 다른 훌륭한 예다. 이 마을은 기와의 변화를 대표적 특징으로 갖는다. 집은 들고남이 심하고

5-33 고성 왕곡마을. 어울림이 화목함으로 발전한 좋은 예다. 그 바탕에 한국 특유의 정의 문화가 있다. 가족끼리 정이 넘치면 집이 이렇게 나온다.

기와는 방향, 크기, 위치를 달리하며 변화가 심한 구성미를 만들어낸다. 담과 초가도 가세하고 나무와 푸른 논이 완성을 이룬다. 이는 건물이 기능과 쓰임새, 자연과 환경, 생김과 형식 등에서 본성에 충실한 결과이니 건축적 형식미 가운데 최고의 경지라 할 수 있다. 가족 구성원들 사이의 화목과 정이 그대로 묻어난다.

언뜻 보면 복잡하게 얽혀 있는 것 같지만 찬찬히 뜯어보면 각자의 조형다운 존재를 명확히 드러내면서 제 몫을 잊지 않고 챙겨서 서로 간의 경계를 잘 짓고 있다. 크고 작은 모든 요소가 개별다움과 존재 이유를 잃지 않고 잘 유지하면서 각자의 조형적 가치를 발휘해서 서로 어울려 큰 하나로 조합해내고 있다. '필부라도 그 뜻을 빼앗을 수 없다'는 개별성의 철학이 잘 살아 있는 예다. 바로 인의 정신이다.

심지어 뒷간조차도 담 밖에서 보면 집의 전체 구성 속에 자신의 지붕 한 장을 슬쩍 밀어넣어 조형 요소의 독립성을 당당히 확보한다. 이런 구성을 이끌어낸 것은 우리네 '정의 문화'다. 인의 정신을 정의 문화로 익혀낸 것이다. 정이 있었기에 이런 구성이 가능했다. 우리말에 오밀조밀, 아기자기, 오순도순, 옹기종기 등 개별성을 바탕으로 한 어울림의 모습을 지칭하는 부사가 발달한 것이 좋은 증거다. 이런 말들의 뜻을 보면 모두 '다양한 요소가 귀엽고 정답고 예쁜 모습으로 보기 좋게 어울리며 이야기하고 논다'는 내용을 공통적으로 갖는다. 어울림과 화목함의 미학, 인과 정의 미학이다. 정 말고 이런 복잡하고 불경스러운 구성을 이끌어낼 수 있는 것이 무엇이 있을 것인가.

도판 목록

1장 과학적인 집

- 1-1 아산 맹씨 행단
- 1-2 관가정 사랑채
- 1-3 북위 38도선 지역에서 하짓날과 동짓날 햇빛 각도
- 1-4 여름과 겨울의 빌딩 그림자 길이
- 1-5 지붕 처마의 돌출
- 1-6 관가정 안채
- 1-7 정여창 고택 안채
- 1-8 운현궁 노안당
- 1-9 창의 위치와 방의 깊이
- 1-10 충효당 사랑채
- 1-11 남평 문씨 본리세거지
- 1-12 한규설 대감댁
- 1-13 용흥궁 사랑채
- 1-14 용흥궁 사랑채
- 1-15 나상열 가옥 사랑채
- 1-16 나상열 가옥 사랑채
- 1-17 운강 고택 안채
- 1-18 선교장 활래정
- 1-19 거시기후(여름 남동풍)에 맞춘 바람길
- 1-20 정여창 고택 안대문에서 바라본 안채 모습
- 1-21 미시기후를 활용해서 만들어지는 안마당의 찬 공기 주머니
- 1-22 관가정 안채
- 1-23 청풍 도화리 고가
- 1-24 관가정 안채
- 1-25 김동수 고택 사랑채
- 1-26 관가정 사랑채의 사선 방향 바람길
- 1-27 김동수 고택 안채
- 1-28 창덕궁 연경당 안채
- 1-29 아산 맹씨 행단
- 1-30 김동수 고택 사랑채

2장 신기한 집

- 2-1 부마도위 박영효 가옥 사랑채
- 2-2 해풍부원군 윤택영댁 재실 사랑채
- 2-3 윤증 고택 사랑채
- 2-4 도편수 이승업 가옥
- 2-5 도편수 이승업 가옥
- 2-6 관가정 안채
- 2-7 향단
- 2-8 김동수 고택 사랑채
- 2-9 창덕궁 연경당 안채
- 2-10 관가정 안채 동선도의 한 가지 샘플
- 2-11 관가정 안채

2-12   관가정 안채
2-13   관가정
2-14   김동수 고택 안채
2-15   김동수 고택 안채
2-16   의성 김씨 소 종가
2-17   도산서원 농운정사
2-18   부마도위 박영효 가옥 안채
2-19   김동수 고택 사랑채
2-20   순정효황후 윤씨 친가
2-21   김동수 고택 안채
2-22   윤증 고택 사랑채
2-23   김동수 고택 안채
2-24   향단 안채
2-25   관가정 사랑채
2-26   관가정 사랑채
2-27   관가정 사랑채
2-28   하회마을 남촌댁 사랑채
2-29   민형기 가옥
2-30   달성 남평문씨 본리세거지

3-18   한규설 대감가 사랑채
3-19   김동수 고택 안채
3-20   김동수 고택 사랑채
3-21   청풍 후산리 고가
3-22   운현궁 노락당
3-23   창덕궁 연경당 안채
3-24   향단 안채
3-25   청풍 도화리 고가
3-26   윤증 고택 사랑채
3-27   청풍 도화리 고가
3-28   송소 고택 안채
3-29   한규설 대감가 사랑채
3-30   정여창 고택 사랑채
3-31   용흥궁 사랑채
3-32   예안 이씨 종가 충효당
3-33   운조루 사랑채
3-34   한규설 대감가 안채
3-35   청풍 도화리 고가
3-36   김동수 고택 안채
3-37   김동수 고택 안채
3-38   김동수 고택 안채
3-39   수산 지곡리 고가
3-40   운현궁 노안당
3-41   운현궁 노안당
3-42   운현궁 노안당
3-43   운현궁 노락당
3-44   송소 고택 별당
3-45   하회마을 귀촌 종택
3-46   하회마을 귀촌 종택

3장 감각적인 집

3-1   하회마을 북촌댁 별당
3-2   나상열 가옥 사랑채
3-3   한규설 대감가 사랑채
3-4   정여창 고택 사랑채
3-5   예안 이씨 종가 충효당
3-6   정여창 고택 사랑채
3-7   관가정 행랑채
3-8   관가정 사랑채
3-9   하회마을 하동 고택
3-10   관가정 행랑채
3-11   수애당 사랑채
3-12   나상열 가옥 사랑채
3-13   수애당 사랑채
3-14   수애당 사랑채
3-15   수애당 사랑채
3-16   청풍 도화리 고가
3-17   나상열 가옥 사랑채

4장 포근한 집

4-1   하회마을 남촌댁
4-2   청풍 후산리 고가
4-3   한규설 대감가 안채
4-4   용흥궁 사랑채
4-5   나상열 가옥 사랑채
4-6   운강 고택 안채
4-7   운강 고택 안채

4-8	운강 고택 안채
4-9	정여창 고택 사랑채
4-10	한규설 대감가 안채
4-11	정여창 고택 사랑채
4-12	수애당 사랑채
4-13	아산 맹씨 행단
4-14	정여창 고택 사랑채
4-15	청풍 후산리 고가
4-16	정여창 고택 사랑채
4-17	한규설 대감가 사랑채
4-18	한규설 대감가 사랑채
4-19	한규설 대감가 사랑채
4-20	한규설 대감가 사랑채
4-21	하회마을 남촌댁 사랑채
4-22	청풍 후산리 고가
4-23	정여창 고택 사랑채
4-24	아산 맹씨 행단
4-25	운강 고택 안채
4-26	나상열 가옥 사랑채
4-27	수애당 사랑채
4-28	선교장 활래정
4-29	민형기 가옥
4-30	운현궁 노락당
4-31	청풍 도화리 고가
4-32	김동수 고택 사랑채
4-33	녹우당 내 추원당
4-34	한개마을 북비고택
4-35	창덕궁 연경당
4-36	김동수 고택 사랑채
4-37	식영정
4-38	김기응 가옥 안채
4-39	윤증 고택 사랑채
4-40	민형기 가옥
4-41	하회마을 귀촌 종택
4-42	양진당 행랑채
4-43	양동마을 이향정
4-44	운조루 안채
4-45	농암 종택 긍구당

5장 화목한 집

5-1	충효당 안채
5-2	한규설 대감가 사랑채
5-3	관가정 사랑채
5-4	귀봉 종택
5-5	관가정 행랑채
5-6	선교장 동별당
5-7	충효당 안채
5-8	향단
5-9	나상열 가옥 행랑채
5-10	예안 이씨 종가 백원당
5-11	오죽헌 안채
5-12	아산 맹씨 행단
5-13	예안 이씨 종가 백원당
5-14	양진당 안채
5-15	관가정 안채
5-16	청풍 도화리 고가
5-17	선교장 안채 주옥
5-18	한규설 대감가 공중 전경
5-19	학봉 종택 전경
5-20	창덕궁 낙선재
5-21	의성 김씨 종택
5-22	수애당 사랑채와 행랑채
5-23	정여창 고택 안채
5-24	정여창 고택 사랑채
5-25	귀봉 종택
5-26	운조루 평면도
5-27	운조루 사랑채
5-28	향단 전경
5-29	수애당 전경
5-30	독락당 전경
5-31	충효당 행랑채
5-32	선교장 전경
5-33	고성 왕곡마을

지혜롭고 행복한 집
한옥

ⓒ 임석재, 2013

초판 1쇄 2013년 10월 14일 펴냄
초판 3쇄 2018년 4월 17일 펴냄

지은이 | 임석재
펴낸이 | 강준우
기획·편집 | 박상문, 박효주, 김예진, 김환표
디자인 | 최원영
마케팅 | 이태준
관리 | 최수향
인쇄·제본 | 대정인쇄공사

펴낸곳 | 인물과사상사
출판등록 | 제17-204호 1998년 3월 11일

주소 | 04037 서울시 마포구 양화로7길 4(서교동) 2층
전화 | 02-325-6364
팩스 | 02-474-1413
www.inmul.co.kr | insa@inmul.co.kr

ISBN 978-89-5906-242-3 03610

값 20,000원

이 저작물의 내용을 쓰고자 할 때는 저작자와 인물과사상사의 허락을 받아야 합니다.
파손된 책은 바꾸어 드립니다.

이 도서의 국립중앙도서관 출판시도서목록(CIP)은 서지정보유통지원시스템 홈페이지(http://seoji.nl.go.kr)와 국가자료공동목록시스템(http://www.nl.go.kr/kolisnet)에서 이용하실 수 있습니다.
(CIP제어번호 : CIP2013019567)